图书在版编目（ＣＩＰ）数据

模拟化生存：虚拟与现实之间/（美）大卫·萨克
斯（David Sax）著；张玉亮译. -- 北京：中译出版社，
2024.1
书名原文：The Future Is Analog: How to Create
More Human World
ISBN 978-7-5001-7449-3

I. ①模… II. ①大… ②张… III. ①虚拟现实
①TP391.98

中国国家版本馆CIP数据核字(2023)第132460号

U0121190

right © 2022 by David Sax
edition published by arrangement with PublicAffairs, an imprint of Perseus
s, LLC, a subsidiary of Hachette Book Group, Inc., New York, New York,
All rights reserved.
fied Chinese translation copyright © 2023
na Translation & Publishing House.
IGHTS RESERVED

合同登记号：图字 01-2023-2906

生存：虚拟与现实之间
UA SHENGCUN: XUNI YU XIANSHI ZHIJIAN

中译出版社
北京市西城区新街口外大街 28 号普天德胜大厦主楼 4 层
（010）68005858, 68358224 （编辑部）
100088
book@ctph.com.cn
http://www.ctph.com.cn

吕百灵
贾晓晨
吕百灵
白雪圆　喻林芳
潘　峰

北京竹页文化传媒有限公司
北京盛通印刷股份有限公司
新华书店
80 毫米 ×1230 毫米　1/32
.875
0 千字
24 年 1 月第 1 版
24 年 1 月第 1 次

001–7449–3　定价: 89.00 元

权必究
版　社

生存

IV.

〔美〕

Copy
This
Books
USA.
Simpl
by Chi
ALL R

著作权

模拟化
MONIHU

出版发行
地　　址
电　　话
邮　　编
电子邮箱
网　　址

策划编辑
责任编辑
文字编辑
营销编辑
封面设计

排　印
印　经
　规
印　字
　版
印　印

版
刷
销
格
张
数
次
次

8
10
21
20
20

ISBN 978-7-5

版权所有　侵
中　译　出

HOW TO CREATE A MORE
HUMAN WORLD

**THE FUTU
IS ANALC**

大卫·萨克斯的其他力作

《企业家的灵魂：超越创业初心的砥砺拼搏和开挂人生》

《模拟的复仇：实物及其重要性》

《品味营造师：为什么我们对纸杯蛋糕情有独钟却对奶酪火锅厌烦至极》

《拯救熟食店：寻找完美熏牛肉、脆皮黑面包和犹太熟食店的灵魂》

如何创造一个更加人性化的世界

谨以此书献给查尔斯·G. 弗雷泽初级公立中学（Charles G. Fraser Junior Public School）的各位优秀教师、工作人员、学生和家长，是你们给了我对未来的希望。

在此我还要感谢我的书香兄弟会，感谢你们以沙克尔顿船员那样的豪爽精神陪我度过漫长而黑暗的严冬。愿命运之神永远眷顾我们（请看在罗思的面子上，原谅我吧）。

"机器功能齐全，但并非一切。我通过这个平板电脑好像看到了你，但我并没有真正看到你。我从这个电话里听到类似你的声音，但并没有真正听到你的声音。这便是我为什么希望你能过来看我的原因。过来看看我，咱们面对面谈一谈我心中的希望吧。"

《大机器停止》爱德华·摩根·福斯特著，1909

"未来无法预测，但可以创造。"

《创造未来》诺贝尔奖得主丹尼斯·加博尔著，1963

"混乱失控？就算在未来，也没什么靠谱的！"

科幻电影《太空炮弹》，1987

数字化的未来，还是模拟化的未来

当我应邀为大卫·萨克斯（David Sax）的书《模拟化生存》撰写推荐序的时候，脑子里首先蹦出的是这么一个标题。但请读者不要误解，我们并不面临数字或模拟的简单选择。那是计算机编程的二进制代码的错误逻辑，它忽略了现实世界中生活的复杂性。相反，我们面临的是如何在二者之间取得适当的平衡。我们常常希望与他人建立健康的关系，但我们忘记了，在技术环绕生活的今天，我们与技术彼此也需要建立健康的关系。

曾经有一度，数字化代表着新奇和酷，代表着效率和知识，也代表着人类大同的允诺和期望：更多的朋友，更民主的社会，更好的生活，以及更多的财富。我们中的许多人相信了这样的幻想，即数字化使一切变得更好。我们向这个想法投降，并把我们的依赖性误认为是浪漫，直到为时已晚。

今天，当我们的手机开着的时候，我们无法放松，而是感到焦虑。当人工智能到来的时候，我们听到熟悉的"技术解放人类"的话语，然而在我们的脑子里有一个声音在警告：技术总是以乌托邦开始，而以反乌托邦告终。对于在数十年中经历过多次技术爆炸的我们，经由过往的经验，懂得技术绝非万应灵药，每一次跃升都有相应的代价。所以我们不得不学会清醒地看待技术——不过在此我也许夸大其词了，仅有一部分人做到了保持清醒。

不管怎么说，作为"数字化生存"的曾经鼓吹者，我对数字技术怀抱的那份爱恋已然结束——而我知道我并不孤单。在 iPhone 首次横扫社会十余年后，在所谓人工智能的"iPhone 时刻"来临之际，在许多人的个人生活和我们所处的更大社会中，对计算机的不信任日益加深。我们开始担心：智能手机对我们的孩子有什么影响？社交媒体是如何侵蚀我们的民主的？科技精英会把全人类带向何处？以及，科技垄断到底会对经济产生何等影响？

当然，我们不会删除我们的社交媒体账户，并将我们的手机扔进最近的水坑里。我们能做的是，在我们与数字技术的关系上恢复某种意义上的平衡，而做到这一点的最好方法是回归模拟世界：以模拟的阴平衡数字的阳。

模拟，尽管比其数字等价物更繁琐和昂贵，但提供了丰富的体验，这是通过屏幕传递的任何东西都无法比拟的。很简单，仅仅是在人际交往方面，我们就需要真实的共享空间，而不是日益复杂的虚拟共享空间，而这对我们的身体和精神健康至关重要。

我们看待未来的很多方式都集中在技术上。但是，当我们通过技术的镜头来看待未来时，我们往往会失去焦点。甚至可以说，以新技术的视角看待未来会缩小我们对未来的看法，因为那等于相信未来只能通过特定技术的能力来构建。

事实上，在物种层面，更大的趋势将影响我们的未来。数字化技术的确重要，可它无法克服模拟世界的摩擦力。很酷的小工具可以在学习、工作和生活当中大量帮助到我们，但真正改变世界的大事要复杂得多、动态得多，而且在人类层面上与我们的关系更大。例如，大气中二氧化碳含量的缓慢上升对我们物种的生存有着真正的影响。或者，疾病动态变化和栖息地丧失导致全球流行病等危机。同时，模拟世界也是充满政治的世界，比方说，对政治理想的追求，或对种族主义的态度，都决定着人类社会的公平发展。当我们只是想到，未来将是我在广告中看到的那个很酷的闪亮的东西，我们就有可能走上狭窄的通向危险的轨道。相反，我们需要通过紧跟重要的大趋势来面对真正的未来。

这就必然要求，诚实地对待我们想要的未来，分清它与我们被告知的未来之间的重大差别。没有人比新产品或新服务的发明者和推广者更喜欢向我们推销未来。他们都声称他们的发明将改变世界，但这种改变未必符合你的最佳利益。所以，你不应轻易接受别人向你兜售的未来。

不像那些发明者和推广者所说，没有哪一种未来是不可避免的。在数字技术的世界里，我们已经习惯了作为公理的摩尔定律。这基于英特尔联合创始人戈登·摩尔（Gordon Moore）的计算，即集成电路将每18个月缩减一半，并变得两倍强大、两倍便宜。这一公理指出任何技术的增长都是指数级的。我们已经在从互联网使用到音乐流媒体的增长中看到了这一点。按照摩尔定律，一旦一个趋势朝着一个方向发展，它就不可避免地一直发展下去。也因如此，我们生活在一个技术变革被描绘成不可阻挡的、非个人化的力量的时代：我们最好学会如何在海啸中冲浪，否则就会被淹死。

然而，作为一个社会，我们总是可以选择下一步的方向。技术不只是发生在我们身上的东西；它是我们可以决定建立或不建立、使用或不使用的东西。

在大流行期间，我们被告知数字化未来已经到来：我们在家工作，我们的孩子在家学习，我们可以在家中舒适地观看表演、戏剧和音乐会，我们使用移动应用程序健身，而网店可以将任何东西送至我们的住所。

然而突然间，当我们这样做的时候，我们意识到我们需要更多。我们的身体渴望在森林小径上和新鲜空气中运动，而不仅仅是在家里的固定自行车上旋转。我们的思想和感情需要与别人面对面交流，而不仅仅是局限在各种屏幕上。我们希望我们的朋友或亲密伙伴从屏幕中走出来，给我们一个真实的拥抱。马克·扎克伯格（Mark Zuckerberg）谈到"具身互联网"（embodied internet），这是一种先进的软硬件融合体，将提供一个数字化未来和模拟未来无缝集成的世界。"我觉得最棒的是，我们是在帮助人们实现并体验更为强烈的在场感（presence）——这种感觉可能同他们所在乎的人、共事的人相关，也可能关乎他们想去的地方"，扎克伯格告诉科技记者凯西·牛顿（Casey Newton），"这会让我们的互动更加丰富，而且感觉更为真实。将来我们打电话时，你将能够作为全息图坐在我的沙发上，或者我将能够作为全息图坐在你的沙发上……以一种更自然的方式，让我们感到与人更多地在一起"。Meta 目前正在拥抱的整个概念是一个错误的概念，注定要失败，因为他们试图开发完美的虚拟未来，而数字未来绝非我们的全部，元宇宙的交往也从不"自然"。

我们从根本上说是人类。我们不是某个软件或抽象概念。我们是生物，拥有身体的生物，这一身体生活在有感觉和气味的物理世界中，我们的身体会对此作出反应，我们的大脑会以一种我们无法用模拟替代的方式对此作出反应。我们不能围绕取代人类需要的技术来构建未来，我们也不应该这样做。

未来充满了人类的需求。如果你在考虑个人或公司或全社会的未来，你需要意识到，如果那个未来不能满足人类的真正需求——在自己的小生活、家庭、社区和世界自然区域中的现实物理生物的需求——如果那个未来不能用我们需要的身体刺激、精神刺激和社区意识来滋养自己的身体和灵魂，那么你试图建立的未来将是不合格的。此时此刻你需要问自己：你想要生活的未来是什么？在未来，你想成为一个什么样的人？

胡泳

2023 年 6 月 17 日写于太原

前　言

　　几年前，我的著作《模拟的复仇》在韩国成为全国性的畅销书，这着实让我大吃一惊，我也因此受邀去韩国发表演讲。这次会议的参会者是来自亚洲各地的商业领袖，规格甚高，议题的重点是最前沿的新兴数字技术以及未来的战略部署。会议的其他发言者包括：人工智能和机器人等前沿领域创业公司的创始人、杰出的计算机科学教授、来自世界各地的软件巨头，甚至还有一位前苏联共和国时代的研究加密货币的亿万富翁，他身穿黑色高领毛衣和天鹅绒西装外套，看上去滑稽又狂躁，每次开口都会公开预言法币即将消亡。

　　在空中飞行了 13 个小时后，我抵达仁川国际机场，整个人疲惫不堪，衣衫褴褛。一个约一米高的轮式安保机器人以它的"数字化微笑"迎接了我，用欢快的声音说："欢迎来到首尔。请您随身携带好行李。"突然，我听到一阵骚动，抬头一看，一群电视新闻记者朝我冲了过来。

"大卫·萨克斯！大卫·萨克斯！"一位记者兴奋地喊道，把话筒推到我面前，而他的摄影师也立即打开光源照着我，做好采访准备工作。"您对第四次工业革命有什么看法？这第四次工业革命什么时候能到来呢？"

"第四次什么？"我结结巴巴地问道。因为盯着摄像机的缘故，我整个人都吓傻了。

"第四次工业革命啊！"记者激动地重复道，"人工智能、机器人和大数据的融合将引领我们的数字化未来！"

"哦，"我停顿了一下说，"我对模拟未来更感兴趣。"

这个回答真是聪明绝顶。毕竟我飞到这个世界上最受瞩目的数字化城市，不就是要代表模拟未来发表不同见解吗？

这位记者的脸上马上浮现出饶有兴味的表情。"不过萨克斯先生，您的意思是？我们都知道，未来是数字化世界。这一点是肯定的。"

当然啦，这毋庸置疑。

未来意味着数字化。计算机啊，集成电路芯片啊，精巧的各类装置啊，软件啊，这便是未来。我出生于 1979 年，见证了数字计算改变现代生活的每个重要时代的到来，从家庭和办公室的台式计算机到电子游戏、互联网、智能手机的兴起，以及种类繁多的相关硬件和软件，现在这一切似乎渗透到了我生活的方方面面。

我还记得我们买回第一台电脑的那一天，记得从玩具店带着新版任天堂娱乐系统开车回家的情境，也记得我父亲安装在仪表板上的第一台车载电话上的华丽抛光木纹外饰。我记得第一次使用Windows 系统时的状况，记得我十几岁的临时保姆用我们的电话线连接调制解调器时发出的第一声异响——那种嘶嘶的、静电发出的噼啪声，记得他把半打软盘送进米色的康柏电脑里下载"野狼计划"射击游戏。

电子邮件、美国在线（AOL）、即时通信（ICQ）、以太网、Skype、手机、纳普斯特（Napster）、苹果随身听（iPods）、黑莓手机、苹果手机（iPhone）、苹果平板电脑（iPad）问世的时候，我都亲身经历过。我卖出第一篇文章后买的第一台苹果笔记本电脑，用数码相机拍摄的第一张照片，创建的第一个社交媒体账户，像魔术一样用无线连接到互联网的那一刻……这一切都历历在目。我入职新闻行业的时候主要是纸质印刷，而随着一次次薪水的减少，一个又一个出版物的停发，我感受到了新闻行业必然以网络为第一媒介的快速转变。

数字化未来的前景显而易见，势不可当：计算机技术的持续改进，将不断改变和改善地球上我们所熟知的生活的方方面面。一切都变得功能更强大、更便捷、更清洁环保、效率更高、更加互联互通、更加精简高效。全世界似乎都在你的股掌之间，尽在你的手心、手腕之上，甚至存放在你大脑的芯片里。

展望数字化未来的思路很简单：用计算机来改造你现在所知

的任何东西。使用"（　）的未来是数字化的"这句话，并在括号内插入任何事物即可：商业、学校、工作、出版、金融、时尚、食品、驾驶、飞行、音乐、电影、戏剧、政治、民主、战争、和平、爱情、家庭……一切都是数字化的。在每个类别中，在世界的每个角落，数字化的未来都是不可避免的。这是注定的趋势。数字化，要么是我们的救赎，要么——如果你害怕《终结者》和《黑客帝国》电影中的超级强大的机器人——就是我们的末日。但没有人质疑数字化。如果你思索未来，那必然是数字化。

我们大多数人都接受数字化的前景，认为这是一种进步，所以我们共同努力把数字化推进到现在的水平。政府扶持开发数字技术的公司，金融家也把他们的资金投入其中。企业推动"着眼于未来"的战略，争相将其业务尽快数字化。数字化未来的缔造者和推动者备受瞩目，地位尊贵，在某些情况下甚至被神化，从消费趋势到政治形态等一切问题，大众都想听一听他们的看法。未来学家和"数字先知"大卫·辛（David Shing，澳大利亚人，昵称"施灵吉"，扮相颇有点儿精灵气质。他发型狂野，有点儿像拉斯维加斯喷泉，经常戴着一副艾尔顿·约翰同款眼镜）经常受邀解释最新的数字流行语——大数据、可穿戴设备、无人机、虚拟现实（VR）、增强现实（AR）、人工智能（AI）等及其革命性影响，以及它们将如何改变世界，包括世界经济秩序和送比萨饼外卖等大大小小的主题，报酬很丰厚。史蒂夫·乔布斯、比尔·盖茨、埃隆·马斯克和马克·扎克伯格被普遍认为是数字化领域神一般的存在，我们会认真关注他们对数字化未来的最新预测。

　　数字化未来的前景也不断塑造着我们的文化。从书籍、新闻到电视节目和电影大片，我们怀着敬畏之心坐在那里看着这样的未来：《星际迷航：下一代》中的全息甲板、传送器和触摸屏界面；《回到未来 II》中的悬浮滑板和巨大的电视屏幕；《火魔战车》《终结者 2：审判日》《割草者》中的反乌托邦式预言等。还有我个人最喜欢的《超级战警》，在这个数字乌托邦里，一个被低温冷冻的超级警察（由西尔维斯特·史泰龙扮演）在未来被解冻，去追捕解冻的超级大反派（由韦斯利·斯奈普斯扮演）。

　　在许多方面，见证这么多曾经预言的事情成为现实是不可思议的。我无法像皮卡德舰长那样从"进取号"上把自己传送到其他世界，但在我 23 岁的时候，我已经可以与千里之外的朋友和家人定期进行视频通话了。像《杰森一家》中罗西那样的机器人女仆，还需要几十年的时间才能问世，但机器人吸尘器却很好用。办公室还没有像 20 世纪 70 年代预言的那样完全实现无纸化，但从 2002 年我的第一篇文章卖给报社然后买了笔记本电脑之后，我就开始了居家远程工作的生涯。飞车正在研发中，无人驾驶汽车正在各大城市进行路测，并有望在我的孩子们开始驾车之前得到广泛采用。"悬浮滑板"已经问世，不过现有的款式实际上还悬浮不了，而且会经常起火，但至少我拥有了数控坐便器，它和科幻片上那神奇的贝壳一样好用。数字化未来在很大程度上得以实现。

　　数字化未来自我实现的命运是基于不可改变的物理定律——

摩尔定律。1965 年，英特尔公司的联合创始人、现代计算机之父戈登·摩尔（Gordon Moore）成功地预测，集成电路中的晶体管数量将每两年翻一番，进而成倍地提高计算机性能，同时降低成本。摩尔定律只朝一个方向发展，从来没有动摇过，也从来没有放慢或倒退过。它就像一个拥有无限燃料的火箭，越飞越快。随着数字技术沿着这条曲线加速发展，摩尔定律就像导弹的弹道一样真实，它一直是用来证明未来必然是数字化的颠扑不破的真理。所以，你还能考虑什么其他替代方案？那些质疑数字化前景的人被斥为缺乏想象力，是卢德分子（唯恐失业而反对用机器生产的人），他们被认为与旧时那些蔑视哥白尼和伽利略"太阳中心说"的家伙并无二致，都是顽固的傻瓜，他们用过时的信念阻碍人类的发展。

不过真相是这样的——未来并不是一个微芯片，没有可量化的晶体管或可规划的轨迹。未来一直像一个存在于地平线之外的模糊的点，就像伽利略时代地图上世界的尽头。未来随着现在的发展而不断变化，当我们熬到那一天时，它会完美地颠覆对其形态的任何预测。大多数"（ ）的未来是数字化"的说法如果放到现实世界冷酷无情的真相面前，往往站不住脚，在那里，再美好的诺言也会遇到无情的地心引力，即使是设计得最好的火箭也会燃烧着落回地球上。

尽管人工智能最明显的受益者似乎是那些绘制性感机器人怀抱鲜花图片的插画师，但我们对数字未来的确定性依然毫不动摇。

数字技术的快速创新将最终迎来一种全新的存在方式。我们很快就可以在任何地方生活、工作、学习和玩耍，弹指一挥间，我们想要的东西就会送到我们的家门口。在未来，对话不受空间的限制，即刻培育一个能引起全球性共鸣和理解的社区将快速终结跨越国界、信仰、宗教和肤色的冲突和分裂。这个由人工智能、大数据、移动计算、互联网、电动汽车、智能滑板车、虚拟现实和区块链所带来的未来，会让我们更快乐、更健康、更聪明、生活更丰富多彩，更殷实富裕。

然后有一天，就像现在这样，我们畅想的数字未来突然到来了。

2019 年的年末，新冠肺炎疫情暴发，并引发了一系列事件，而被捧到神坛的科技巨头却没人预测到这一天的到来（除了比尔·盖茨）。新冠肺炎疫情暴发得如此突然，波及范围如此之大，以至于很少有人意识到，他们所经历的事情影响多么深远。周三的时候，我们像平时一样把孩子送到学校，走进办公室，出去吃午饭，晚饭后还能去看一场戏。但到了周六，我们就不得不盘算家里还剩下多少罐豆子，哪种酸面包配方最简单，同时还要思考如何通过电视上瑜伽课，如何在小房间里开电话会议，并给孩子们准备足够多的数字设备上网课和玩罗布乐思游戏（Roblox）。

我们在居家隔离的第一个周一醒来后，打开新闻，读到纽约、伦敦和米兰的可怕消息，然后开始听到未来学家和数字"卫道士"宣称，他们长期以来预言的数字未来终于到来了，彻底到来了！他们说我们实现了跨越式发展，在短短几天内就取得了多年发展的成效！数字世界宣布取得伟大胜利，就像一支军队一路高歌冲进敌人空旷的首都，没有遭遇丝毫抵抗。各行各业在一夜之间发生了翻天覆地的变化。从传统方式向居家工作、远程学习、流媒体文化、网上购物和虚拟会议的过渡可谓姗姗来迟，但又感觉瞬间即永久。没有回头路可走，一切都在逐渐发展为新的常态。

随着早期居家隔离的日子延伸至几周，又从几周拖延至几个月，未来学家的预测越来越有把握了。不仅我们的数字化转型在继续，而且非数字化和模拟世界的整个类别都被抛在脑后。办公室要永别了，商业地产和城市中心区也随之消失。随之受影响的是依赖这些地段的商店和餐馆，如今的商品和饭菜可以送到你的家门口；剧院、喜剧俱乐部和音乐表演场所的文化产品都可以通过流媒体在你的家里播放；还有城市，随着越来越多的家庭解封后逃到乡下，预计在未来几年内，城市会萎缩，甚至死亡。纽约？根据领英（LinkedIn）上的一个热门帖子的说法，这座城市会"永世不得超生"了。开始传播这个消息去吧。

新常态意味着我们不会再回到以前的生活状态. 不再需要去办公室参加周一例会，不再需要枯燥乏味的通勤，不再需要在灰褐色的万豪宴会厅里举行浪费时间的会议；学生也不再需要挤在闷热的教室里，听迂腐的老师使用陈旧的方法向学生们授课，他们传递的信息如今用谷歌教室或通过网络视频能轻松实现；人们不再去光顾效率低下的实体店和餐馆，其管理不善的库存、未充分利用的房产和对人才的浪费让人颇为反感，明明只要鼠标轻轻点击两下，就能在一小时内把运动服或三明治（或两者）送到你家门口。人们也不再去咖啡屋约会或组织家庭聚会，那样枯燥乏味、尴尬的沉默和对时间的消耗让人吃不消，尤其是 Zoom（视频会议软件）上还有个会要开的时候，当真不如窝在自家舒适的沙发上，穿着黄油裤，吃着美味的三明治度日。人们也不再去酸臭又昂贵的健身房，那里轰鸣的音乐声和挑剔的眼神让人望而却步，当真不如在自家地下室卖力地进行腿部训练，还有世界上最好的飞轮教练通过 Peloton（美国的一家互动健身平台）程序，在屏幕上喊你的名字。人们甚至不再去教堂、清真寺、寺庙或犹太教堂，那里拥挤的座位和絮絮叨叨的布道声让人心烦意乱。

数字化未来终于到来了！

但这个未来真是糟糕透了。

我相信有一些更优秀的作家会用更漂亮的词语来描述这种现状，但对我来说，"真是糟糕透了"几乎完美地概括了这种经历。2020 年 4 月的第二周，我们夫妇、六岁的女儿和三岁的儿子一起在我岳母豪华的湖边度假别墅里住，该别墅在我们多伦多的房子以北，相距有两小时的车程。像许多有能力逃离的人一样，我们感受到了这种不祥之兆，听说了世界部分地区居民居家隔离的故事，并第一时间冲向了我们能赶过去的最大的房子。我们有六间卧室，四台电视，可靠的网络连接，外面也有无尽的空间：一个大湖，附近有树林和小径，一个封闭的高尔夫球场可以散步，还有桑拿浴室和热水浴缸。

但这个未来真是糟糕透了。

每次我盯着手机或笔记本电脑，恐惧感就会涌上心头。我的女儿当时在读一年级，她的作业老师会在早上通过电子邮件发给我，我得花两个小时威逼利诱她写完五行字，直到我们两个人都快哭了才能完成。我儿子在三月初摔断了腿，他连续观看了 12 遍"电影大片"《汪汪队立大功：极速赛车救援》，可谓百看不厌。我太太把自己关在卧室里，天天接听职业指导客户的电话，没料到他们都突然很讨厌自己的工作。我岳母天天待在客厅里看 CNN（美国有线电视新闻网）节目，她把电视音量开到最大，然后用免提和她认识的每个人打电话，一天 24 小时都不嫌烦。到了午餐时间，我就会咆哮着冲进厨房，狼吞虎咽地往嘴里塞东西吃，然后告诉我妻子，轮到她看孩子了。然后我会把自己锁在另一间卧室里，钻进衣帽间，并在那儿用毯子圈出一点空间，悄悄地录制播客访谈节目，希望用这种网上时兴的方式开展我的图书推广活动，但成功的希望非常渺茫。下午 5 点，我开始愤怒地暴走，希望可以缓解紧张的情绪。不久之后再饮上几杯葡萄酒。随后便是晚餐，哄孩子们睡觉，吃半个馅饼，看几集电视剧，再深呼吸半小时缓解下紧张的神经，然后躺床上半睡半醒地熬过又一个夜晚。

之前觉得很有趣的事情现在也感觉很不爽。比如观看才华横溢的歌手的流媒体表演或者戏剧作品时，不一会儿就觉得很无聊。

我岳母会喊我们一起看运动视频，我们会在客厅里跳来跳去，但我除了觉得累，没有任何其他快感。我每天晚上都会和世界各地的朋友视频聊天，能听到他们的声音，看到他们的脸，那感觉很好，但打电话却感觉很勉强，好像我们都在走过场，都在描述同样的糟糕现状。我会从网上买书或智力拼图玩具，但发现我想要的东西如果想搞到手真是"难于上青天"，要花很长时间才能送到。各项工作的互动需要在手机、笔记本电脑和电视三个屏幕间切换。又得下载新软件，又得打开新的浏览器标签。手机、笔记本电脑、电视……在网飞（Netflix）的提示下搜索信息，但结果不尽如人意，就像一道自助餐，盯着它的时间越长，就越没有胃口。笔记本电脑、手机、电视……媒体上又播报了人类厄运的滚动新闻，推特网（Twitter）上显示的类似报道更多。从数字层面上看，我与世界上的每个人和每件事都产生了更多的联系，然而我却感到如此孤独和隔绝……不过那是我参加第一次虚拟鸡尾酒会之前的体验。

总有一天，当我向孙子、孙女们讲述这段短暂但极具变革性的历史时，我会把 Zoom 鸡尾酒会的特殊经历留到深夜，留到他们能稍微成熟一点，可以真正欣赏恐怖故事的时候再讲。

"你是说你坐在屏幕旁，一个人在房间里喝酒，而其他人也在自家的房间里独自喝酒吗，爷爷？"

"嗯，是啊。我是说，第一次虚拟鸡尾酒会上我们给自己倒上酒，然后看着屏幕，发现小方框里的人没有一个人真的在喝酒，甚至有人都没有酒，所以我的那杯酒我抿了两口之后，就一直尴尬地放在那里。"

"可那怎么算是鸡尾酒会啊？大家不应该是一起喝酒，一起谈笑风生吗？"

"是啊，原本应该是这样的，不过也没人愿意这么干。他们觉得一个人喝酒感觉怪怪的。也不愿意第一个张嘴说话。也没什么欢声笑语。真是尴尬极了。"

"爷爷，这和网络会议有什么区别吗？"

"我不知道，"我掩面回答道，眼泪禁不住流下来，"我真不知道！"半个多世纪以来，我们一直幻想着这样的未来：我们可以穿着舒适的衣服待在家里，甚至不用起床就可以吃饭、玩耍、工作、学习、社交、锻炼、购物和娱乐。每本科幻小说，每部科幻电影必然会围绕着这样的背景展开情节。在每个科技公司的年度新品庆典大会上，每家数字创业公司的推介会上，众筹网站精心制作的每一个视频上，漫天要价的国家电信集团的动人广告上，无不以幸福的四口之家为背景：家里的每个房间都有设备，享受着无限流数据带来的便利（其实受限的地方数不胜数）。

我们毕生都在努力建设的数字未来终于到来了，但我们发现自己并没有像预言中承诺的那样，进入了乌托邦式的自由天堂，而是梦醒之后发现自己被关在一个豪华的监狱里，一切美丽的幻想都破灭了。数字技术的确能让我们继续工作和学习，与远方的朋友和亲人交谈，不出门就能买到食物和商品，并实时了解新闻动态，对此，我们大多数人都是心怀感激。但在大多数情况下，这种现实与我们以前的生活相比，并没有多大的改善。

事实证明，通过屏幕消化全世界的所有内容是非常可怕的幽闭恐惧症的症状。连续几个小时看着这些发光的矩形屏幕，我们的眼睛和脑袋会感到疼痛。这是一个令人焦虑的问题。我们会感觉死气沉沉，无聊至极，有反社会倾向。对许多人来说，这样做，对业务、学习、关系、对话、政治稳定、健康、心脏和精神状态都很不利。我们的人性失控了。这不是未来主义者渲染的恐怖，比如会出现流氓机器人残杀我们、奴役我们，或抢走我们的工作，而是我们每天都会意识到我们曾寄予厚望的计算机技术削弱了我们人类的生活体验，而且此时此刻就在发生。如果你一周的亮点就是从超市买到一包过期的酵母，那么你离乌托邦就很远了。

当然，这样的未来也曾有人预见过。E. M. 福斯特在他 1909 年写的小说《大机器停止》中描绘了这样一个世界：人类孤零零地生活在地下，住的地方就像是连接在一起的巨大蜂巢，他们的需求由无所不知的机器来满足，照顾得无微不至。只要按一下按钮，机器就能给他们带来食物、音乐、讲座和医护，甚至还能陪他们聊天。在故事中，有一个孩子恳求母亲离开她的家，乘坐飞艇穿越世界，去看望他，与他面对面聊聊天……于是她走出了舒适的吊舱，怀着对舱外世界的巨大恐惧，带着儿子进行了一场艰苦的旅行，结果发现她儿子其实是试图逃离机器的控制，现在已经公开质疑机器对人类是否存有善意。

"我们创造机器的初衷是按我们的意愿做事，但我们现在指望不上了，"他告诫母亲，"机器剥夺了我们的空间感和触觉，它模糊了所有的人际关系，将爱解读成一种狭隘的肉体行为，它麻痹了我们的身体和意志，现在它还迫使我们崇拜它。机器在进化，但并不在我们指定的轨道上发展。机器在进步，但不是在帮我们实现目标。"

机器是我们未来的趋势，但也是我们现在的困扰。

人类有史以来第一次可以对我们正在建设的未来进行"路测"：我们踢了踢轮胎，在引擎盖下探头探脑，坐进驾驶室亲自体验数字未来在我们生活中切实重要的所有领域所带来的变化。但未来本应比这更理想。兴许也会更理想。

如果这场疫情下我们的经历是数字未来的一场预演，我们能从中学到什么呢？数字化在哪些方面超出了我们的期望，又在哪些方面暴露了不足之处？我们对它带来的哪些地方感到满意，又有哪些地方我们其实是渴望更真实的东西？如果我们不是通过理论可以用数字技术建造的东西来定义未来，而是生而为人，希望通过切实想的东西来规划未来呢？如果我们能从新冠肺炎疫情的这几年中吸取教训，不将这段经历当成走向理想化未来短暂的路线偏离，而是当成探索数字技术局限性和反思未来我们的切实需求，是不是会有新的启发？我们现实世界中的空间、互动和人际关系被数字设备的通信功能取代之后，这种反差我们是从哪里体会到的？又从哪里意识到我们其实是忽略了我们最基本的人性化需求？

模拟未来的前景如何？

在进一步展开讨论之前，我们先退一步思考一个问题：模拟未来到底是什么意思？

这个问题是我在仁川机场尴尬地接受采访时无法回避的一个问题，几天后，我又在韩国高管面前尽了最大努力来阐释这个概念。他们刚花了几个小时听完数字技术改变未来世界的报告，一时接受不了我的观点。这个问题自从我的《模拟的复仇》一书2016 年出版以来，我就经常思考，但我真正开始直面这个问题还是在新冠肺炎疫情暴发后的头几个星期。当时我经常遭遇世界各地记者的围追堵截，害得我需要翻越岳母家的围墙躲避他们。记者们想采访我，了解我关于模拟未来的看法，就是我在岳母家衣帽间里录制的视频并传递给世界的那些想法。他们想了解我写过的黑胶唱片、棋盘游戏和书店的未来，但更重要的是，他们想更宏观地了解现实世界的命运；想了解实实在在的人、地方和人与人之间的互动，而这一切不久前在疫情的洪流中被毫无预警地抛弃了。

记者们都在问一个问题："这对模拟未来意味着什么？"他们都在寻找驳斥数字未来主义者的观点，驳斥他们唱衰传统办公室、学校、城市、超市、博物馆和其他支撑人类社会发展，以人为本的实体世界的言论，现在这一切似乎都会成为过去，尘封在历史的记忆中。既然"数字未来"已经到来，那么真正的模拟世界在未来还有什么价值？

当我使用"模拟"这个词时，我的意思就是"非数字化"。这个词我选用了它最笼统、最广泛的含义，并完全承认该词的定义是混乱的、不完善的，因此有多位愤怒的工程师发来几十条信息表达了他们的不满，甚至还有一位善良的德国教授给我写了一封可爱的亲笔信，耐心向我解释这个表述的缺陷。但"模拟"是我能找到的最好的术语了，因为它可以勾勒出我们通过计算机体验的中介世界与我们在屏幕之外所看到、听到、感觉到、触摸到、品尝到和闻到的真实世界之间的根本区别。数字处理的是二进制（1和0）的绝对值，但模拟传达的是完整的色彩和质地，包含一系列相互冲突但在某种程度上又和谐并存的海量信息。模拟是混乱的、不完美的，就像现实世界一样。这就是为什么摩尔定律除了其原始用途之外，从来就不是适合预测未来的工具。人类不是微芯片，我们居住的世界也不是，而未来也不会是长驱直入的单线发展。

这本书的初衷不是要把我们拉回到数字化时代到来前的原始时代。我这本书就是在电脑上写的，没有用打字机码字，而且我会在《曼达洛人》下一季上映时狂欢庆祝。不过不要搞错了，我们正处于为未来而战的关键时刻。我们可以继续盲目跟进，追随硅谷的节奏创造一个以数字为驱动力的世界，任何模拟的事物都可能受挫夭折。或者我们可以缓一缓，总结下疫情期间沉浸式数字体验的经验教训。我们可以借用数字技术升级模拟世界最精华的部分，建立一个新型未来，而不是单纯地用数字来取代模拟。真实的体验、内心的情感、宝贵的人际关系……像坐过山车一样的起起落落才是人类在地球上生存的真实感受。

这就是模拟未来的前景——我们会更关注我们面前的大千世界，而不是屏幕后面的冰冷空间。我们根据理论上的可能性，花了这么长时间来设想未来，但我们大多数人现在已经知道我们在现实世界中的实际需求。这个未来是什么样子的呢？我们又该如何实现？

为了找到答案，我在过去一年的大部分时间与世界各地的人进行交流，了解他们在各自的生活中从这次疫情中学到了什么。很多专家、学者和普通百姓从他们自己的家庭办公室（衣帽间、汽车或卧室）与我交谈，而我们的孩子经常会闯进来死乞白赖地要零食吃。在这段时间里，我从未离开过加拿大多伦多附近的地区，这个城市经历了世界上最漫长的封城，你在这里读到的每一个字都是通过视频或电话采访汇总的结果。我之前写过的书都是靠面对面采访后整理成册的，而这是我第一本靠网上或电话采访撰写的书，我也真心祈祷这是最后一本。

你会听到我很多的亲身经历，日复一日，月复一月，我酒不离手，借酒消愁。这些都是个人的独特经历，但可能很多跟我有类似悲惨经历的读者也会感到非常熟悉（也许冰湖冲浪是例外）。在封城期间，起初我发现时间失去了所有存在的意义，而日历的重要性越发明显。过去的每一天都生动呈现了我之前经历的模拟生活和我现在试图熬过的数字生活之间的鲜明对比，所以我直接按照一周的日子来组织本书的章节。从星期一到星期天，我们会去上班、上学、购物、探索我们的城市、参加文化活动、与人对话攀谈，还会在第七天好好休息一下。

　　没有什么未来是不可避免的，但我对两件事相当肯定：首先，数字技术将继续发展进步。摩尔定律、市场规律以及聪明绝顶的好点子将给我们带来信息处理技术领域的很多发明和创新，这无疑将会影响我们生活的方方面面。其次，模拟世界仍然是最重要的前景。任何未来都要围绕着模拟，这不是杂耍，而是关乎人类的情感和关系，关乎真正的社区，关乎人类的爱和友谊。本书始终以真实世界的前沿和中心生活为主题，希望可以借鉴其精华部分，帮我们建立一个生机勃勃的未来。

目 录

CONTENTS

未来办公室：云端职场与人机协同

闹钟响起，背景音乐中桑尼和雪儿引吭高歌，在快要唱到"宝贝"二字之前，你一巴掌把闹钟给关掉了。抬起头，你意识到冰冷的现实：天已经亮了。周一，又是周一。

你慢吞吞地走进卫生间，茫然地刷着牙，又拖着沉重的步伐走进厨房，按下咖啡机，等待咖啡缓缓流出。然后是新闻播报：路况，天气，主持人的俏皮话。面包烤好了，咖啡一如既往的美味。你翻阅着昨晚的信息，喝光咖啡，把盘子收起来放到洗涤槽。

接下来呢？

是不是冲个澡，刮刮胡子，穿好衣服？或许是穿上西装打上领带，如果是女士的话，可能是穿上裙子，配上合适的高跟鞋？你今天要带便当去公司还是在外面吃？你还剩多少时间驾车上路，或者匆匆忙忙赶往火车站或者公交站？关于今天的路况和天气，新闻上是怎么说的？

或者你居家办公，只需要迈二十多步从厨房来到书桌前，换上白天常穿的运动裤，打开笔记本电脑，快速翻看一下社交媒体和推送的新闻，然后开始工作。你会用半小时回复电子邮件、紧急短信和 Slack（一款通信软件）聊天群组的留言，然后在上午九点前的几分钟，日历发出"叮"的一声，提醒你赶紧换上带领的衬衫，开始一天中的第一个视频会议。

在新冠肺炎疫情席卷全球之前，世界发达国家中大约有 5% 的专业人士经常远程工作。到 2020 年 4 月，多达三分之一的美国人居家工作。当然，这并不包括庞大的经济部门。如果你靠体力工作吃饭，比如在建筑、烹饪行业工作，或从事起重作业、开车，或者你是急诊室护士、工厂工人、卡车司机或杂货店店员，你的工作虽照常进行，但危险性有所增加，你被无奈地列为"不可或缺的人员"，因此期望你去上班，直面新冠病毒。但是，对于我们这部分早已靠电脑和电话工作的人来说，从办公室办公到居家办公的转变虽然很大，但这一转变来得又快又简单，让人颇为意外。3 月 11 日星期三，大多数办公室都听到远程办公的消息。到星期五下午，好几亿人在收拾笔记本电脑、文件和纪念品，准备至少在家里工作几个星期。

到了下周一，许多公司已经完全采用远程办公。办公室经理和 IT 员工不得不迅速行动，发挥创造力，但大多数情况下，业务仍在正常进行。订单仍在继续，电子邮件依然有人回复，IT 网络照旧保持正常运转，而且每个人都很快学会了如何在世界新近流行的视频会议平台上用 Zoom 程序开会。一些公司很快就宣布他们的员工未来只需远程办公。从首尔到悉尼，从布宜诺斯艾利斯到波士顿，办公室的隔间里落满灰尘，被遗忘在冰箱里的三明治发霉变质，遗落在空荡荡办公楼里的蕨类植物也慢慢脱水干死。但除此之外，业务仍在稳步推进，仿佛预言已久的虚拟办公室只需简单地碰一下开关便自动开启。

伊莱克森（ELSE）是一家位于英国伦敦的战略设计咨询公司，其联合创始人兼 CEO 沃伦·哈钦森说："从功能上讲，我们当时立即行动，运作起来了。"其旗下的二十多位员工和合作伙伴没费多少周折便实现了远程办公。在很大程度上，伊莱克森公司的工作已经实现了虚拟办公。他们为全球客户设计网站、应用程序和其他数字产品和服务，客户包括壳牌、马自达、妮维雅和瑞银公司等。"我们有所有的工具，一应俱全，所有的云服务，包括 Zoom 订阅，Monday 的任务管理程序等，都配备齐全。我们的团队只需带着笔记本电脑回家即可。"伊莱克森公司还给员工发放了补贴，用来购买任何新设备或家具。哈钦森说："从功能上来说，这很不错。"当时他在剑桥家里明亮的办公室里接受采访。其办公桌放在一大堆收藏的吉他和唱片里，透过窗户可以俯瞰到苍翠的花园。他在东伦敦伊莱克森公司的办公室需要乘坐一小时的火车和地铁才能到达，而这个办公室穿过房间几秒钟就能赶到。

但是，随着早期那些肾上腺素激增的日子成为历史，日复一日，周复一周，从春到夏，哈钦森和世界各地各种企业和组织的领导者、经理和员工都开始意识到，他们身后的办公室代表的不仅仅是数码时代未来主义者几十年来一直在积极摒弃的办公桌、房间和缺乏温情的桌面，他们对工作有了更深刻的定义，也发现了模拟空间的真正价值，以及这之间密不可分的关系。

坦白地讲，我可能是最不适合谈论办公室价值的人，因为我总共就在一个办公室待过。那是在 1999 年夏天，当时我 19 岁，在多伦多市中心一家印发牙科新闻简报的小公司谋了一份差事。

我的工作是将一张印有牙医联络信息的小纸片贴在每份简报的主页上，再反复复印这一页。为了保持简报的整齐一致不扭曲，必须将页面完全对齐。如果碳粉用光了，或者复印件上莫名印出一条多余的线，我就需要将一批资料作废，再重新开始复印。这种时候，我不免会遭到杰夫的责备。杰夫是我的顶头上司，他装框展示的 MBA（工商管理硕士）学历、定制的西服和停在公司外的金丝雀颜色的保时捷，构成了"老板"这个词在我脑海中的形象。

每次经过前台，都听到免提电话里无限循环播放着"Livin, la Vida Loca"（意为"活在当下"），没多久，我就对这一切见怪不怪了。六个星期之后，复印机由于持续工作而发热起火，我也终于辞职不干，并发誓再也不做任何办公室工作了。

后来，我成为一名记者兼作家，便一直在家远程办公——我穿着短裤或运动裤，使用笔记本电脑写作，并通过电子邮件、电话和视频与他人通信联络。新冠肺炎疫情暴发之初，职场专家开始建议人们保持正常的工作状态——每天早上洗洗澡、刮刮胡子、穿戴整齐去办公室上班。而我只是笑笑，继续工作去了。

办公室是一种新生事物，它源于 20 世纪社会和技术的剧烈变革，由此也埋下了其将被当今社会淘汰的种子。尼基·萨瓦尔在其《隔间：办公室进化史》一书中指出，在工业革命催生的大规模生产下，涌现了各种规模庞大、结构复杂的组织机构；信息爆炸，需要更多的人员对其进行管理。钢铁骨架的摩天大楼、电梯、空调、打字机……种种新技术，将这些机构集中起来，在市中心商业办公区的大型建筑里安营扎寨。于是，办公室渐渐成为一个稀松平常的场景……在这里，人们完成"真正的思考（而不是制造）工作"。办公室塑造着人们的性格、特征、希望、梦想，还有日益强烈的窒息感。在萨瓦尔的笔下："办公室不堪一击，又空空如也，更重要的是——令人厌倦。在办公室里谈成的生意，都枯燥而乏善可陈。"

办公室作为资本主义的象征之一，可谓集现代工作方式众多问题之大成者：毫不人道的通勤和密密麻麻满是隔间的办公区、索然无味的办公桌午餐和不冷不热的生日问候、茶水间的八卦摸鱼和流言暗箭、冷酷刻薄的主管、残酷的职场竞争、穿着不适又无甚意义的着装；没有窗户的会议室令人不安；工业用空调的嗡嗡声也扰人心神；荧光灯寒意森森，领带和高跟鞋触目皆是；性别歧视、种族主义和偏袒徇私的风气盛行、巨大的经济鸿沟永远无法填平……这一切的一切，连同着工厂的本质被包裹在一个钢铁和玻璃制成的盒子里，和工厂唯一不同的只是多了一些体面的座位。我们的文化折射出这样一个事实：办公室里可以有快乐，但办公室本身却是一个制造不快乐的地方。虽然我们看到在《广告狂人》里，斯特林库珀公司的人们兴高采烈；《办公室》里，丹德米纸品公司的员工们也有说有笑；《上班一条虫》里，Initech 软件公司的雇员们可以在打印机身上随意发泄对公司的不满……但实际上，之所以故事里的浪漫气氛或欢声笑语取得成功，正是由于办公室是一个广泛遭到诟病的对象。员工在办公环境中不但要遭受日常"监禁"，更要面对重重压力和艰险——从轻度压迫到公然的精神和身体虐待，不一而足。就算是好一些的办公室，充其量也只算是尚可容忍。但我们仍避无可避。每周五的下午，你重重喘着粗气，想要逃离这个地方，并毫不掩饰自己有一天永不再回来的奢望。没有谁能躲得过办公室，哪怕是最好的办公室也糟透了。私人办公室让人产生幽闭恐惧，开放式办公室又是一片混乱。而私人＋开放的混合型办公室更是集合了两者的弊端，例如谷歌（Google）和脸书（Facebook，现为 Meta）偌大的办公区里，为员工提供了数不清的便利条件（免费的美食、理发服务、午睡舱，甚至还有宠物狗！），让他们深受吸引，感觉永远不需要离开这里——而赌场也正是采用这种方式来吸引赌徒流连忘返的。到头来，所有的办公室都没什么两样。

20 世纪后期的几十年里，终结办公室的存在被视作工作方式发展向好的一个目标。1969 年，美国专利局的科学家艾伦·凯隆预测，计算机和新的通信工具将改变工作的性质，实现家庭式办公。凯隆把"住所""连接"和"电子产品"几个词结合起来，生造出 dominetics 一词。虽然这个词语没有流行开来，但却为另外一些人提供了灵感，其中包括学者杰克·尼尔斯——他提出了"远程办公"概念，用"在家上班"这一方案来为那些长时间驾车通勤的人解忧。1980 年台式电脑（PC）时代开启后，未来学家阿尔文·托夫勒预测：家庭将很快成为"电子小屋"，与互联网相连的家庭办公室，将让我们的工作和家庭都更为灵活，位于城市中心地段的办公室将被"改用作幽深的仓库，或是改造为生活居所"。

随着数字技术日益强大、成本越来越低、在各行各业也日渐普及，有很多人已真正实现了远程工作。一些公司从成立之初就完全采用远程办公，还有些公司有特定的岗位允许远程工作。对于那些在办公室兢兢业业工作的人来说，无论是在市中心人满为患的高楼里，还是在与世隔绝的市郊办公园区里，他们不用困在"笼子"里（也不会产生修建、租赁和维护办公室的巨大成本），却仍能从工作中收获所有的同等回报和激励、应对一样的挑战，这样的设想简直令人无法抗拒。办公室的数字化未来，便是办公室彻底消失。

因此在那个具有决定性意义的星期五，当世界各地的办公室一族回到家，看到关于办公室消亡的头条新闻时，他们毫无伤感可言。我们可以投入更多精力认真工作、完成更多任务，把以往花在通勤、乘电梯和讲废话上的时间都节约下来；我们有了时间去散散步，吃更健康的食物；我们还发现，每周 7 天都穿着运动休闲服简直太惬意了。没有人怀念人山人海的地铁、脏兮兮的公交车站；没有谁想回到每天两个小时在拥堵的公路上驾车蜗速前进，或是在公司会议室开会的那些日子；也没有人想要和老板面对面地相见。数字化未来已经到来。一开始，它彰显出种种优越性，超出我们的想象。

但在转向数字化未来工作方式大约一个月之后，一些问题逐渐进入我们的视线。不同国家、年龄、经验水平和行业的人们均开始表现出对工作的不满意。他们的工作时间加长了，完成的任务却减少了；他们还感到焦虑和压力倍增。鹰山咨询公司（Eagle Hill Consulting）在 2020 年 4 月的一项调查中发现，美国近一半的工人出现了职业倦怠。2021 年，美国精神医学会报告称，在他们的远程办公人员调查中，大多数受访者表示：改为网上办公后，自己的心理健康受到负面影响。而在英国和其他一些国家，也得出了相近的调查数据。每封电子邮件、Slack 消息或是视频会议开启时的提示音，都让我们的内心升起一种莫名的恐惧感。我们双眼灼痛、头昏脑涨。这种不适感有时来得很剧烈，但大多时候是一种隐隐钝痛的状态，不管吃下多少镇痛药也无济于事。最糟糕的是，每个人都感到极度的疲乏。作家、组织心理学家亚当·格兰特（Adam Grant）给这种现象起了一个名字——"萎靡"（languishing）。一位来自 meh.com 网站的资深人士说："这是处于低潮和振作之间的一个空白地带——幸福感不足。"

显然，造成这一局面的罪魁祸首是新冠肺炎疫情，还有它给我们生活带来的其他一切灾难。当时，大部分人都被封闭在家。

我们好不容易有点自己的时间来忙工作时，孩子们又在我们身上爬上爬下。被逼无奈，有人只得躲到衣帽间或洗衣房里去处理工作。比如我的朋友梅兰妮，她干脆就在浴缸里办公。除此之外，病毒增加了我们对于健康和安全的担忧。每次购物都仿佛是一场冲锋陷阵。我们大肆购买消毒液、口罩、面粉、卫生纸等生活必需品，回家后还要将大包小包挨个消毒。一座座城市被废弃，一家家医院人满为患，仿佛我们大多数人即将走向世界末日。即便我们从这场浩劫中幸运地存活下来，健康积极地生活着，但每当我们回忆起这些场景时，仍然深感恐怖。

　　随着新冠病例日益减少，全球疫情带来的冲击淡出视线之后，常态化被提上日程重点，其中居家办公的各种问题仍备受关注。五月的某一天，我在邻居劳伦家的前廊处碰到她，问及近况时，她回答："呃，完全是一团糟。我一点也不喜欢现在的工作方式。"劳伦是一名退休金计划投资顾问。在新冠肺炎疫情出现之前，她的生活除了在市中心的办公室工作（在拥挤、汗流浃背的有轨电车上通勤 30 分钟），就是紧张疯狂的出差计划。一个星期之内，她可能奔波于纽约、伦敦或东京去开会，有时周六晚上可以回家，周一一大早再飞到旧金山。而现在，她待在家里的时间比她整个职业生涯里加起来还要多，她却反而感到筋疲力尽。"太累了。"她带着一丝紧张笑道。每天她醒来，吃完早餐后，便坐下来开视频会议，一个接一个，整整八个小时，没有喘息时间。从表面上看，她的工作没什么变化，基金的投资情况也很稳定。但工作方式的转换，让一切变得枯燥至极，失去了趣味。大多数日子里，她就连下趟楼吃点酸奶再接着开会的空闲都没有。她甚至想不起上一次迈出家门是什么时候了。劳伦成了笔记本电脑的"囚徒"。

远程办公几个星期后，"视频会议疲劳症"（Zoom fatigue）一词渐渐流传开来。这暗示着有些现象已经普遍化。Zoom 软件本身是个很好的工具，但每一次召开 Zoom 会议（或在 Google Meet、Microsoft Teams、Cisco Webex 等类似平台上开展的其他会议），似乎与会者都有一些内在的东西被掠走，这事就像年轻情侣去逛宜家家居会伤感情一样玄妙。心理学家和其他的专家们试图从中找到原因——同这一现象相关的，到底是数字通信响应时间的延迟（尽管小得难以觉察），还是通信的速度，抑或数量？究其根本，会不会是缺少真实的眼神交流，导致参会者的认知负担加大，还是因为数字处理降低了音频信号的频率？答案尚未确定。但无论原因何在，它给人们带来的不安已不容忽视。

我一直以来都是远程办公，但也注意到了这一点。在新冠肺炎疫情首次大规模暴发的那个春季，我正忙于撰写文章、接受采访，还安排了全美各地的六场虚拟图书巡回展演。年内晚些时候，我对这本书又安排了几次采访，大多是以 Zoom 会议的形式进行。几乎是顷刻之间，我发现自己疲惫不堪。一场在线会议或活动倒是没什么，但如果一天超过两场，就会让我心力交瘁。采访的内容大多很好，可以说基本上都好极了。但每次收到"加入一场 Zoom 会议"的邀请时，我都有一股恐惧感涌上心头。

当我在沃伦·哈钦森位于剑桥的家庭式办公室里采访他时，得知他也有相同的感受。哈钦森谈起疫情首次暴发的那个春天时说："我们都只是在装装样子罢了。"他说，伊莱克森公司在活动中设置了虚拟饮料、小测试、周报等环节，吸引员工积极参与。但在最近的一次在线活动中，公司的集体凝聚力已丧失殆尽。"我发现，活动过程死气沉沉、味同嚼蜡，"他说，"大家都厌倦了坐在屏幕面前。有的时候，你的心思完全游离于对话之外。周围环境的刺激对你失去了作用，你面前矩形屏幕里的一切似乎都不复存在。"我问哈钦森那天他是怎么开始注意到这一点的，但他记不起任何的细节信息了。对于在线上发生的一切，人们的记忆模糊不清；每个 Zoom 会议和下一个会议混为一谈，无法严格区分开来。"我不记得具体发生了什么，"他说，"但我还记得当时的感觉。就像约会时第一次出现了尴尬的冷场，可能令人不适，也可能不会。总之，就是那种感觉。"

这次通往远程办公数字化未来的过渡，让哈钦森和我们中的许多人知道，我们需要面对的问题，不仅仅是一些技术方面的障碍。对于那些在办公室里使用计算机的办公一族来说，这个过渡性的变化揭示了一个根本性的错误认识，即工作到底是什么、工作的地点是哪里，以及办公室——这个模拟性质很强，还没有机会让我们充分考虑其相关影响的情况下就被我们仓促丢弃的空间——到底有何价值。

"这表明我们没有真正理解工作发挥作用的原理。"创业教练兼作家亚伦·迪格南这样评论道。迪格南的咨询公司 The Ready 致力于协助企业实现组织结构转型。迪格南通过观察发现，大多数公司的线上工作是在每天八小时的工作时间中，把所有员工都困在满满当当的视频会议里，这势必会让公司越来越没生气。"公司里和我聊过的人大都这样说：'再这样搞上一年我可受不了。'我们好不容易才能勉强撑下去，这根本不符合任何可持续发展的理念。"

事实证明，工作（或者至少是在办公室、在电脑上完成的那种工作）包括的不仅仅是一些以尽可能高效的技术来完成的日常任务。它是人极其复杂的一种体验。工作的模拟属性中，主要有两点是目前我们能切实体会到其价值的，即办公室的实体空间，和在办公室里产生的各种人际关系。

什么是办公室？它仅仅是人们用来工作的建筑物，还是有着更深层次的目的？

我在办公室工作的亲身体会非常短暂，但在我的记者生涯中，曾参观过你能想象到的任何类型的办公室：《纽约客》和《时尚先生》的纽约式玻璃摩天大楼，东京一尘不染的政府大楼，得州奥斯汀花里胡哨的初创公司聚集区，多伦多的老牌律师事务所，意大利电影工厂里尘土飞扬的办公间，脸书、谷歌和 Yelp（美国著名的商户点评网站）位于湾区面积庞大的公司总部，布加勒斯特（罗马尼亚首都）郊区的私人住宅地下室，巴拉圭农村简朴的肉类加工厂中血迹斑斑的处理间……这些办公场所的地段、规模、设施以及整体氛围相去甚远，但它们仍有一些相同的基本属性：墙壁、灯光、椅子、桌子、电脑、打印机、纸张、白板、钢笔、咖啡和水。

人们意识到在好几个星期的长时间居家办公之后，便会更加精心地打造自己的家庭办公室。成堆的纸箱被办公桌取代，餐厅的椅子也换成支撑力更强的设施。装修简单的卧室、衣帽间和起居室里摆上了艺术品、绿植、LED 环形灯和 300 美元的高档降噪耳机，摇身一变成为在屏幕另一头看来颇为光鲜的居家工作空间。和早期我们在沙发、床上甚至一些临时搭就的"工作站"相比，办公条件可谓鸟枪换炮。然而，我们的"萎靡"感受增长之势仍不减半分。还是缺了些什么东西。难道是办公室本身？

"这其实是给我们上了一堂速成课，让我们了解要做多少工作才能打造稳定、可靠的工作空间。"硅谷顾问亚历克斯·索勇－金·庞这样评论。庞主要研究工作的发展未来，著有《缩短：如何更好、更巧、更少地工作》和《不分心》等书籍。"远程的移动式工作没有固定的办公地点，给我们带来了一些问题，比如不能像办公室或其他类型的专用工作空间那样，实现一定程度的可靠性或无缝性。"庞认为，办公室最为核心的实体功能是提供一个真实的空间，从心理上将工作与生活明确区分开来。他说："设计合理的办公室应该能让人集中精力工作，而一旦离开办公室便能将工作完全抛在脑后。""把实现随时随地移动式工作的技术能力同'打破家庭生活和工作生活之间的界限是一件好事'这种绝对命令混为一谈，是近 20 年来我们最为严重的一个失误。"当工作的实体空间变得不确定，工作便会蔓延开来，填补任何它能占据的空白，进而蚕食我们生活的其他组成部分——休闲、家庭、自然、爱情——这些我们以前分配给"家"的时间。庞说："我们应当把现在的局面当作一个警示：上身打着领带、下身穿着短裤去参加Zoom 会议确实很酷。但相比而言，在该工作的时候心无旁骛地忙上六个小时，然后彻底放下工作去过自己的生活，这样可能更好。"

对于居家办公游刃有余的大多都是从事"知识工作"的专业人士。这类人群的经济活动涵盖面很广，他们大部分人从事使用电脑的脑力工作，而不是那类通过操纵实物（如箱子、机器、食物、锤子等）来进行的工作。在知识劳动者中，确实有一部分人的工作必须在注意力高度集中的情况下独立完成（例如图书作者、软件程序员等），但大多数知识工作也需要时常与其他的同事群体互动。而其他很多在办公场所开展的经济活动，如营销、销售、战略、管理等，流动性强，个人化和直接性不那么突出，本质上属于沟通性的工作。这些工作的成果，在很大程度上来自在共享空间里同他人的接触。

居家办公几个月后，沃伦·哈钦森和他在伊莱克森的合作伙伴面临着一个选择：公司在伦敦久未使用的办公室租约即将到期，是否续租？公司的财务业绩很不错，但如果终止租约，伊莱克森将完全走上远程工作的轨道，并可以借此省下大笔资金。"我们很愿意远程工作，"哈钦森说，"但我们还是认真考虑：'要不要保留办公室？'"答案是肯定的。这一决定有非常现实的原因：哈钦森在剑桥有大房子，但伦敦的年轻员工住在合租的小公寓里，还有些人家里有小孩，只得在喧闹的环境中工作。不出多久，他们就能同客户进行面对面沟通。哈钦森明白，必须把这种事放在自己公司的场所来做。"我们的工作通常是同那些对客户具有战略意义的东西打交道。"他说，他们需要了解客户真正想要伊莱克森公司构建什么（而不仅仅是听客户自己说想要什么），再围绕这些内容提出方案、进行改善并最终搭建成功，这个过程本质上是一系列对话，必须不断向前推进。

"客户花钱请我们做事，不是为了实现他们自己的想法，而是希望我们能提供更为出色的设计，还他们以惊喜之作。而我们希望不要太过于偏离原意，因为如果不从最初的思路出发，创意是很容易泯灭消逝的，"哈钦森表示，"但如果我们转为远程办公，我不确定我们要花多少成本才能找到这些创意。灵感在火花一现的那一刻，要是我们没有在现场将它捕捉到，有多少会就此销声匿迹？"可以面对面完成的交流，如果全部转移到线上进行，将需要两倍的时间。哈钦森自己常常是在提出一个想法后观察客户的表情，根据后者对他的创意、个人魅力和他团队销售技巧的反馈，当即对思路作出调整、补充和即兴创设。他说："这种流程是我们目前工作中至关重要的部分，而且是不可能在线实施的。哪怕利用最先进的数字工具，都不过是权宜之计，而无法代替真实的互动。任何工具都不能弥合情感鸿沟，因此不可能达到在精神意义上共同构建的目的。"

在我的研究过程中，像哈钦森这样兼具模拟世界和数字世界设计经验的人，为我提供了关于工作价值最为明确的观点。例如，福特汽车公司的全球环境设计总监詹妮弗·科尔斯塔德，她全权统领密歇根州迪尔伯恩市和世界其他地区福特办公室的设计工作。从很多方面来说，福特汽车公司是 20 世纪现代化工作方式的引领者。亨利·福特醉心于追求完美的制造和时间管理体制。每周 40 小时的工作时间雷打不动，实现美国式的工作与生活平衡理念成为标准的常态。疫情期间，科尔斯塔德和她的团队（其中有行为科学家和神经学家）观察了福特全球 3.5 万名员工居家办公后发生的变化。

"这类协同工作……我们需要开展的对话……我认为，事情的复杂程度远远超出我们的认知，"科尔斯塔德在她位于底特律郊区的家中如是说道，"我们可以继续执行任务，软件将工作简化到人类生产力可以胜任的程度。但涉及创造力层面时，事情变得非常棘手。你需要以某种方式和同事沟通及合作。"2021 年年初的大部分时间里，科尔斯塔德和她团队的主要任务是制定福特未来的办公室发展规划，包括公司位于迪尔伯恩、占地 200 万平方英尺、正在建设中的总部。这一计划起名为"从大脑到大楼"，以公司向远程办公过渡这一真实体验为背景，寻求关于哪些人应该在哪里工作，以及相关原因和时间安排等难题的答案。科尔斯塔德和她的团队以及公司外协作人员使用协作云工具（例如设计软件

MIRO，这是一种提供多种交互功能的虚拟白板），远程开展上述工作。

科尔斯塔德谈起 MIRO 同其他软件工具的结合应用时说："我们本以为已经解开了密码"，却发现：团队在项目上花的时间越久，设计工作越是陷入困境。她说："这么说吧，你可能花一个月的时间尝试用 MIRO 解决一个问题，然后花时间来研究 MIRO，这样又是整整一个月。"这个软件提供了无穷无尽的可选功能——永无止境的修正、微调、颜色、功能、嵌套评论、聊天和电子邮件。对福特团队来说这就像是一个巨大的沙坑障碍，挡住了去路。他们投入大量的数字工具来解决问题，反而在细节的泥潭中陷得越来越深。

而实际上在办公室里，有助于我们开展工作的模拟工具比比皆是。有些工具一望而知（桌子、椅子、笔、会议室、白板等），还有一些属于"隐藏式"的工具（走廊、咖啡机、吸烟处和消防出口外的楼梯间）。它们联合起来构成了一个强大的工具——办公室本身。"办公室的意义不仅在于提供空间和场所。"来自纽约的组织社会学家、从事建筑公司运作研究的安德烈亚斯·霍夫鲍尔这样表达他的观点。他认为："显而易见的一点是，工作空间已经成为我们用来创造知识的事物和对象。"霍夫鲍尔将人们同办公室物理环境的日常互动描绘成一种主动的隐性学习方式。在这种模式下，思想（观念、教育和信息）的"分布式认知"在物体和人之间来回自然流动，达到类似于渗透的效果。霍夫鲍尔在纽约调研的建筑师群体表示，他们所在工作室的整个共享空间，从办公桌、会议室，到他们整天走来走去的地方堆着的图纸、模型和材料样品，都属于工作空间的范围。这些物品所构成的视觉和触觉基准点，不仅提供了它们本身所属项目的相关信息，还能触发其他的创意和灵感。

在新冠肺炎疫情期间，有很多建筑师向霍夫鲍尔表示，他们对于远程办公非常失望。很多人说，在居家工作的情况下他们很难产生新的思想。他们提到的因素，包括不能触碰桌面、将东西挪来挪去，甚至还有看不到同事办公桌上的图纸。霍夫鲍尔观察到，久而久之，人们在现实模拟空间里形成思想的方式逐渐消泯。他们的很多项目，例如摩天大楼或规模更大的开发项目，从初步设计到竣工的过程长达数年甚至数十年。项目的落地，需要参与其中的多方面达成共识——包括建筑师、设计师、工程师、施工经理、商家、保险公司、贷款人、开发商、房产经纪人、城市规划方等。思想通过会议和对话，以及电话和电子邮件在庞大的人际网络中传播。但当人们经过建筑物的某个部分或油漆样品，从中汲取一些信息时，这也会促进思想的演进。

霍夫鲍尔说："在很多互相认识并有深厚联系的人中间，会出现这种反复迭代冗余的效果。这是一个相当缓慢的过程。"这种以物理方式不断重复的被动式接触，促进了建筑师们对项目的更深入理解。而在远程办公环境下，通过无休止的电子邮件、消息或幻灯片演示文稿是无法传达这些信息的。对于复杂思想的分布式理解，其实质是对于某种思想以及致力于实现这种思想的人建立共同信任的过程。这种信任是在办公室的实体空间里、在电梯里的短暂闲聊中、在一同去咖啡店的途中一点一滴逐步成形的。"空间需要成为构建连接、时间、冗余和重复接触的地方，"霍夫鲍尔说，"只有在这些基础上，信任的纽带才能真正建立起来。"

实体空间对工作的影响不仅体现在办公室本身，还有建筑物内部所有平平无奇的日常事物，它们的外观、气味和质地。你走到公交车站时映入眼帘的一切景象，你在地铁上听到的只言片语，以及当你进入停车场时窗外的一幕幕场景……它们都在各显神通。事实上，外面的世界比起你家里的世界总是更为刺激。戴安娜·吴·大卫是香港一名研究未来工作领域的顾问。她意识到，模拟工作中价值被低估最严重的部分，正是大多数人畏惧的通勤时间。"通勤是一段让人不得不认真思索、被迫思考，甚至有时'被迫'寻求灵感的时间。"大卫称，2020年有大部分时间香港的巴士停运，她对于失去了在这座充满活力的城市中穿行的机会感到遗憾。她将最近观察到的一群年轻女孩装饰手机的情景形容成一条被动接收的灵感，并说："当你身处办公室，或在去办公室的路上，会有很多你所不了解的事情刺激你的大脑，让你产生想法，同时去感知外在的世界。这会促使你对于当前工作所涉产品萌生出一个观点，或是对于适合该产品的世界的看法。我会在公交车上与人交谈，并从中学到东西。这种方法在迥然不同的事物和人之间建立联系，开启了各种可能。"

在我的记者生涯中，来自实体世界的这类被动信息至关重要，因为它有助于我更好地理解我正在研究的主题。它不仅让我能充分体验实体环境并对其进行描述——比如纳什维尔黑胶唱片压制厂温暖而嘈杂的生产车间，或是纽约"欲望都市"巴士之旅的特殊氛围——同时还有出人意料的全新发现和信息。我写第一本书《拯救熟食店》时，有一次在等候采访大卫·阿普菲尔鲍姆（旧金山一度具有传奇色彩的大卫熟食店的前一任老板）时，我浏览了一下他们精心制作的菜单。每道菜式都附有一篇短文介绍，我注意到文中提到剁肝泥要剁上 1179 刀。菜单上写道："有人认为这不过是个随意定下的数字。但谁说得清呢？说不定，只是因为这是他的幸运数字。"当我向阿普菲尔鲍姆问起这个玩笑时，他的嘴角浮现出一丝狡黠的笑容。他卷起袖子，手臂上赫然可见已逐渐褪去蓝色的"1179"字样的文身，那是在奥斯威辛集中营时纳粹党在他手臂上刻下的编号。时至今日，这件事仍被《拯救熟食店》的读者津津乐道。但如果当时我没有去到现场，这背后的故事也将无缘为世人所知晓。

作为赫曼米勒办公家具公司的办公场所未来和洞察部总监，约瑟夫·怀特认为："我们的思想，包括好奇心、创造力和探索欲等，都是在我们走出家门四处走动时涌入我们头脑的。"怀特是一名专业面料设计师（他有一台织布机）。疫情期间，他从布鲁克林搬到了布法罗。但随着远程办公的时间越来越久，他发现工作中缺少了很多实体和感官层面的信息。他怀念在密歇根州赫曼米勒公司漫无边际的园区里闲逛的时光，在楼栋之间游走，亲身触碰、感知公司的各种创意火花，看到它们一个一个变成了现实世界中的木材、塑料、金属和织物等具象化的实物。怀特说："以前，我一天要在十多个不同的地方工作。但是现在，我整天都只能盯着同一件艺术品看。我怀念过去那些丰富多彩的体验。我的思维是同具有认知特征的概念密切相连的——我们的思维与周围的世界密不可分。通过在环境中移动，我们在无意识的状态下获得了有意义的信息。而当我们反反复复被困在同一个地方时，就不可能有此收获。"人们认为在家工作是一种解放，但就像我的邻居劳伦每天面临的情况一样——被"绑"在办公桌前无法脱身，这种状况很容易演变为一种桎梏。"（远程办公）降低了人们的体验感，"怀特说，"我担心我们的感官会出现退化，好奇心也逐渐丧失，而丧失好奇心就意味着死亡。"

詹妮弗·科尔斯塔德带领的福特公司设计团队陷入了困境。他们使用数字工具反复钻研已有数月，却不见成效。2021 年 6 月，她尝试了一种新方法。科尔斯塔德将八名核心成员召集起来，在确保每个人都接种了新冠疫苗并戴上口罩的情况下，在公司底特律的会议室里进行了线下办公。她眉开眼笑地说："我们把问题解决了。三个小时就把它彻底拿下！"我问她是怎么做到的，她说过程非常简单：他们将大家在联网工作时提出的所有想法打印出来，钉在会议室里的一面墙上，每个人都能看到。"看着墙……那堵墙！"她谈到这里时仍激动不已，"这是在数字空间里永远不可能做到的——在房间里，可以把资料钉起来，在上面写字、移动它……对于有创造力的人来说，这就等于是在整理他们混沌的头脑。这种方法无可比拟，也不能复制，"她说。"你必须有房间里的墙，要有别针，还要有人。"

科尔斯塔德告诉我，整个过程绝非仅仅把打印件钉在墙上那么简单。"它还代表着团队成员之间的情感联结。一旦有人说'好主意！把它写下来'，那一瞬间，你会感受到那种魔力。"她谈到，福特企业的常驻神经科医生在疫情期间做了一项研究。当与他人肢体接近时，大脑里会发生一种具有内啡肽效应的化学反应，这说明人们也会采用非言语交际或者肢体语言（包括气味在内）等手段进行日常交流。即便是在办公室，我们仍保留了人的动物特征。"而你没有意识到你遗漏了这一点，"科尔斯塔德说道，"过去，我们低估了团结的重要意义和它的巨大作用。这不是说你随时随地都需要它，而是在一个问题或项目正好需要时，可能只有团结才是最为有效的解决方案。"

约翰·西利·布朗和保罗·杜吉德在 2000 年出版了《信息的社会生活》一书。他们在导言中提出了一个重要的结论性观点，即最有价值的信息与人际关系密不可分。书中写道："在技术层面上普遍存在着'信息能跨越社会隔离'的论点。"然而，在现代化全球经济背景下，信息是每个企业的财富和命脉，而不仅仅是一组以电子方式捕获和传输的静态数据点。人们对信息如此关注，所以难免会将所有边缘化、性质模糊的因素，比如情境、背景、历史、常识、社会资源等置之脑后。"但是，正是这些边缘的东西……为我们提供了具有价值的平衡点和思维方式。它帮助我们找到解决问题的方法，开阔了我们的视野，启发我们做出选择，明确目的及意义所在。"如果工作中缺乏社会和人文因素，纵然是最有价值的信息也派不上用场。而关于"大数据和人工智能能让每个行业发生翻天覆地的变化"的大肆宣传始终停留于炒作而无法得以真正实现，原因之一便在于此。

我们知道网上的信息是什么样的。它以文字和图片的形式出现在屏幕上，被明确定义为数据和事实。但在真实的世界中，信息则以各种各样肉眼看不到的方式呈现出来。例如，办公桌的排列布局就能真实体现等级的高低，经理人的着装，一场会议中那些说出口（或未说出口）的话会导致肢体语言转变。每天都有数以百万计的信号在空中穿行，或大或小，我们所有的感官会悄然摄取这些信号，构建起以感觉或本能形式存在的思想：

"我相信这个人""这笔交易有点可疑""我们应该雇用她""这事有发展的空间"……这类信息是定性的，但不定量，它以非线性的方式传输。根据人类学家蒂姆·英戈尔德的说法，这种信息来自"通联"（correspondence）——他用这个词来描述教授们在与同事和学生共享的实体空间（教室、走廊、停车场）中穿行并对其进行观察以摄取学术信息的方式。"关注他人能让你的工作更有效率，"多伦多大学的组织行为和人力资源管理副教授索尼亚·康如是说，"当你和其他人一起工作时，你在精神层面的收获会比你独自工作时多很多。"

田纳西大学的社会心理学家加里·施泰恩伯格将人类吸收信息这一过程产生的最终结果称为"公共知识"，这是对于任何公司和组织的运作和未来发展必不可少的信息的核心理解。他解释说，任何文化的基本构成元素，包括职场文化，都是身处其中的人们共同关注的问题和共有的集体体验。他说："通过公司里大家相互发一发电子邮件，绝无可能构建起企业文化。"只有召开线下会议、拥有共同的体验，并同时从这些信息中吸收知识，才能达到这一效果。这些信息可能是重大事件（公司正被并购），也可能微不足道（普雷塔是素食主义者）。无论是哪种，它们被集体接纳后都会被转化为公共知识，进而成为公司文化的一部分。

这样的体验必须是实时产生的，才可以形成公共知识。将企业的价值主张（"诚信，团队合作，客户服务"）一目了然地贴在墙上和仅仅使用电子邮件、备忘录和短信一样，都无法有效地打造企业文化。从理论上讲，通过视频会议也能构建公司文化，但只有人们亲身参与，才能产生最强大的效果。施泰恩伯格说："作为独立的人，我们有很多目标结构彼此冲突。而让所有人实现共同目标的最好办法，就是把他们放在同一个空间里。"当员工们坐在一起，听到他们的老板在会议上唠叨个不停，他们会想："'我们'正在一起经历这件事"——这变成了集体的共同感受，而不是"我"作为个体的体验。在线，甚至是"共享"的体验，其本质都还是个人化的。施泰恩伯格的妻子开车去看医生时，他坐在后排，用 Zoom 同我对话。他向我描述使用 Zoom 时他的视野："现在我能看到的有一个车库、一栋建筑和我妻子，她坐在车里。视线的冲突确实对我的注意力产生了影响，我不得不加以控制。模拟和数字之间存在分歧，这种分歧同公共知识的构建是对立的。"

信任是一个成功的公司凝聚力形成的关键要素。电子通信可以完美地完成任务和进行交易，但信任最终是在模拟世界中建立起来的。"'面对面'交流有利于建立信任和凝聚力，而电子设备就可以用来处理后续的事宜，完成工作。如果我们本就相识而且关系不错，那么当你以某种方式说出一件事时，我就能明白你的意思，知晓你的意图。"商业领导力顾问多利·克拉克如是说。克拉克著有《长线思维》等书籍。"人类具备很强的理解能力，可以思考像'我能信任谁？''我不该信任谁？''我喜欢谁？''哪些人跟我是一边的？'诸如此类的问题。通过电子形式也并非不能达到同样的目的，但会更难，需要的时间也更久。"

沃伦·哈钦森发现信任正是伊莱克森的团队与客户在线沟通工作事宜时所缺少的东西；也正是詹妮弗·科尔斯塔德召集她的福特团队展开线下会议从而重新拾回的东西。除了办公室本身，远程工作中缺少的另一大要素便是人。在空间上被隔离、没有任何实物载体的情况下，人们的互动被简化成了可以通过互联网传达的任何东西。缺少了与他人肢体接近时所建立的人际信任，员工更容易被等同于数字，而不是真实的人；工人们如果没有扎根于组织中的各种关系，便会成为机器中越来越抽象的一个个小齿轮，日渐消耗殆尽。长此以往，终会造成人性的泯灭。如上所述，真实的人际互动和在线互动之间存在的差异让我们看到一些更重要的东西，即工作的更深层次的意义以及我们对工作前景的期许。

亚历克斯·庞说："成功的人之所以成功，是因为他们同其他真正有血有肉的人建立起了联系。"古语有云：工作和生活一样，重要的是你知道（认识）谁，而不是你知道什么。最有力的佐证便是我们不太愿意却又不得不承认其存在的"关系网"，其实我们更愿意称其为我们工作中的社交圈。在这个圈子的顶峰（或最低点），是领英的数字网络——这是世界上最无趣的社交网络（这样说已经是一种抬举）。工作联系人被聚在一起，跟小孩子收集的一大堆宠物小精灵卡片没什么两样。我在领英网上的联系人超过 1600 人，但是我真正认得出的可能只有四分之一。有些人我曾见面；其他人可能是我的读者或演讲听众。他们中有些编辑同我合作了几十年，还有些和我甚至都没有通过电子邮件，但显然他们很乐意——或者至少没有不乐意——和我互为联系人。平台上不断有那些从我的个人资料中嗅到商机的销售员，主动对我进行奇奇怪怪的推销（"大卫，我看到你是一名作家……你想尝试一下我们的图书销售软件吗？"），厚脸皮的加密货币经纪人，甚至俄罗斯机器人，以及操着一口高深莫测的企业格言式论调的人（"大卫，我们怎样实现双方一致的协同效应？"）。想想你在上次收到的"我想将你加入我的领英职业网络"标题的电子邮件。这邮件对你有何意义？多半没有任何意义。

现在想想与你共事的人里面，谁和你特别亲近，谁总是逗你笑，谁每周五和你一起去吃午饭。想想谁是你工作中的良师，谁是你的益友，谁会听你吐槽会计部的弗雷德所讲的那些恐怖笑话，谁对你哪怕再微不足道的每个问题有问必答。这种关系和所有其他类似的关系构成了你的现实网络。搭建起这个网络的，正是你同生活中其他人发自真心的情感纽带。这些纽带借由工作汇聚起来，往往又超越了工作本身。这些人带来的意义，已经远远超过了他们可以在你目前工作中所具有的头衔、角色和现实目的。那些基于共同信任的更深层次的关系，几乎不可能通过网络来建立。这种关系只能在真实世界中，当你与另一个人在同一个实体空间里工作时，在你们面对面一起度过的时间里得以建立起来。

"建立关系是一次轻快的握手，是在背上的轻轻一拍。"此语录出自纽约的商业顾问，《失落的连接艺术》一书的作者苏珊·麦克弗森。很荣幸，她也是笔者的一位友人。"建立有意义的关系是一个不断发展、突变、多层次且持续不断改进的过程。你建立的每一个关系，都是一个崭新的故事，带来全新的机遇。"麦克弗森对于人际连接秉持坚定的信念。她深谙领英网的游戏规则，如同一个资深政客，左右逢源，如鱼得水。聚集人脉是一项实用的技能，但真正的人脉需要建立更深层次的人际关系。年深日久，麦克弗森发现正是这些关系为我们的职业生涯带来了真正的机遇。想要收获真正的成果，我们必须在模拟世界建立工作关系。

　　弄明白这个道理，花了托马斯·奥图尔好几个月的时间。奥图尔曾在麦肯锡从事顾问工作，还曾是联合航空公司的一名高管。新冠肺炎疫情暴发初期，他加入西北大学凯洛格商学院，担任该校的高层管理教育课程带头人。凯洛格商学院转向远程教学后，当即显示出多种优势。数据分析等技术学科的网上授课比线下教学更为容易；此外，网课不限于芝加哥的师生参加，更为灵活多样。"但最明显的一点，"奥图尔说，"也是被我极大低估了的，就是我们课程中建立起来的人际网和非正式面对面互动的价值。人都希望和同龄人扎堆、向同龄人学习，并与同龄人建立关系。我们知道这些互动非常重要，但为什么说它们具有如此重要的价值呢？这个问题的答案算不上浅显易懂。"奥图尔手下带了一个 60 人的团队，他没有和成员们见过面，只通过 Zoom 进行互动。从功能而言，一切都运作良好；但作为新任领导者，奥图尔感到颇为迷茫。他说："你不能亲身去体验公司的动向。只在大厅里走走，不可能了解大家的情况。以前，我也曾接手过规模更大的公司。你被介绍给别人、与他们相识、相互了解。这是一个建立信誉的过程。"这种方式同在屏幕上对着 60 张邮票大小的面孔讲话完全是天壤之别。"坦率地说，人和人之间的相互了解是最折磨人的事情。"

　　在疫情期间进行的研究也证实了这一点。微软的一项研究收集了来自全球数万名员工的数据，包括电子邮件、聊天线程、领英网发帖以及其他的数字交互内容。研究结果表明，一旦员工完全转为网上办公，公司的内部人际关系就会明显的走下坡路。

"然而，向远程办公的转变已经改变了公司中社会资本的性质，而这种改变不一定是朝着更好的方向前进的。"该报告的作者南希·贝姆、乔纳森·拉尔森和罗尼·马丁在《哈佛商业评论》中这样写道。

受访的员工表示，他们参与的会议比以往任何时候都多，但同时却感觉到彼此之间越来越疏远，沟通越来越少……这些研究表明：长达一年之久的全职远程办公对公司的人际关系（社会资本的根基所在）产生了巨大的影响，这种变化最为明显，同时也最令人担忧。总是有受访者声称，他们感到失去了人际交往。我们对于数十亿封 Outlook 电子邮件和 Microsoft Teams 会议之间的匿名协作趋势进行研究时，发现一个显著的趋势：向远程办公的转变导致了人际关系网的萎缩。

在不同的地理位置、行业、年龄和工资水平层面，研究人员观察到一个最明显的发展趋势，即通信日益孤岛化。在网上，人们与他们现有的联系人——他们的直接同事、经理和团队成员——互动更多，但是同其他人的互动却少很多。在办公室里，人们每天都会与形形色色的人打交道：直接同事，隔壁房间的人，只在每月开会时见一次面的人，经常在餐厅同一片区用餐的其他部门的同事，每天早上见面打打招呼、聊聊昨晚足球比赛的前台和保安，公交车司机，咖啡店收银员等。这些自然随意的临时互动形成了真实的人际关系，构建起你的社会资本。苏雷什？对，我认识他。我们同路去过公交站。而在网上，你只会在有特定需要时，为了具体的任务同必要的人交谈。不会有什么机会在网上和苏雷什偶遇，除非安排了同他会面，你无法联系到他，也没有理由继续发展这种关系。你们两人之间已经建立的社会资本就这样化为乌有。

罗格斯大学人力资源管理副教授杰西卡·梅索说："在新冠肺炎疫情暴发之前，正常的一天里我们会与 11 ～ 16 个人进行互动，其中包括去办公室途中碰到的陌生人。那些看似无关紧要的互动强化了我们的积极影响力，以及我们对工作的积极态度。"梅索认为关系网研究（她本人的专业）侧重于两个方面：广度（关系网的规模及多样性）和深度（关系网关系的意义）。她说："在我们看来，数字化并未对广度产生什么影响：它方便了我们同更多人交流。"我们失去的是关系网的深度。"数字化增强了我们对话的事务性、目的性和计划性。我们不再碰巧遇到任何人，一切都是事先安排好的。"

梅索在新冠肺炎疫情暴发一年之后开展了一些员工调查。受访者对于失去的那些发生在办公室、与工作无关的琐事极为怀念：闲聊、生日蛋糕、小笑话、晨例会、去咖啡店、在电梯里互夸鞋子漂亮……这些正是以前他们颇有怨言的事情（珍妮，不是吧？又去玩竞猜游戏了？）。但是，人们之间的这种交流现在却无法实现，互相能说话的同事变少了，他们只能憋在家工作，日益孤独。对此，梅索表示："他们平时的工作绩效由此受到了影响。他们的亲社会行为每天都在倒退，人际关系网变得越来越小，归属感也有所降低。"未来，梅索希望公司能像现在开始关注员工的身体健康一样，积极投入人力、物力以提高员工的社会适应力，鼓励面对面的互动并采取新的举措来增加员工互动活动的力度，使其发挥更大的作用。

亚瑟·C. 布鲁克斯在《大西洋月刊》上发表了一篇文章，文章中引用了组织心理学家林恩·霍尔兹沃斯在新冠肺炎疫情前的研究结果。他写道："不可否认，远程工作通常会引发孤独感。"他发现，远程全职办公的孤独感指数比线下办公室工作高出了67%。他还引用了一个名为Buffer的社交媒体管理公司新近展开的一项调查结果：远程工作者认为，孤独是他们面临的最大问题。《经济学人》的文章也认为这类日常生活的互动和对话的缺失是一种遗憾。他们将数字化工作模式比作炼乳："它更安全，主要根据具体工作而定。但作为面对面互动的'无菌化'代替版，给人留下的余味并不愉快。"冬季的某一天，我的邻居劳伦和一个同事相约一起散步聊一些重要的事情。事后，劳伦说起此事时兴奋得喘不过气来，如同见到了失散多年的亲人那么激动。劳伦每个星期都会和这位同事进行几次视频聊天，但是她仍然渴望拥有面对面真实的互动。

所以那又如何呢？

我真心诚意地提出这个问题。因为对于远程数字化工作的未来，人们目前的论点是：这些行为观察和理论很引人注目，但归根结底，它们是否真的重要？只要工作能顺利完成、销售额和利润得以增长，公司继续发展（这正是一些领先的企业在疫情期间的现状），还有什么必要在乎人的感受？毕竟，这是工作，不是幼儿园。算了，那就忍着吧。

何塞·玛丽亚·巴雷罗、尼古拉斯·布鲁姆和史蒂文·J.戴维斯在 2021 年为美国国家经济研究所发表的题为"居家办公为何能持久"的文章对此进行了论证。居家办公节约了太多的设施和长途通勤成本，相关技术仍在进步。而最重要的是，似乎有越来越多的证据表明，居家办公切实提高了世界各地工人的生产力——这一堪称圣杯的经济指标。

真的这样简单吗？

麻省理工学院人类分析专家本·瓦贝尔说："我认为这同我们北美人和欧洲人对工作的看法有关。"瓦贝尔的分析公司Humanyze 开发出的胸卡，通过声音和动作感应来研究人们在工作中的行为方式。对于生产力，我们关注的主要问题是：我们对于生产性工作和非生产性工作的定义，以及两者之间细微差别的认知有根本性错误。"我们认为这种方式完全是在列清单（我写了一封电子邮件／我写了一份报告）。而且，一边喝咖啡一边和同事交谈不能算是工作。但我们正在打造更为复杂的产品，信息或创造性工作占的比例更高一些。这类工作建立在人际关系之上，其社会属性占很大一部分。"

衡量汽车装配厂的生产力很重要，亨利·福特在这方面很有方法。你手握秒表站在那里，测量一下工人安装车门的速度是多快，或者数一下一小时内有多少辆汽车下线。但是，福特公司设计部门的生产力又该怎样衡量呢？是计算最新款野马的设计和发布要花几个月的时间吗？还是说，我们更应该把注意力放在汽车设计的品质上面？如果是广告公司或房产投资公司、制药研究实验室或录音室，生产力又该如何衡量？实际上，企业的业务越是倾向于创意型，从这些创意中赚取利润的生产力就越难以量化。

可在现实中，我们的现代企业管理恰好是在做着这样的量化式评估和管理。我们将任务和输出作为衡量的对象，更多地关注完成工作需要的时长而非质量。我们记录员工到达办公室和离开的时间、他们吃午饭和使用卫生间的时间、回复电子邮件或进入 Slack 房间的时间等，作为统计"工作"的依据。我们握着秒表坐在那里，继续将生产力与时间混为一谈。"计算和通信工具的进步，意味着很多工作只需要很短的时间就能完成，"塞莱斯特·海德利在她精彩的著作《什么都不做》中这样写道，"但我们仍然接连好几个小时埋头苦干，似乎数字革命从未发生过。在 21 世纪的职场，企业管理却仍然延续着 19 世纪的思维定式。"工作的数字化未来完全停留在过去。

尽管数字技术突飞猛进，开发者们声称技术的发展将发起一场生产力的革命，但在经济学家看来，生产力指标为什么几十年来似乎一直停滞不前，这仍然是个谜。近年来，卡尔·纽波特在他的畅销书《深度工作》《数字极简主义》和《如果世界没有电子邮件》以及其他文章中越来越急切地指出：实际上，数字技术给我们带来的是恰好相反的结果——生产力衰退。电子邮件、即时消息、视频会议等数字工具并未一如预想的那样将我们从非生产性的任务中解放出来，而是让我们陷入了无意义、浪费时间的种种干扰之中。

纽波特称："将新技术引入职场有很多风险。你认为提高了 x 的效率，但同时却忽略了 w、y 和 z。"从基本层面上讲，数字通信速度的加快产生了一个过度活跃的管道、一个不断升级的注意力干扰反馈循环，一旦被激活就无法从中逃脱。一封电子邮件催生另一封电子邮件，继而又催生其他的电子邮件，一封接着一封，接连不断。Slack 线程只有起点，没有终点。总是有源源不断的新评论、新的（带着提示音的）信息涌入，占用了我们本应用于从事高效工作的时间。

纽波特告诉我："我的祖父是个学者。他没有电脑，没有互联网。他让助手将他的手写笔记通过打字录入本子上，自己一手建成了一个资料库。他的这些办法原始而笨拙，产出的成果却比我多。他是一位受人尊敬的学者。他没有我现在拥有的各种高效技术，但他以远低于电脑的效率在黄页上书写，最终却成为一名成果更为卓著的学者。为什么会出现这种情况？"

纽波特认为，他的祖父能够硕果累累，得益于这种缓慢的模拟过程中存在的冲突。这一事实说明，我们的经济背景使我们对生产力的含义产生了极大的误解。从数字技术的角度而言，冲突是永远的敌人，而速度是永恒的答案。但以此为导向，我们最终得到的却是注意力的分散和倦怠。纽波特说："某些活动的效率提高，不一定意味着产出的质量就会提升。认真思考和处理文本是写作学术书籍的关键步骤，可能需要好几个小时。事实证明，Word 文档提供的复制和粘贴功能，并不能提高它的效率。"

纽波特在《纽约客》上发表的一篇文章剖析了我们对于工作生产率理解的错误之处。从工业革命开始直到 20 世纪 60 年代，都是通过以物理单位衡量产出来评估复杂系统的生产力提升状况，通过福特公司的装配线等创新技术，这一复杂系统得以优化，从而带来产出和盈利能力的显著增长。但随着我们的知识型工作越来越多，其产出单位更难以量化，同时，用于衡量生产力的模型却停滞不前，结果就是过时的模型被错误地应用于新的工作方式。"知识部门不再继续专注于系统的优化，而是出于各种复杂的原因，开始将提高每单位投入产出比的重担转移到工人个体的身上，"纽波特在书中这样写道，"在整个现代经济史上，生产力第一次成为个人化的东西。"这就好比仓鼠跑轮，我们不把专注点放在建造能更快转动的轮子上，而是让仓鼠（我们）跑得更快，耗费越来越多的体力！"传统意义上的生产力追求不设上限的产出量，即越多越好。当你要求个体优化其生产力时，由于这个'越多越好'的现实标准，他们生活中作为专业人士的一面和私人的一面被放到了同等的位置。如果你愿意从一天的其他时间段（家庭聚餐、自行车骑行）里抽出几个小时，确实有可能实现更多的产出。因此，强制的优化要求就变成了一种内在的边缘策略游戏。"

在巴黎的欧洲工商管理学院（INSEAD）教授组织行为学的詹皮耶罗·彼得里列里告诉我，与现代管理教条所宣扬的理论相反，那些我们认为在模拟环境中"没有生产力"的瞬间恰恰最有价值。他说："工作的一天具有实体属性，它会产生一些和脑力相关的东西。如果撇开实体层面不谈——也就是不让我们去办公室工作了，那么会发生什么？首先，发生日常冲突的可能性、那些随机出现的一个个瞬间，以及可能催生新创意的一次次邂逅，都被一扫而空。一同被攘除的，还有一次次的惊喜。关掉摄像头或点击鼠标便能轻松退出工作，给人们以手握控制权的错觉。这会导致工作关系变得更加不稳定。"彼得里列里认为，同事之间的闲聊甚至八卦都对生产力产生实际的价值。他说，他自己一些最好的点子就是和同事一起喝咖啡聊天时的产物。他经常在一个小时冥思苦想的"作业时间"后（这期间他的头撞在电脑屏幕上，那声音所有人都听得一清二楚），绝望地走出办公室。但就在他去往咖啡馆的路上，听到的谈话、看到的景象常能令他打破瓶颈。这些模拟的对话和互动——办公室八卦、体育闲聊和办公室咖啡休息时间——绝不是浪费时间。它们把工作的强度调节在可以承受的范围之内，并在同事之间建立起共同的组织目标。"有人觉得工作让他们精疲力竭，是因为用来处理工作的连接组织有所缺失，"谈及数字化工作趋势，彼得里列里认为，"数字工作模式下，没有非正式的关系，只有正式的关系。没有单独的工作空间。"只有"产出率高"的工作才是重要的。

新冠肺炎疫情刚开始时，出现了生产力提高的好征兆，但久而久之，情况则变得越来越糟糕。2021 年 7 月，芝加哥大学对亚洲的一家大型 IT（信息技术）服务公司开展了一项研究，得出这样的结论：实施居家办公后，生产力显著下降。是的，公司员工的工作时间更长，但实际上他们在这些时段内完成的工作却变少了。他们花在任务本身的时间减少，而更多的时间用在了协调会议、回复信息等事务上。他们同公司内部和外部的联络越来越少，人际关系的质量也逐渐下降。家里有孩子的员工和女性的境况最差（这丝毫不足为奇），此外还有来公司时间最短的员工，因为他们积累的社会资本最少。这一研究的发起人迈克尔·吉布斯、弗里德里克·门格尔和克里斯托夫·西姆罗斯在报告里写道："虽然（居家办公）可能仍然是现代工作场所的一个特征，但某些面对面的互动是无法以虚拟方式轻易复制的，包括协作和指导的质量，以及因无意遇到他人而发生的'工作事故'。"

两个月后，十几位学者在《人类行为的本质》期刊上发表了一篇关于一项大规模研究的文章。文章写道，在调查远程办公对于六万多名微软员工的影响后，该研究发现远程办公模式切断了各个业务部门之间的联系，同时减少了它们之间的协作。"我们预计，我们所观察的远程办公对于员工协作和沟通模式的影响将对生产力产生影响，而且从长远来看还会影响创新。"报告指出这一点值得警惕。"但在许多行业，众多公司仅基于短期数据，便作出永久转换为远程工作的决定。"一些公司［如推特（Twitter）、

Shopify（加拿大电商服务平台）、脸书、Nationwide（全美互助保险公司），当然还有微软］长期采用远程办公的决定"可能会置员工于不利的境地，因为他们更不容易开展协作、交换信息"。

这一研究的结果发表在媒体上引起了轰动，但我们必须扪心自问：真的应该对此感到意外吗？近二十年来，有不少公司都尝试过远程办公，包括 IBM、雅虎等龙头数字化企业。大多数公司最终放弃了远程办公的方案。尽管支持远程办公的技术几乎同宽带互联网一样应用广泛，但仍然只有极少数的公司完全采用远程的方式。即便是选择软件远程化的公司也寥寥无几。与此同时，那些在新冠肺炎疫情时期转为远程办公的公司，作为向数字化"缴械"的代价，在人力资源和创造力、创意、文化和人际关系等多方面——一个企业除工作以外的其他构成要素——出现了"亏空"，而且在不断加剧。

而令人惊讶的并不是工作的数字化未来无望成功，而是我们为何会天真到认为可以将所有人从办公室转移到他们各自的家中去工作，最终还不会对他们的工作方式产生任何影响。

––––––––––––

那么，工作的未来究竟在何处？

如果你相信数字化是趋势，你可能想给你的孩子买上一套仿真办公用具，启发孩子对于工作的认知。玩具套装里有塑料做的笔记本电脑、电话、耳机、外卖咖啡杯，还有贴在屏幕上的用布做的电子表格——产品手册上写着："报告今天早上就要交，午睡后要给马路对面的小狗打电话哦（另外，还要用草给妈妈做软糖）。"你也可能会寄希望于有一个更好的数字方案能够解决目前远程办公的种种问题，同时利用虚拟现实（VR）架起一座桥梁，填补人满为患的办公室和你家洗衣房里办公桌缺失的那些模拟要素之间可怕的鸿沟。早在 2016 年，在得克萨斯州奥斯汀举办的西南偏南音乐互动节上，我也尝到了这种"未来的滋味"。当时我戴上 VR 耳机，试驾了思爱普企业软件公司（SAP）的"数字会议室"。三个虚拟绿色屏幕出现在我面前，一些柱状图、饼状图和其他分析工具迅速出现，将其填满，工作人员提示我可以伸出手，下拉任何电子表格进行操作。SAP 创造了一种比真实商务会议更无趣的 VR 体验，这实在匪夷所思。

不过无须担心，脸书对此提供了弥补性的解决方案。"五年后，人们将能随心所欲地选择自己生活和工作的地方，同时仍能保持和他人在一起时的感受。"马克·扎克伯格在 2021 年脸书的新产品 Horizon Workrooms 推介会上如是说。Horizon Workrooms 是一款用于 VR 会议的虚拟办公新平台，它给远程会议注入了一种新鲜有趣的元素，其虚拟的卡通替身具备动态的手臂动作和面部表情，妙趣横生，以至于商业内幕网站（Business Insider）将其诟病为"令人作呕的员工监视反乌托邦"，认为其目的无非是推动更多公司对员工进行无所不用其极的监视，就连每一次敲击键盘也逃不过他们的眼睛。马克·里森更是在营销周刊网站上直言不讳地指责 Horizon Workrooms "糟糕透顶"。里森在大学时自己也曾大量服用过致幻剂 LSD，但他在评论里称"以 Workrooms 为代表的这类经过无菌化处理、反社会到离奇程度的环境，其无趣而令人惊愕的程度，简直无出其右者"。

还有一些人以审慎的态度颂扬着远程工作的数字化未来，他们仍对混合式办公的前景推崇备至。在这种模式下，工作的地点可以是家里、办公室、专用的联合办公空间，或是任何介于这几者之间的空间场所。混合式办公的主旨在于让每个人都可以在家中完成那些适合于远程办公的工作（独立任务、电子邮件、简单会议等），在办公室则主要处理协作式任务。作为对每天无法开展联络和社会资本构建工作的弥补，会定期召开头脑风暴会议、开展团队静修活动。沃伦·哈钦森为伊莱克森公司采用了这一计划，因此他们将公司的伦敦办公室进行重新设计并再度启用。每周四是所有员工到工作室一起办公的日子，这一天的主要日程包括大型会议和团建午餐。按照程序，每星期除了周四，还有一个办公日，其余的三天里员工便可以自由选择工作地点：办公室、家里，甚至船上——无所不可。

哈钦森说道："我希望大家在自觉自愿、感觉良好的状态下工作。"但他也承认，这种混合模式还处于实验阶段，最后的结果既可能是混乱的"撞车事故"，也可能是和谐而平衡的理想局面。事实上，混合工作模式给工作安排造成了极大的困难。怎样决定哪些团队和员工必须在哪些日子来办公室上班，在一个 25 人的公司里怎么有序协调？对于成百上千人的大公司，这一工作的难度就更不用说了。混合模式展示出一种自由和机缘并存的美好前景。但这种机制的运作，需要通过高度程序化、精巧到不可思议甚至接近艺术化的设计来实现时间和空间上的完美部署。同时，这种模式下当员工们聚在一起希望从人际模拟的"魔法"中获益时，其实面临着巨大的压力。而以前大家每天在办公室一起工作时，这种魔法是自然而然就会产生的。

"只要把人们召集到一起，就能解决问题，"多利·克拉克说，"根本不需要苦思冥想……与他人肢体接近本身就起了很大的作用。我们都知道并且能够理解，针对'重大事件'（例如全体会议），将人们聚集在一起很重要。这应该成为最起码的基准。但是，'最好的对话都在平凡的时刻发生'，果真如此吗？"克拉克问道。"在同样的情况下，有很多平凡的瞬间可以让你获得启示"：会议结束后每个人一边收拾东西一边聊天的两分钟时间，一天工作结束时走向电梯的时间，下班后去喝一杯释放紧张心情的时间……尽管经理人和公司领导们想要策划出最好的亲身互动效果，但事实上，这种设计出来的活动，大多会像上级安排的 Zoom 欢乐时光一样，给人以非自发、无趣的感觉（没错，确实仍然是强制参加的）。我们越是有意识地去计划每一次互动，就越不可能在其中得到大的收获。

关于未来工作的问题，重要的不是应该有几个小时网上办公、几个小时实地办公。新冠肺炎疫情一次次迫使人们离开办公室，数月乃至数年不能再回去。这暴露出来的现实是很多人默认的工作王国本就已经支离破碎。而作为互动和正面关系的核心场所的每一个办公室，也存在不少扼杀人的潜能因素，其数量甚至超过有益因素。这些不安全的风险在于，办公室使根深蒂固的种族、性别歧视和文化不平等加剧，从而可能将侵蚀性的重压加诸在此工作的每一个人。在办公室，女性常会遭到性骚扰和性侵犯，少数群体容易受到侮辱和忽视；在这里，上司对下属威逼利诱，如同中世纪贵族一般对他们生杀予夺。每每经理或老板谈及希望能重回办公室，并声称这是因为"我们理当休戚与共"时，他们都毫不掩饰地渴望着再度夺回对员工实体存在的控制权——严防死守、紧密关注员工的一举一动和"干活"的时间，通勤的过程中，的确潜藏着可能触发灵感的一些瞬间，但在大多数情况下，来回交通都是对时间和精力的极大浪费，同时还影响温暖和谐的工作氛围和员工的身体健康。大多数办公室的环境都是冷冰冰的，气氛压抑以及通风不佳；办公室隔断更是堪称人类最不人道的发明之一；此外，咖啡的气味也直冲脑门。

长期以来，很多人都称虚拟远程工作是未来的希望，因为办公室工作模式已经基本被颠覆。新冠肺炎疫情揭露了这一现实，但不幸的是，它同时也让我们看到，完全用远程办公模式替代办公室实地办公的方案同样存在问题。居家办公会滋生倦怠，并影响人际关系和生产力。已经存在的（对于女性、少数群体、移民、内向的人）种种不平等，只不过从线下转移到了线上。过去，老板在公司角落的办公室里对你严加监管；而现在，他在你笔记本电脑屏幕的角落监视着你，指责你前一天在 Slack 线程中投入的时间，同时还以机枪扫射般的速度向你发布新的任务。

实际上，未来工作的地点在办公室还是在家，这不应是我们争论的焦点。关于工作我们真正需要解决的，还有更多、更重大的问题。"我们希望答案是二元的，"赫曼米勒公司的约瑟夫·怀特说，"但我们知道这不现实，因为人不是二元的。人类依据广泛的经验而生活。"关于工作的未来更深入的讨论也并非关于工具——既不是 Zoom 或 Slack 的下个迭代之类的数字工具，也不是模拟工具，比如赫曼米勒公司为针对目前的新机遇而开发的灵活办公家具和混合会议室。怀特说："工作在未来需要更合理的流程，我们没有任何喘息的空间来思考关于'工作的未来'的一系列问题。"

我们应该做的，不是使用更多的工具来延长工作的时间，最终诱导我们降低生产力，而是花更多的时间来重新审视在信息经济下应该怎样衡量生产力。转向数字化的结果，只能让人们更多地工作——没有更好，只有更多。我们曾断言数字化可以将人类从繁重的工作中解放出来，却未能实现。未来应该对此进行挑战，让我们能更接近这一目标。在未来，我们可以在工作切实需要的时间里，以更智慧的方式、做更有成效及意义的工作。卡尔·纽波特曾屡次提出诸如"慢速生产力"之类的概念，即只有之前的任务已经完成的情况下，管理层才能给员工分配新的任务。而现代化的数字多任务处理恰巧与此相反，从而也必然导致工作倦怠。

我们需要展开坦诚而艰难的对话，谈一谈工作与生活的界限以及在一个知识型工作需要时间观念更具流动性、灵活性的世界里，仍然套用19世纪那种每周5天40个小时的时间框架有多令人生厌。我们需要重新思考：21世纪的管理以及好的工作到底是什么样的。

詹皮耶罗·彼得里列里说："我希望这真的能教会人们提问：让工作保持人性化意味着什么。"他认为管理的最终作用是帮助人们实现目标并在这一过程中获取更多的自由，而不是计算他们敲键盘的时间——亚马逊的一些仓库白领就在干这类事。如果我们真能做到这一点，那就太好了！如果做不到，则公司需要在宏观层面上进行变革。"人类的经验中有多少是属于偶然的？"彼得里列里问道，"如果万事万物都很高效，那么人和机器有何区别？"

21世纪的工艺美术运动可能是关于这种未来的一个愿景。2021年发表的一篇题为"工艺配置：组织工作的替代模型"的文章对该运动进行了研究。最早的工艺美术运动发端于19世纪后期，针对家居用品工业化制造提出了一种实用而富于哲理的替代方案，为（陶瓷、家具、服装等）手工制品赋予了新的、更高的价值，与当时逐渐成为主导的大规模生产商品形成了鲜明的对比。该研究的主要发起人、荷兰学者约赫姆·克罗岑（Jochem Kroezen）曾在剑桥大学教授商业课程。他曾做过一项关于精酿啤酒运动的研究，以探寻"工艺"在数字驱动的现代经济中的地位。在文中，克罗岑及其合著者将工艺定义为"一种人文主义的工作方法，将人的参与放在优于机器控制的位置”，并论证其成为未来工作指导力量的潜能。

"任何类型的工作都可以由机器接管。"当克罗岑在他阿姆斯特丹郊外的家中三楼的家庭办公室里对我说这句话时，我也坐在我家三楼的办公室里。我的两个孩子都穿着哈利·波特的服装跑来跑去。他说："机器人和人工智能越来越多，计算机可以代替人来处理从司法部门到警务之类的任何工作。但随后发生了一些有趣的事情。我们面临着一个选择。除了技术决定论观点——毫无疑问，数字化未来会更好，我们可以选择人类能从哪些方面来提升机器的价值。"工艺方法对工作的未来提出的关键问题是：我们如何在保持新技术数字化优势的同时，又能提升人的工作经验及其优势。

"我们有能力消除人为的不利因素，而且在一开始效果将是令人瞩目的，"他说，"我们可以将低效因素量化。但这是一种妥协，其中的风险在于：如果不作反思，那么你将会失去一些东西——就是啤酒行业在'喜力化'过程中所丧失的。"克罗岑向我讲述了喜力品牌的发展历程：该品牌以其品种多、口感纯正的啤酒获得大众的青睐，成为现代酿造技术的先驱。但喜力的成功引发了啤酒行业制造商的整合和啤酒的标准化，导致竞争减少、啤酒的风味和饮用乐趣逐渐丧失。在这种局面下，20世纪后期人们发起了精酿啤酒运动并迅速推广开来。如今，每个人都可以酿造和饮用他们想要的啤酒，从喜力公司批量生产的听装啤酒，到产量较少、气味浓烈、专供啤酒花爱好者饮用的印度淡色艾尔啤酒（其啤酒花量是普通啤酒的三倍），应有尽有。"工艺是一种哲学，涉及我们对于构成社会的愿望。总体而言，我们想成为技能娴熟、无所不能的人吗？"克罗岑问道，"还是说不需要过多的意义，只需要生活便利即可？"

他说，工艺与现代数字化工作并不矛盾，反而往往能让后者变得更好。他提到敏捷软件运动（Agile software movement）。2001 年，该运动发表宣言，并以过去几个世纪的熟练工艺行会为基础，采用定性的人文主义的原则，如"个人和互动胜过过程和工具"作为其核心理念。最终，这一运动为软件工程师带来了更好的软件和更有价值的工作，让他们能以自己的方式完成需要做的事情。而当程序员以适合自己技能的方式工作后，也带来了软件创建效率的提升。没有人关心程序员在什么地方工作，或是编程的时间和方式，唯一的要求，便是软件按时交付即可。程序员得到了充分的信任，可以自由运用自己的技艺完成工作并得到相应报酬。这是每个工作者想要的，也是我们希望数字化远程工作能够提供的：工作自由，选择工作时间、方式和地点的自由，以及因此获得公平回报的自由。这个思路既简单又行之有效。克罗岑认为，为了构建工作的未来，我们必须在人的技能方面加大投资，而不是进一步将其数字化、自动化。"你现在可以决定我在哪些地方使用技术来提高效率，在哪些地方我可以有尽可能多的时间与人接触。"

也许我们都应该从工艺的角度来思考我们的工作——这并不

是说我们都成了工匠，和木头打交道，而是说每个人都为自己所做的工作方面带来了一套独特的技能、经验和天赋，无论是给汉堡翻面，还是运营为汉堡连锁店开发应用程序的数字设计公司，在这点上都没有差别。工作不仅仅是我们每天更快、更有效地完成养家糊口的一系列任务，它是我们人类经验的核心部分，也是我们大多数人会因做得好而引以为荣的事。工作可能令人沮丧、疲累，可能不平等、不公正，而且通常很乏味，但它也有助于塑造我们个体的个性。它给我们带来成就感，让我们欢欣鼓舞，建立起珍贵的友谊和人际关系，也是我们每个人的人生中不可缺少的一部分。

的确，到目前为止，我的工作方式一直是远程办公，而且将来可能会持续下去。我工作的一部分将始终采取数字方式：电子邮件、电话、将文字输入 Microsoft Word 软件。但我真正热爱的工作——那些给我带来最大的乐趣和满足感、让我在自己领域愈加专精的事情——都属于模拟的范畴。去从未到过的地方旅行，在意想不到的情景下同他人展开对话，尝试亲身体验；受邀到他人家中，聆听他们的人生故事；摸一摸、闻一闻、尝一尝——这都是不可能通过虚拟方式读取或获得的信息；与其他作家共进午餐或同我的编辑和出版商见面，和他们探讨选题创意；向听众讲述这些想法，并亲眼观察他们的表情反应……

回顾过去一年半我在家办公的日子，上述体验一次都没有经历过。我同一些才华横溢的人在网上的对话高达两百多次，我学到了不少东西，我也读了很多书。但我没有亲眼看到什么，没有亲自感受，也没有去体验或是观察。仅仅是说话和打字就让我疲惫不堪，我感到工作越来越微不足道、没有意义。这谈不上是什么工艺，感觉就像是，嗯，工作而已。我希望在未来的工作里，能有更多的灵活度和时间，我希望工作有意义、有回报。在工作之余，我也能到学校接送孩子，或到海滨别墅去处理这本书的编辑事宜。我不想从周一到周五、朝九晚五一直被绑在某个塔楼的办公桌前，但我也不想过这样的生活：日复一日地坐在家里的办公桌前，穿着同一条运动裤，不断登录、退出会议和电话，看不到尽头。这种未来在技术上也许可行，但我想要打造的未来工作，是能让我感觉到更多而不是更少的人性。

第二章

学习新维度：数字教育与模拟实境体验

"今天是周中还是周末？"儿子一边摸黑钻进我们的被窝，一边问。现在，离他的乐高幻影忍者闹钟叫他起床还有一个小时。

我咕哝着说："今天要上学。"

"要去学校吗？"他接着问道。

可不吗，问题就在这里——接下来的一个小时，我们的流程是：催着他和妹妹赶紧起床洗漱穿衣、下楼吃早餐，然后出门，安全穿过七个十字路口，背着满满当当装着午餐的书包走进校门——放学再原封不动地背回来。

或者，还是教育技术专家美其名曰"网课"的那一套：一整天在家用电子设备上课，随时被网速搞到崩溃、注意力越来越差，还得忍受尖叫声充斥的户外比赛活动，家具"惨遭毒手"被破坏的可能，费心劳神，却倍感失落。

学校的数字化未来是毋庸置疑的。无论在哪个地方、哪个学校、哪一年级，都会开展线上学习。自 19 世纪以来，真实的学校几乎一成不变。学生们跟以前一样，坐在老式教室里，用着多年不曾更换的教材，听着教师讲课。在工会和行政管理的庇护下，教师们墨守成规，拒绝作出任何改变或创新，这一点尽人皆知。教育系统僵化陈旧、缺乏平等，极度失衡，未能帮助学生建立起应对 21 世纪挑战和作为数字经济接班人所需的能力。

　　远程数字化学习方式的出现，为我们改善这些状况带来了希望。学生们将能够根据自己的情况来选择学习的内容、地点和时间，并根据兴趣和需要定制课程，不再受制于学校和教室的场地限制，也甩开了生搬硬套的讲课和时间表、纸质资料和破旧的教科书。同时，人工智能（AI）评估助手解放了教师的劳动力，缩短了他们以往处理个别行为或是重复教授同样课程内容的时间，从而将精力集中于针对学生个体情况的个性化教育。游戏、动作捕捉、虚拟现实（VR）等技术和其他交互式平台的出现，让最无聊的主题也妙趣横生。作家、科研工作者维韦克·瓦德瓦在 2018 年发表于《华盛顿邮报》的专栏文章"教育的未来是虚拟的"一文中，作出了这样的预测："（AI 教学软件）将使用先进的传感器监测儿童的瞳孔大小、眼球运动和语调的细微变化，并据此记录他们的情绪状态和对主题的理解程度"。相关预测纷纷表示，这将是一场全球性的变革。同时，当这些技术能让贫困社区（还有非洲）的学生和常春藤名校的学生上一样的课程，教育的不平等现象将宣告彻底消失。

　　在规模、基础设施和自动化合理搭配的前提下，数字远程教育将迎来一个新时代。届时，每个学生都能体验到硅谷顶尖公司级别的创新和高效。而另一方面，如果教育的数字化未来无法实现，则会让一代人学不到实用的知识，影响他们的智力发展。布鲁金斯学会在 2019 年年底发布题为"教育科技如何助力教育跨越式发展"的报告，其中以警示性的语言提到："按教育部门目前的发展态势，到 2030 年，全球将有一半的儿童及青少年缺乏健康成长所需的基本中等水平技能。要改变这一可怕的预言，我们必须在短时间内取得非线性进展……跨越式发展。"数字化学习的未来，值得我们迅速推进。"技术如果运用得当，可以提高效率、覆盖更广泛的团体，并增强必要的学习，以确保所有儿童及青少年都能享有高品质、面向未来的教育。"

一年半之后，我的孩子们因新冠肺炎疫情第三次停课，回到家中再次开始远程学习。我的幼儿园同学丹尼尔·斯坦伯格发给我一张 1997 年阿奇漫画的图片——那一年，我们还在读十二年级。这幅名为"公元 2021 年高中生贝蒂的生活"的漫画描绘了贝蒂家中的场景：她和父母都身穿宽肩式连体衣，一起吃着早餐。

"贝蒂，快上课了！"妈妈一边倒咖啡一边说道。

"放心吧，妈妈！还有 30 秒呢！"贝蒂回答。

"现在的孩子可太幸福了！不用出家门就能上学！"说这话的是贝蒂的爸爸："他们永远不用背着书包去学校，也完全不必担心天气！"

"嘘！各位，"贝蒂坐在她的电脑前制止道，电脑的摄像头正对着她，"马上要开始上课了！"

要不是我当时正怒火中烧，恐怕会笑得更厉害。

数字未来的乌托邦理想在模拟现实这块礁石上，比在学校教育方面遭遇着更严重的打击。到 2020 年 3 月的第三个星期，学会在家上网课几乎成了全世界每个学生必备的技能。在部分国家和地区，可能有一些课堂或家庭的网络教学比较成功。但从我个人的了解——我看到的所有新闻报道、我与世界各地不同友人的谈论、我的每一个采访对象，以及我自己的社区和家庭的亲身经历来看，虚拟课堂完全就是一场大灾难，糟糕透顶。

我们一开始是为期三个月的"远程学习"，每天就是用电子邮件给学生布置作业。我女儿当时上一年级。她主要的问题是在接到家庭作业任务后，完全不想去做。我耐心讲道理、大声吼叫，甚至威逼利诱，用尽各种办法让她坐下来做数学题或是写上几个单词。日复一日，我们的亲子关系逐渐恶化。当年秋天，学校恢复了线下授课。大家戴着口罩、保持距离，因为大量使用洗手液，孩子们放学时手指都发红了。好景不长，圣诞节假期过后，学校再次停课六周。这一次，我们终于体会到了在线学习的美妙之处。

现在我女儿上二年级。刚开始她学得很不错——每天上午 9 点她就走进自己的房间埋头学习，下午 3 点 15 分突然跑出来，找找吃的、提提关于哈利·波特的一些小问题。和她截然不同的是我四岁的小儿子，他处在刚上幼儿园的年龄，能集中注意力的时间就和他去卫生间的间隔一样短。他和班上的其他小朋友一样，需要始终有成人在旁给予监督和协助。这就是说，我必须得一整天拿着从他学校借来的平板电脑，坐在沙发上守着他，每天如此。班上的两位老师——C女士和M女士兢兢业业，她们每天早上打卡，同在学校课堂上一样活力满满。对孩子们的问题，两位老师无一不悉心解答，充分调动每个孩子的积极性。她们声情并茂地给孩子们读故事，有人答对问题时给予热情鼓励。哪怕是在方寸屏幕间，孩子们的一举一动也尽在她们锐利目光的掌握之下。有一天，我听到M老师说："把玩具从嘴里拿出来，免得窒息。"于是抬起头，看到我儿子把一个乐高幻影忍者人偶的头吐到地上。通过在平板电脑上的网课学习，他认识了菱形，了解了什么是顶点；他的阅读和数学基础能力有了提升，甚至开始学着写自己的名字；他向大家展示自己的玩具，还分享了我们全家人平时是怎样过周末的。

但与此同时出现的残酷事实是：线上教学质量每况愈下，大家都不想去上网课了——不论是我的儿子、女儿，还是他们的老师或者家长，都是如此。每天，我们都要经历炼狱一般的考验。早上一睁开眼，就要心惊胆战地面对接下来的程序：吃饭，打开平板、登录谷歌课堂，听到C老师的热情问候、看到虚拟教室里出现的一张张小脸。小音响里播放着《啊，加拿大》，乐曲声直冲房顶。随之而来的便是无休止的"战斗"——疯狂点击屏幕、尝试打开其他应用程序；没完没了地怼脸自拍或拍玩具照片；继续疯狂点击屏幕；来上几段关于他屁股的即兴说唱，存在语音备忘录里；在 C 老师讲解企鹅知识时，退出了课程……静悄悄的五分钟之后，我抬起头看到他躺在那里，裤子堆在脚踝处……

"马上把裤子给我穿好！"

"哦，爸爸，"他一边说，一边朝我翻着白眼，就像是盖璞（GAP）服饰公司的童工在老板让他把一堆毛衣叠好时的表情，"你太可笑了！"

我多希望只有我一个人在经历着这一切。但事实上看看屏幕你就知道，每个家庭都在上演着同样无聊而又混乱的戏码：孩子们裹着毯子，或耷拉着脑袋，下巴抵在桌子上；他们偶尔大闹脾气、泣不成声，又或是目瞪口呆；可能来上一段俯冲式"轰炸"、落地返踢，也可能自顾自地玩起了玩具或电子游戏，完全无视老师的存在。有一天，我一抬头，看到我儿子用蓝色记号笔给自己画了个大花脸，胳膊上也满是涂鸦。他还一直尝试自己理发，我们只好把剪刀收起来。还有一次，我听到浴室里传来哗哗的流水声，于是冲上楼，发现儿子脱得光溜溜地站在洗脸池前，浑身湿漉漉的，嘴里还唱着歌，"我是一根丁丁！我是一根丁丁！我是一根丁丁！"

而当线下课的时间从数周延至数月，除了老师们尚能英勇面对，其他人都变得漠不关心了。孩子们经常缺课，甚至接连好几天都不出勤。我女儿用短短几分钟做完作业，然后一天大部分时间都埋头于哈利·波特小说，或在脸书上看哈利·波特的视频。她的同学要么玩"我的世界"游戏，要么看体育比赛。渡过难关所必需的其他事情，我们都认真照做，可唯独学习成了一件"非必要"的任务。因为学生、家长和教师都只是在勉力应对中等待学校复课（我们是在 2021 年 9 月出现有史以来最久的一次停课时，才发展到这一步的）。

网上教学堪称糟糕之最——无论是对学生、家长，还是教师，概莫能外。无论是我认识的小学、初中和高中生家长，我经常指导的大学生，环境堪忧的公立学校和顶级私立学校的教师，又或者是社区大学和耶鲁大学的学生，对他们来说，全球开展的这一场大规模的在线教育实验无异于一场刀光剑影的噩梦。

在《模拟的复仇》中我写道：数字教育技术（ed tech）的未来充满希望，但在现实中却屡遭滑铁卢。所以在线上教学启动之初，我所有的希望已然化为泡影。但对于很多一直致力于预测和推动学校数字化发展的人来说，疫情才让他们猛然觉醒，其中的问题并不能简单归咎于紧急状态、技术力量缺乏或因教师受训不足而导致的实施不力。全世界最好的学校和整个教育界最优秀的人才都已投入这场改革之中，但就大多数情况而言，他们的努力给所有卷入其中的人带来的却是苦不堪言的经历。

2021 年 3 月下旬我与经济合作与发展组织（OECD，从事全球教育数据统计的领先机构）的教育技能司司长安德烈亚斯·施莱歇尔交谈时，他说："我们需要做个'零百加速'的对比，才能看清这一事实"。这天之后，我孩子们的学校暂停了线下课，这一停就是六个月。"众所周知，虽然学校应用了更多技术，但它们并没有提高教育的质量。现在，我们终于找到原因了。"

原因是什么？数字教育的未来愿景到底哪里出了问题，教育和技术这两个本应由数据和证据驱动的领域，为什么对种种问题这样视而不见？从线上教学的糟糕体验中，我们吸取了哪些关于学习方式的教训？又该怎样运用这些经验来为学校打造更美好的未来，让真正起到作用的模拟要素得以改善？

线上教学在几乎所有的绩效指标方面——如阅读和数学成绩、师生参与度调研、考试分数、综合评估等——表现都不尽如人意。学生们难以投入学习中，学习效果变差、分数降低。他们还一致表示：更愿意采用模拟化的面对面学习方式，而非数字化的学习。但数字化学校的未来最大的问题，在于它导致了个人和情感方面的损耗。世界各地的学生都陷入了负面情绪的深渊。

"他们已然决定退出在线学习。"得克萨斯州立大学学校心理学教授、执业儿童心理学家乔恩·拉瑟博士说。他发现，整个 5～25 岁年龄段的学生对于数字化学习均表现出多种不满情绪。他说："他们丧失了兴趣、认为 Zoom 教室让人没有信心，他们的想象力被摧毁。数字化学习带来了很多负面情绪，让学生处于极度低潮的心态。同时，教师也因学生退出课程而感到沮丧。我有一些本来阳光积极、很有担当的研究生，现在也变得萎靡不振。"

成年人由于远程居家工作而产生压力、焦虑，这是一回事。而当我们看着自己的孩子因为受不了日复一日在屏幕前度过，而变得无精打采、不想起床，甚至对着父母泪流满面，这又是另一回事。他们想要的不过是去正常上学、见到朋友、开开玩笑、画画、踢球，做他们本应做的那些事情。"这种情况使得越来越多的学生出现心理健康问题，"国家学校心理健康中心联合负责人、马里兰大学医学院教授沙朗·胡佛博士如是说，"大多数人的焦虑、抑郁、悲伤和压力情绪都有所增加。"但并非所有学生对于虚拟教学都有这样的反应。他们中一小部分人，尤其是存在社交和教育方面的困难，以及自闭症谱系的学生，发现在远程学习时需要应对的复杂社会关系压力要小于线下课堂学习。尽管如此，线上教学的弊端仍远远超过了其优势。

教师们竭尽全力，想让学生们更好地接受在线教学。但从我的历次采访来看，无论是接受采访的大学教授，还是我的亲戚朋友里从小学到大学、各种科目的老师，无一不表示结果极度令人沮丧。当然，不用辗转来去学校，这给我们带来了便利。而且远程教学有它的优势所在：更便于展示视频（在软件顺利运行的情况下）并能够即时收到文本反馈（在有人回复的情况下），而且有一部分学生在线学习的投入状态要好于面对面的线下学习。但大多数老师觉得，自己每天的网上教学工作都很失败，学生也在慢慢流失。约瑟夫·弗鲁西是纽约市立大学史泰登岛学院的一名历史教师，同时还在纽约市一所公立高中教计算机科学。他告诉我，他有一些学生之前就因学习动力不足而需要额外的支持。网课刚开始没多久，这些学生就陷入了"彻底的迷惘"。他说："自从上网课以来，他们更难以专心学习。他们关了摄像头，离开座位。可能上课后三分钟，就离开课堂。"他说："如果是在学校实地上课，是不可能关掉摄像头然后走掉的。当然，他们可能会开小差，看看窗外、刷刷手机。但如果是在家，还有太多其他因素会分散他们的注意力。"

弗鲁西对不同经济和文化背景的高中生进行观察后，发现资源获取是最大的问题。整个数字化学习的前景，是以方便易用的计算机和互联网资源为前提的。当疫情初期纽约的各所学校开始线上教学时，全市公立学校的学生有三分之一没有上网课所需的技术资源。我家条件尚可，但也不得不从孩子学校借来一台平板和笔记本电脑使用，另外还升级了设备的网络套餐，并花了500美元购入一台无线路由器，以保证全家四口人一整天的视频通话所需。在这种情况下，资源不足的家庭面临的压力可想而知。

来自贫穷家庭和富裕家庭的孩子和经济层次不同的学校之间的鸿沟，本有望在数字化远程学习中被填平，但实际情况却事与愿违。弗鲁西说："线上教学让我们看到，有多少学生和老师上不了网。它加剧了教育的不平等。"出现这种情况的原因，既显而易见，却又玄妙莫测。一直以来，财富都同教育及文化水平息息相关。买电脑、上网都需要钱。经济状况越好，能买得起的设备越高级，网速越快。但数字化学习凸显的多种不平等现象，同技术资源并不相干。

我们不能将孩子单独留在家里，而且有很多像我儿子这样的孩子，他们的在线学习需要始终有人在旁协助和监督。少数经济条件较好的父母或监护人可以专门请人来看管孩子；而大多数的普通家庭，父母之中必须有一人作出妥协，要么一边在家工作一边辅助孩子上网课，要么当孩子无法到校上课时就得放弃事业。2020 年，我正好有大部分时间处在两本书写作之间的空档期，加上我们没有寻求任何外援，所以这一年多半的时间里我都在家当孩子们的"网课监护人"——操作孩子的平板和笔记本电脑、修理打印机、处理网络故障、督促他们到户外放松，还要不时充当一个疲惫的瓦哈卡街头小贩，为他们送上玉米饼，好让我的妻子专心工作。我之所以能做到这一点，一来是因为有足够的积蓄来应付开支，二来我没有老板，交稿期限不那么紧张，除了写这本书之外也没多少实际工作要做。但大多数的家庭都不具备这样的条件，他们需要按正常上班时一样的时间表全职工作，基本不可能中断，与此同时，还要每天不断打电话，而孩子就在旁边上网课。即便如此，他们也能设法处理这些情况。据我所知，有的医生、警察或建筑工人，他们会把孩子送到住在郊区甚至国外的亲戚家，一住就是好几个月。有的因为根本没有条件上网课，干脆不让孩子上课了。有一天，我们熟识的一对夫妇在打电话的间隙下楼，才发现他们 6 岁的女儿根本没在家（不用担心，她就在外面的游乐场玩得不亦乐乎）。

在屏幕的另一端，线上教学仍然是一个在真实的模拟环境中进行的过程。但家和学校不一样，学习需要一个安静、安全的空间。对许多孩子——尤其是低收入社区的孩子来说，这完全是一种奢望。他们同亲戚合住在公寓里甚至共用卧室，没有家庭办公室或专用于学习的空间。我的孩子就读的是一所典型的市区公立学校，学生的家庭经济状况和背景参差不齐。他们有的父母均为技术高管，住在价值200万美元的豪宅里，车库里停着老式法拉利轿车；也有的住着公房，以食品银行的免费供应度日。而让人痛心的是，最早离开网课、关上摄像头的，都是后者——那些出身本就不够幸运的孩子。由于父母根本无法协调好线上学习和实际生活需求的关系，这些孩子错失了他们本应享有的网络学习机会。

疫情成了社会的一面照妖镜，对于学校则尤为如此。胡佛博士对来自全美各地的数据作出了反思："一些学生由于家庭人脉和资源的不平等，从来没有上过网。而这一部分学生，他们在学习方面已经处于下风，同时又失去了建立人际关系网的机会。他们的圈子缩小了很多，而且可能还更加混乱。虐待儿童、放任自流和家庭暴力的发生率增高，没有条件上网课的家庭和学生为主要的波及对象。"萨拉·默沃什在《纽约时报》上发表的一篇报道中，对2021年夏季正在开展的一项研究作出总结，其中谈道：随着网络教学的实施，全国本就存在的种族和经济不平等愈演愈烈，而黑人、拉丁裔和低收入等家庭的学生尤为落后，"教育差距已扩大为教育鸿沟"。纽约巴纳德学院数字人文中心的负责人凯阿马·格洛弗教授称："我发现，不知道为什么以前我们对这些事情都不清楚，直到疫情才把问题暴露出来。这完全是在装模作样。实际上，这些不平等问题无论是从前还是现在都一样紧迫，而且一直摆在那里，需要关注。"早前已有证据表明，尽管数字化教学的出发点是好的，实际上却容易导致教育不平等的加剧。

当前的教育技术热潮发端于 2005 年前后，正值社交媒体方兴未艾、智能手机刚兴起的技术爆发期。在一夜之间，这些技术给社会的多个领域带来了变革——交友、约会、新闻、治理等。人们有理由相信，教育将成为下一个发生天翻地覆变化的主角。这一想法很好，但仍过于天真。

麻省理工学院教学系统实验室的主任贾斯汀·赖希说："我们对教育系统的彻底失望是必然的。"赖希的工作是"教师学习"的未来设计，但他本人又是一位知名的教育技术乌托邦主义怀疑论者。在他的著作《瓦解失败》中，记载了自始至终人们对数字技术应用于学校教育的沮丧失望之情。"世界似乎瞬息万变，而学校教育的变化却相当缓慢。这就导致孩子们准备好踏入社会的方式同社会现实之间必然会出现断层。对于这一点，人们一直心存忧虑。"但是，教育不是一个音乐文件，也绝非一台可以随随便便就数字化、自动化或作出改进的机器；它是一个由各种机构、个人、目标、参与方、激励措施和目标构成的庞大网络，其中存在着千丝万缕的联系；它与政治、经济、社会学以及现代社会中人类生活几乎所有其他事关利害的领域密不可分。"学校的作用，只是教授一套竞争性的绝佳技能：系鞋带、爱国、击鼓、不亲热或适当亲热、分解多项式……每个系统都在尽力让所有的需求达到一种微妙的平衡，"赖希说，"如果要动其中的某一部分，就会打破这种平衡。"

这些年来我采访过的所有专家中，有一人我曾多次拜访，并且与其探讨技术在教育改革上节节败退的问题。这个人便是拉里·库班。库班 20 世纪 30 年代出生在匹兹堡。他最早在市区学校教历史课时，由于班上黑人学生占大部分，他便对课程进行调整以适应这一多样性。后来，他担任弗吉尼亚州阿灵顿公立学校系统的负责人，一段时间后又进入斯坦福大学任教，主授教育史，以科技在教育领域的作用为重点教学内容。库班曾对教育技术持支持态度，但没多久他便渐渐转为最严厉的批判家之一。上次他和我谈到教育的数字技术改革失败是在 2015 年。当时，他向我讲述了一些看似简单却很美好的理论，改变了我对学校的看法。他说教育是存在于师生间、学生间以及学校这个小社会中其他所有人之间的一种关系。正是这种关系将信息（包括事实和数字）转化为知识——这些因素彼此相辅相成、密不可分，这正是技术方案无法成功实现教育改革的根本所在。

"今年的状况让我意识到，和家长送孩子到校的传统教育模式相比，远程教学有多么的苍白无力，"这是疫情发生一年后库班对我讲的话，"这种教学方式极其无用且肤浅。"尽管教育系统投入了巨额资金和最优秀的软件开发人员，尽管我女儿的老师 I 先生富于创意，也精通技术，在谷歌课堂上运用多种功能开展教学，其他人也充分利用 Zoom 教学，或用虚拟现实耳机做实验，但最终这种教学模式在我们眼中和 19 世纪的函授课程或萨莉·斯特拉瑟斯在电视广告里大肆宣传的录像机维修课程并无二致。十年前发起的 MOOC 慕课（大型开放式网络课程）运动，尽管得到斯坦福等大学的纷纷支持，但最后仍宣告彻底失败，就是出于同样的原因。也正因如此，我们想单纯通过自己看书或看视频来完成自学是不现实的。所以在今年，每个学生和家长都很快认识到，他们在屏幕上看到的、参与的活动，根本不可能同真实课堂的模拟活动相提并论。库班指出，在幼儿园的课堂上，老师不时同孩子产生肢体接触——让他们安静下来、制止他们打架、安抚他们，甚至是在解释一个概念时向他们展示应有的感知或声音（例如，在他们的手上轻敲三下，教他们数数）。"但在屏幕上，这一切都荡然无存，"他说，"这些恰好是学习关系的核心所在。孩子在家如果哭起来，老师无法伸手触碰他们。本来，信息就是通过这种关系转化为知识的——它让空洞的理论成为现实的关怀。这是屏幕不能做到的。绝无可能。"我监督儿子上网课的几个月里也看到，C 老师看着四岁的孩子在平板上的一个小方格里哭泣时，她想做的无非是伸出双手拥抱他们，却无能为力，只能试着用语言安抚。还有什么比这更令人心碎的呢？

教师用"关怀"一词来定义他们与学生的关系。不同的老师可能会以各自的方式来表达这种关怀——可能是热情、亲切而有趣的，也可能是正式、严肃而耐心的。无论何种方式，都是他们关切之情的真挚体现。而根据库班在斯坦福大学的同事大卫·拉巴雷的说法，数字化教育未来愿景的问题在于它对于主题的关注过于狭隘。计算机呈现主题的方式多样、新颖且极富创意，但剥去这些花里胡哨的外衣，其实质仍然是"回归书本知识"的机械记忆式学习。数字化教育将学校拆解为具体的学科：数学、科学、阅读、写作、工程等。计算机采用一种单向——从教师到学生——的信息流传播；学生通过接收无线网络信号来理解信息。这个系统的主旨在于发送信息，而非学习。关于教育的数字化未来，技术乌托邦主义由多种因素驱动：光学、害怕落后、贪念、对成本和效率的追求、对教师工会谈判力的政治化仇恨等。但库班说，目前并无多少确凿的证据能表明教育的社会目标到底应采用何种方式实现，才能推动教育的数字化未来发展。

"学生学习的前提，是教师首先要同班级里的学生个体建立起一种特殊的个人关系。否则，学生将无法按照学校的期望学到东西，"拉巴雷几年前这样写道，"如果病人在手术过程中睡着，外科医生也能治好他们的病痛；律师可以为审判期间保持沉默的委托人成功辩护；但教师的教学能否成功，很大程度上取决于学生的积极配合。"

拉巴雷认为，教育的数字化未来违背了人类社会公立学校的根本目的。他说："学校是一个共同体，也是一种建立起行为规范的方式 ——让人感到自己是所谓国家这一更广泛机体的一分子。这是学校的长项。学校将一个团体的人聚在一起，赋予他们共同的体验和相同的价值观。"我自己孩子的学校就属于这种情况，很多孩子的家长都是刚移民到加拿大不久。一年级时，这些孩子穿着薄外套，只会说西班牙语、普通话或他加禄语。随着他们在学校度过一天又一天，一次又一次课间休息或是老师表示出对他们的接纳，很快他们就融入了加拿大。

教育哲学开创者约翰·杜威在其突破性的著作《民主与教育》中写道："社会与生物生命一样，都是通过传播的过程而存在。这种传播是通过将行为、思考和感受的习惯从上一代传给下一代而得以实现。"他表示，任何像学校之类的机构，其终极价值便是深远的社会影响力。学校建立规范，将社会的规则和期望教授给学生。从社会的语言标准到卫生标准，到我们如何在群体中发声或是进行口头和肢体互动，再到我们在城市、州、国家和全世界各个层次上的集体义务——小到学着扔垃圾，大到探讨或领悟人权和民主自由的价值，诸如此类。

经合组织的安德烈亚斯·施莱歇尔说："学校的实体空间是每个人第一次见识到社会多样性的地方。"施莱歇尔作为全球顶尖的教育专家，他将学校具有民主化效果的实体空间形容为一个特殊的场所，是生活中任何其他地方都不能提供的。无论是在狭小的棚屋求学，还是在广阔的大学校园就读，实地学习带给学生的影响都是一样的。因为学校的核心功能始终在于它的背景——这是个人成长为公民的主要空间。"当你走进学校，发现眼前的世界骤然变得开阔。"

学校的作用，不仅仅是教师向学生传授课程知识。事实上，在整个学校的实体空间里，处处有学习。它发生在上学放学的步行路途中、公共汽车上——你看到的每一个景象，提出和回答的每一个问题，还有每一次与朋友的交谈，都是学习；它发生在校园里——在捉人游戏和篮球比赛中，在午休时间和借香烟时，在放学后的打闹和亲密行为里，我们都在学习；它发生在走廊上——当社会秩序凸显时，学生们学习着如何驾驭友谊、冲突、身份和自己的身体；在学生公寓和宿舍里、校园酒吧和派对上、曲棍球场和游泳队更衣室里、运动场看台和舞台后台，无处不是学习；学习还发生在教室里——讲台前、后排座位间，随着笔记在课桌间传来传去，无所事事时的涂鸦引发对生活的深刻理解，这些都是一种学习。

大卫·拉巴雷对我说："学校的实物有着特殊的意义。"

比如，学校的气味……在储物柜旁边，我能闻到橙子皮和鸡蛋沙拉的味道；在教室和走廊能闻到粉笔的味道。教室本身给人的感觉，有时像是监狱，同时又像是一个可爱的小茧，里面住着我们25个人，彼此相识相知，要共同度过一整年的时光。我们可以在这里休息，放松紧张的神经，体验一下作为优秀团体中的一员是什么感受……我可以通过阅读书籍探究其中的思想或体验某种经历——其中蕴藏着强大的能量，实体性就在里面充当着非常重要的角色。如果你是坐在供暖不足的公寓里，旁边还有人在打着电话，那就远远达不到这种状态。

阿奇漫画里的贝蒂在同维罗妮卡、加戈、阿奇及其他小伙伴一起参观了河谷镇高中的学校博物馆后表示，希望能回到有午餐室、有实地课堂的"老式、过时的高中"时光。模拟空间被剥离之后，学校只剩下光秃秃的课程表：事实、数字、上课、练习、测试、评估……基本上就是家庭作业。它枯燥、乏味，同真实课堂一对比更显得无趣。设立幼儿园的目的，是提供安全的教养式空间，在其中通过玩乐来传授关于社交互动的基础知识。数字化的幼儿园与玩乐恰好相反：它只有永无尽头的视频电话，其中偶尔插播《甜饼怪》的音乐视频。过去十年里，教育技术倡导者推动在学校实现更具数字化特征的前景，认为计算机技能是下一代成功的必需工具。但当我们的孩子成天对着互联网时，我们许多人看到的并非有一百万个史蒂夫·乔布斯成长起来，通过写程序编织未来的美好景象，而是孩子们纵情沉溺于《堡垒之夜》游戏和各种社交媒体，被 TikTok（短视频社交平台）随机推送的垃圾内容大肆轰炸。有一天，我儿子在咖啡桌底下对着平板电脑大喊大叫。我听到他说的是："忍者的图片。图片！忍者的图片！"最后，平板终于找出了一些 Kai、Cole 和他想要的一些其他塑料英雄的精美图片。他能够搞清楚 Siri（语音识别）与谷歌搜图的整合功能，是否能让他更好的面对以后的职业生涯？恐怕并不会。

此外，学校的功能还超越教育本身，为社区作出了诸多贡献。小学校园为邻里提供了游乐场、公园，以及食品银行和医务室，同时也承担着成年人工作所必需的日托服务——新冠肺炎疫情一开始，全世界的家长当即意识到这一点。高中校园为社区提供了体育设施、剧院和心理诊所，大学校园则是周边地区的经济和文化引擎，同时还可能是名动天下的科研基地——比如，通过研发挽救生命的疫苗。我孩子们的学校有一个日托中心和一个移民接收机构，学校还开设了专为新晋父母提供的免费家长课程以及几门将英语作为第二语言教学的课程。乔恩·拉瑟说："我们忘记了这个事实：学校是社区的中心。孩子们在这里得到抚育、照料，这是让他们有安全感、富足感的地方。许多孩子，尤其是贫困家庭的孩子，他们的家庭不能为他们提供这些条件，但是学校做到了。"

新冠肺炎疫情让我充分认识到，学校在家庭和社区之间发挥着重要的纽带作用。

我们第二轮远程教学期间一个寒冷的 1 月，C 老师在故事课上读了一本书，其中讲到所有生物都需要空气、食物、水、阳光，当然也离不开共同的群体——"你周围的其他人"。我注视着那些因足不出户而日益失去光彩的小脸，意识到这句话尽管残酷，却言之有据。送孩子上学对我来说从来就不是什么苦差事。但在 2020 年秋季正常上学的那宝贵的几个月里，每天早上送孩子的仪式成了我生活里最重要的社交空间。我留意到这一点是在 9 月第一个阳光明媚的早晨。当时，家长们熙熙攘攘地站在我们街区的人行道上，他们催着孩子进校门，难掩兴奋之情——在这之前，已经停课七个月了。以前，大家送孩子时都匆匆忙忙。爸爸妈妈或监护人都是临到响铃时，急忙把孩子送到门前，然后赶着去上班。但这一年，情况有了变化。

我们提前签好了一些新协议——有症状检查清单、签字表、口罩要求，还有一个从来都用不上的应用程序。但最重要的是，现在所有孩子都只能送到外面的操场上。以前，大家在走廊处挤作一团，场面混乱不堪；现在，这种场景突然被户外聚会似的画面取代，满是乡村集市般的喧嚣和自在的社交互动。第一天，我们刚进校园，孩子们就扔下书包，像挣脱掉拴狗绳的小狗一样兴高采烈地和朋友们追逐嬉闹。家长们都不急着去上班，于是几年以来，我们第一次有机会聚在一起谈天说地。我们从春季地狱般的日子聊到夏天肆意而美好的时光、从确诊病例数增加到 10 月会不会停课，再到孩子不吃午餐、早起等各种育儿话题，还有迪士尼的《星光继承者 2》和《星光继承者 3》的评分高低等。

从某种意义上说，孩子们的学校变成了一个黑匣子——我们不能进教学楼。教室里发生了些什么，只能根据那些不太可靠的消息来源去猜测。现在通过操场聚会，我们又能更多地了解一些孩子的发展动向。过去，家长每年只有几次同老师沟通的机会。而现在，老师和校长每天早上也乐于在外面操场上加入家长们的聚谈。我打听到我女儿喜欢物理，M 女士（她出生于牙买加）给我的儿子取了个可爱的外号"小呛人精"，因为老师叫他上厕所，他粗鲁地拒绝了。

迅速而自然的一套例行程序和人际关系在我们中间自发形成。我从同一个位置进校，在门口用葡萄牙语和英语向爷爷奶奶们问好。接下来，我和校长打招呼，然后是我女儿班上的孩子们，最后再和另外三名也刚走完这套程序的家长围成一圈。我会同安德鲁聊起他时尚的运动裤，和塔玛拉谈谈新闻，问问瑞安最近在周围哪里买到的可颂面包。早上 8 点 45 分是幼儿园大班孩子进校的时间。这时，我会送儿子去幼儿园，又同那里的家长们倾谈一番，听 C 老师和 M 老师讲讲昨天课堂上又发生了什么好玩儿的事情。

以前的几年里，我们只在走廊上、偶尔的生日聚会上，或在人满为患的体育馆举行的年度假期音乐会上，才有机会同其他家长聊聊天。但现在，送孩子后我们讲的每个笑话、每个问题和每句日常问候，都渐渐形成了连接彼此的纽带。在这个特殊时期，我们同团体的联系变得空前重要，但实现难度也是前所未有的。通过这种方式，我们又在无形之中为团体建设贡献了力量。我们学校规模很小，所处的街区有很多不稳定因素。新冠肺炎疫情刚开始时，我女儿已经上了近三年学。如果一开始我们就有现在这样的交际，那我肯定早就和很多家长相熟了。现在，是疫情让我们每天早上能以一个团体的形式更多地聚集在一起。11 月的一天，校长同我聊天时说起学校有部分家庭经济上有难处，当时站在旁边的一位家长建议给他们募捐购物卡。于是不到一个星期，校长就募集到了数千美元的直接捐赠，将其发放到有需要的家庭手中。

不妨想想你的团体，还有那些在你的生活中至关重要的人。我敢打赌，他们大多与学校有关。在教室及其周边模拟环境（校园、操场、校园图书馆……）里建立起来的纽带，将伴随你的一生，甚至一代一代绵延下去。我和学生时代——从托儿所一直到大学——认识的朋友，至今一直保持交往。在附近我们认识的家庭，几乎全都是因为学校而结缘的。学校给人以家的感觉，学校是我们的社交网络和职业关系播种的土地，是我们借以将自己同居住地画上等号、将自己同群体相关联的渠道。所以，"你读的是哪个学校？"是一个强有力的问题，它可以确定回答者来自什么样的团体，而这是网络无法企及的。和其他学校相比，哈佛的学生在学到的知识量或事实获取方面并不占优势。哈佛主要的价值在于它为学生提供的环境，即周围是些什么样的人。这就是为什么要证明一个学生是俱乐部的终身会员时，穿着一件哈佛运动衫（哪怕它确实令人生厌）绝对比他们在课堂上学到的任何东西都更具有说服力。而告诉别人你在"波士顿的网校"上学，并不会有这样的魅力。

"从孩子的角度来看，学校是什么？"渥太华大学教育学院的民主和教育的教授乔尔·韦斯特海默提出了这样一个问题。"学校不是历史课，也不是数学课。它是走廊、是课间时分的你来我往，是放学前和放学后的时光。学校是生活和人际交往二者之间的地带。在学校，我们需要更加重视这一事实。"而在过去的几十年里，我们的做法恰恰与此相反。我们将关注点放在信息而非关系上。我们削减了戏剧、艺术和音乐学习的比重，在数学、科学和历史等现实知识以及标准化考试成绩上加大砝码——而成绩的目的，是衡量学生对于基本事实的把握情况，而非教育的核心——社会和情感真相。标准化考试运动给我们带来的是易于衡量的成果。它是目前教育系统的主导——尤其是在美国，很多学校只专注于"应试教学"这一件事情。然而，美国的教育体系越是偏离约翰·杜威的典型目标——通过对最年轻一代公民的教化来建设民主，并致力于提高可量化的分数——美国在教育上的表现就越差。如果以学生的主科目表现和经合组织的国际学生评估计划（PISA）等指标来衡量，美国一般处于发达国家教育体系的中间层次。2021 年春季，教育周刊上发表的一篇文章惋叹道："我国目前的劳动力受教育程度在工业化国家中为最低水平。"当时，美国大部分学生仍端坐家中，在屏幕上学习。

事实上，正如拉里·库班等人长期以来所持的论点所述，学习是一种由模拟化学校体验的核心——面对面的人际关系——所引导的情感型社会行为。教师主导学习，原因不是他们可以获得学生无法获得的信息，而是因为教师是情感关系的引导者——而正是这种关系在推动学习。新冠肺炎疫情期间，我在好几个月里目睹了我孩子的老师们为维系这种关系所作的努力。C 老师每天声如洪钟地朝每个学生喊话，愚人节那天她身着螃蟹装出现，招来满堂笑声。戏剧老师 L 女士用沙哑的嗓音朗读莫·威廉斯的故事，比任何动画教育视频都更能吸引孩子们的注意力。我女儿的老师 I 先生设计了一系列的互动式问答游戏，激起孩子们对社会研究的热烈兴趣，无论孩子们多少次叫他 ——"I 老师？I 老师？I 老师？"他都耐心地回答每个学生的问题，直到有一个家长"大发善心"地把家里的麦克风设成静音。每个老师都有自己独特的风格和方式来建立和维持这些关系，但最终促使学生进行学习的是他们与学生之间建立起的情感联系。

想想你一生中遇到的老师：好的老师，不好的老师，还有那些不算好也不算坏的老师。好老师之所以好，是因为他们教的科目更好吗？而你那些对老师不好的评价是来自你不喜欢他们教给你的知识吗？当然不是。当我思及自己遇到过的那些最棒的老师——暂举几人为例：莱维特女士、拉姆女士、弗农先生、多恩女士、特洛伊教授和贝特尔教授，我首先想到的，是他们每个人是怎样同我产生个人联系，从而让我开始关注他们教的科目——尽管我只是班上二十几名学生中的一员，或者是他们有数百名听众的一场讲座的匿名负责人。而有的老师哪怕教的是滑雪课，仍让我觉得枯燥无趣，更记不住他们是谁。原因便在于他们同我建立起了足以带动学习的个人联系。

新冠肺炎疫情期间，我们亲眼见到学校的线下课转为远程教学后，学习被弱化为单纯的知识吸纳，而情感关系被迅速侵蚀。忘掉政治家和媒体担心的所谓学业成绩体现出来的学习差距吧！线上学习带来的情感鸿沟，才是真正的问题所在。美国国家学校心理健康中心的沙朗·胡佛博士在她关于疫情期间远程学习对美国学生产生影响的早期研究中发现，由于在线学习，研究对象在自我意识、社会意识以及积极的社交和情感能力方面表现出巨大差距。胡佛对我说过："我们必须重视社交和情感学习方面的指导，甚至把它们的位置摆在学术指导之前。如果我们不关注社交学习方面的损失，将来会有一大批孩子出现发展不完善的情况。"

情感缺口是全球学生学习积极性下降的原因之一。正是这一原因，造成了大量学生直接从学习系统里消失不见；也正因为这样，即便是资金最充足、设计最好的在线课程，仍无法实现大部分学生的完成率。几个月前，我儿子和老师、朋友们一路飞奔冲向学校；而现在面对同样的老师和同学，到了要登录平板电脑的时候他却开始尖叫着说"不要！"我女儿有一天晚上在床上哭，她说是因为讨厌上网课，因为它"只有作业，平时学校里好玩的事一点儿都没有"。他们的这些表现也同样来自情感联系的缺失。网课里由于缺少这种人际关系，老师的权威不复存在，支持学习的内在情感纽带也消失殆尽。这并不是什么私密的事情，恰恰是毫无人情味的体现。

"让我真正欣慰的是，大多数人都清楚懂得人际交往的价值在哪些地方最为重要。"西瓦·库马里如是说。她拥有二十多年的在线学习研究经验，最近开始负责国际文凭课程工作。"老师没有逃避他们的职责和（或缺乏）价值。"库马里对全球数字化学习的总体评价是相当"惨烈"，但同时她也认为，借此机会，可以学习并重新关注到底什么会真正地影响未来。库马里仍然相信数字技术具有发展潜力。但她同时深知，教育的未来绝不是简单地将最新发明应用其中，或为更多的孩子提供设备。相反，教育的未来是将情感和关系更深地融入学习中，并将这些技能摆在首位。

在库马里位于休斯敦的家中，她说："我想象的完美世界里，老师的角色完全转变为人类实践者，保护孩子的自尊，以及他们对内容和技能的学习，并以此为中心重新布局整个系统。要在未来高度发达的世界里一往无前，取得成功，情绪导向的学习方法至关重要。从根本上说，人是群居物种。我们想和同伴待在一起，我们需要彼此交谈、互动。这是由我们的物种天性决定的，也是我们正在做的。这些技能将变得极为重要。那么，在一个数字技术举足轻重的世界里，我们要如何维系人性和相互之间的关系呢？"

"情感学习"或许是一个有效的方法，但它在我们的在线教学过程中已不见踪迹。迈克尔·里奇博士在波士顿儿童医院和哈佛医学院工作时观察发现，虽然大多数美国学生通过上网课保持甚至加强了核心科目（数学、科学、英语）的学习，但仍有三分之一的家长表示：他们孩子的社交和情感学习能力一落千丈。这也是我从自己孩子身上所观察到的现象。我女儿现在每天疯狂阅读，我儿子现在可以给我讲植物是如何呼吸的。但他们忘记了怎样和其他小朋友沟通，越来越喜欢争斗。随着网课一天天继续，他们对老师表示出抗拒。

里奇几十年来一直从事媒体消费（最初是电视，现在则是数字设备）对儿童影响的研究。他告诉我，这种情感学习能力的减退产生了多种重大影响。"这些孩子往往难以发展同他人交往的技能（我们过去称为软技能）。"他提到那些使用数字化工具最多的孩子，说这种情况会导致焦虑、虚无主义和其他反社会行为。里奇解释说，情感学习需要了解如何作出与他人相关的积极行动，它同现实生活的社会背景密不可分。"在网络上要这样做会受到很多限制，因为就其本质而言，数字世界采用一套公式化的方法来处理事物。我认为，这抹杀了我们欣赏生活中多端变化的能力。如果你不明白，网络也不会作出解释，"他说，"模拟的作用，是鼓励和培养人的创造力和善良天性，并予以赞颂。我认为，这两种人格特点在数字世界里得不到适当的诠释，除非通过自动化和编程来实现。我还认为，创造力和同理心二者极其相似，都在很大程度上取决于给予者和接受者。"

如果你认为情感学习听起来像是在北加州山区进行灵修一类的玄妙之事，可以说，你严重低估了我们在学习任何事物的方式中情感所占的核心地位。"人类的适应能力极强。他们有社交需求。失去了社会交流和密切的社会关系，大脑就无法正常发育，"南加州大学的神经科学家玛丽·海伦·伊莫迪诺-扬如是说。她的研究方向是大脑的学习机制。神经学研究清晰表明，只有当我们对事物的关注到了足以推动我们去了解它的程度，这种了解才能真正称为学习："学校学习旨在激发学生的积极性，引发深刻的理解，或者转化为现实世界的技能——有意义学习的所有特征，以及培养知识渊博、技能熟练、有道德且善于反思的成年人所必需的一切——我们需要找到在教育中利用情感学习的方法。"这是伊莫迪诺-扬在 2016 年所著的《情感、学习和大脑》一书中的句子。

科学理论非常明确：情感和学习是不可割裂的。学校的主要宗旨是帮助学生发展及完善他们的情感技能，对他们付出人文关怀，让他们产生关注并借此激发学习动力。如果违背了这一宗旨——要是教育被再度简化，变成对信息的机械式记忆，其目的仅仅是应付标准化考试或交付数字化成果——那么当学生进入现实世界时，这些信息基本上会被置若罔闻，并被证明是无用的。伊莫迪诺-扬对我说："这真的需要我们在学校教育的方式上发起哥白尼式的革命。"你可能还记得高中科学课上学过，在哥白尼提出日心说之前，人们认为地球是宇宙的中心，一直试图弄清楚为什么火星会朝着"错误"的方向移动。之后，哥白尼推翻了地心说模型，提出太阳是太阳系的中心一说。这样一来，一切都说得通了。

伊莫迪诺 - 扬说："这就是我对教育的看法。"她解释，在我们目前的教育宇宙中，便是把学术技能和学科作为中心，好比地球被万物围绕，而情感则被当作遥远的行星，只是偶尔进入轨道。"现在我们也在采取'干预措施'，比如社交情感学习、勇气、毅力和成长心态，这些措施都合情合理，但问题在于它们的前提，即以地球为中心的模型。"情感学习或者情感学习的细枝末节部分——大多数学校都仅限于此——和其他科目的学习不同，只是作为一个附加的项目，在一个小时的研讨会上或某个课程单元里偶有涉及。你的孩子可能会花一天时间学习同理心，或是参加关于霸凌的集会，但这些学习模块大多仅限口头讲授。伊莫迪诺-扬认为，我们不应就此止步，而是需要将情感学习更深刻地融入整个教育体验的系统之中，贯穿从学前班到研究生院的学习，不管是哪门学科，每天都应如此。不受任何学科的影响。

一个围绕人们主观体验而设计的教育系统一旦成形，便会带动其他所有东西自然而然地展开。如果你来到一个社区，发现所有孩子都缺铁，那么要做的第一件事就是给他们吃补铁丸。随后，你会找出他们缺铁的原因，并予以解决。我们现在采取的所有干预就像是那些补铁丸：学校的伙食太差，我们会尝试提供一些东西作为教育的补充。我们需要对此重新思考，重新把孩子的体验放在中心位置。这便是我们在新冠肺炎疫情期间非常重要的发现——但现在它尚未成形，哪怕是传统学校也还不能提供。目前的情况，我们在认知和教学方式上的缺陷已然显现，正是这些缺陷导致了在线课程无法成功。

而要使情感学习真正发挥效用，则需要我们转变对教育的看法。我们现在的研究将学习作为成果，以保留知识的可量化指标（例如标准化考试成绩）衡量学习；但在情感学习模型中，将人类发展视作最终目标，学习则是实现手段。我请伊莫迪诺-扬更详细地解释这一理念，她给我讲了她女儿的事。几年前她女儿读十年级时，去丹麦参加了一个交流项目。学生们住在一个学校里，一起生活了一年的时间，他们共同参与沉浸式学习体验，了解民主国家生活的意义。学生们学着自己做饭；学校里从校长到门卫，每个成年人都是老师，他们通过实操技能——比如怎样正确打扫浴室——为孩子们授业解惑。在那里，扬的女儿学习了多个科目，编写并导演了一部关于民权的戏剧，并将她学到的一切应用于各种学科和用途中。学生们是否参加考试可自由选择。她选修了一门物理课，过程中需要同另一名学生一起学习三个月，然后需要两人分别向对方讲授该学科的内容。考试当天，两人从一顶帽子里抽签挑出一节课（比如万有引力定律），通过协作向一个由教师和其他团体代表组成的专家组讲授该节课程的内容。专家组根据他们的表现和不足之处，给出建设性的评估意见。

"能够了解物理学，就是能够认识这门学科，把它教给别人，开展相关辩论以及确定合作的方式……这就是他们认为的正确学物理的方式！"伊莫迪诺-扬的语气中，透露出对这种简单有效方法的由衷敬佩。"哪种测试能更好地预测谁会成为更好的物理学家？是他们那种方式，还是 AP 物理考试？"

全世界像这种实践型全人文式教育的实例并不少见。其中最知名的有蒙台梭利学校和华德福学校，还有目前仍在不断壮大的森林学校运动——这种教学模式将对自然的模拟体验融入了每一门学科，并将其与个人发展相关联。这种模式的核心是一个完整的学习环境。该环境吸收技能和特定信息后，借助大型项目和开放式探究领域，助力推动学生的人性发展，这些项目和领域通常由学生主导，而非仅仅在静态的环境和特定课程中向他们推销事实和信息。成绩和评估通常基于学生应用所学内容的情况作出。例如，可能是对他们的一系列工作进行评审，或主要就综合性的长期项目进行评估，而非单纯的测验和考试。

那么，学校的未来到底是什么？

如果要听信教育科技说客、硅谷和那些公开表示要破除公立学校制度的政客的意见，它将继续走向数字化和虚拟化。根据他们的理论，新冠肺炎疫情已经证明数字化教育具有可行性，而且得益于技术的进步和教师培训，今后还会逐渐改善。兰德公司（RAND）在新冠肺炎疫情期间开展了一项调查，显示美国有五分之一的学区计划将线上教学作为永久性的方案。有的学校甚至已将网课列入了必修课。毕竟，低成本、规模经济被披上了创新的外衣，对政客和行政管理方是极具诱惑力的，因此他们不会很快取消数字化学校。

但对于那些致力于推进教育现代化的人——其中还包括那些从事高端教育技术开发工作的人——来说，新冠肺炎疫情敲响的警钟让他们保持清醒，给他们上了关于未来的宝贵一课。伦敦大学学院的罗斯·瑞肯教授主讲以学习者为中心的设计课程，她也是教育人工智能开发的全球领导人士之一。瑞肯工作的最终目标是培训教师使其了解技术的运作方式、让教育技术企业家和开发人员遵守严格的透明度标准和基于事实的证据，防止他们因对教育技术过度炒作而遭反噬，并最终透彻揭示技术在教育中的作用。

她说："我预想中的学校教育的未来，没有更多的技术成分。我认为，技术的应用会减少，而人际互动会增多，且应用的技术能促进更丰富的互动，并提升其品质。"人工智能可用于协助教师进行评估或课程定制，但其主要的意义体现在让教师们减少批改试卷的时间，将时间更多地投入对学生的亲身指导上。她说："学校以人为本。认为人为因素不重要的人们缺乏理性，过于疯狂。学校最主要的作用在于赋予人们权力，让他们更努力地解决我们尚未解决的教育问题。全人教育是一个尚未达成的目标。我们需要满足他们除学术外的需求，并予以支持，将他们培养成人。"

在教育的未来，学校教育必然会引入更多的数字技术，但希望它能保持在一定的限度之内。在过去的十年里，笔记本电脑和平板电脑达到了极高的普及率。因此，许多学校和地区把重点放在了实现学生"人手一机"的目标上——这一政策造成以数十亿美元计的巨额浪费，却并未如理想一般给学生的学习带来可量化的改观。迈克尔·里奇告诉我，根据目前的论证材料，学校应减少配备的设备数量，而非增多。"我们发现，实际上两到三个孩子使用一台教学设备效果更理想。"他说，这是因为共用设备让孩子们自然产生了情感纽带，交流各自的想法，并对自己的解释及实现这些想法的方法展开争论和辩护。这些过程有利于激发他们的好奇心和兴趣，从而让每个人都学到更多东西。正如老话所说，"三个臭皮匠，顶个诸葛亮。"

学校的未来不像硅谷一直以来所希望的那样，顷刻之间发生翻天覆地的变化。学校不是科幻大片，教育技术更不是善于制作大片的网飞公司（Netflix）。麻省理工学院的贾斯汀·赖希说："从教师和家庭的能力提升做起，同十万所学校展开'肉搏战'，一个一个地超越它们——这才是让我们的学校变得更好更强的正确方法。"他认为，我们应该放弃对"灵丹妙药"的期待，拥抱艰难但一步一个脚印地逐步改进方案，它最终会对一代学生产生旷日持久的影响。这可能需要我们在课堂外的学习环境中，在公园和大自然中，甚至是通过实地考察，做更多的实验，也可能意味着需要重新思考公立学校的资金来源——在美国，不论是富裕社区还是贫困社区的学校，通常每个学生可享有的税收资助都是同等的。这一点与其他发达国家有较大差异。我们也可以为教师赋予主动权、提供支持，让他们采取尽可能最优的方式教学。这样，不仅能提升学生成绩，还会吸引更多人从事教职工作——因为那时，教师不再是现在这种"教什么、怎么教"都已规定好的死板工作，而是一个对智力有高要求、发展前景良好的职业。乔尔·韦斯特海默说："眼下正是机会，让我们在教育改革最不景气之时放手一搏。""我们从中得到的最重要的体会便是：教学是最基本的工作，教师则是重中之重。这一教训将对我们产生长期的影响。让我们知道孩子们到底需要什么，并不是标准化考试的分数，而是他们的老师。"

最重要的是，学校的未来需要更加情感化、社交化，专注于提高学生的共情能力和同理心。"要知道，我认为这些社交、情感能力一直都非常重要，"经济合作与发展组织的安德烈亚斯·施莱歇尔如是说，"但在未来，它们的重要性还将进一步凸显。我们开设的各项学科要转为数字化是很容易的事。人工智能的出现，让我们不得不更认真思考：人之所以为人，原因何在？很快，你就会发现情绪能力至关重要。情绪能力也被叫作'软技能'，但这个表述并不准确。在我看来，现在科学和数学才是软技能。"他还指出，数字技术用于实现高速的复杂计算和计算机编程等任务的自动化，随着软件的推陈出新，这些任务只会越来越容易。而学生需要的（也是我们所有人都需要的）是情感技能，例如勇气、领导力和同理心等。无论种种新技术带来什么样的挑战，我们都需要运用这些技能来应对日新月异的世界。

施莱歇尔是德国人，目前在经济合作与发展组织巴黎总部工作。我问起，他所描述的教育的未来在某种程度上是不是一种返璞归真，具体而言，是对一个多世纪前约翰·杜威所写的教育形态的回归。"如果将培养创造力、心理复原力、应变能力和想象力作为目标，那么幼儿园在这方面就做得很出色。学校需要从幼儿园学习的东西，比幼儿从学校学到的要多。"他指出，在中国、丹麦和爱沙尼亚等教育程度最高的国家，幼儿园不再重点关注学科知识的学习，数学和阅读的启蒙时间已延至小学一年级。学前阶段在社交和情感学习方面偏重更多，为孩子的创造力培养打下基础。他说："不妨问问自己，未来会对人有哪些要求。想象一下人工智能将对我们的生活产生什么影响，看看我们需要具备哪些素质。如果你有一个四岁的孩子，他们会对你视为珍宝的一切提出质疑。他们愿意探索、喜欢冒险。复原力更是他们生而有之的东西。如果你认为这些就是未来几十年人们所需要的品质，那么我们应该做的，是设法培养及保有这些品质，而不是按照既定的思维方式来改造它们。这就是未来的方向。"

如果我们足够幸运，学校的未来会发展成如今芬兰的样子。

芬兰作为一个北欧小国，在全球教育领域被钦羡，甚至被当作神话。在全球性的教育系统评估（例如经济合作与发展组织的国际学生评价项目测试，简称 PISA）中，芬兰常常胜过那些财力更雄厚、资源和尖端技术也更为丰富的国家。几乎每个月，美国或日本的报纸都会刊登类似于"芬兰教育体系何以领先全球"的文章，试图揭开芬兰创下学术奇迹的秘密。这些文章经常会提及奥利佩卡·海诺宁，他于 1994 年至 1999 年担任芬兰教育部长，并在 2016 年至 2021 年担任芬兰国家教育局局长。

海诺宁接替西瓦·库马里出任国际文凭组织主席的前几周，他在位于赫尔辛基的公寓里对我说，他将芬兰的教育体系同其他国家教育体系进行对比后，总结出的主要区别如下：芬兰人开始学科学习的时间晚于其他国家，通常是在一年级；他们的家庭作业很少，而且不参加标准化测试。但与其他国家相比，芬兰大获成功（虽然他说，实际上芬兰人并不追求，也不在乎这种成功）的更深层次原因，应归结为该国关于教育在公民生活中作用的更宽泛的哲学体系。教育是芬兰国家建设的支柱，是致力于在人的毕生的时间里培养他们的好奇心、智慧、责任感等品质的过程。即使在成年之后，芬兰人仍会参与全国各地提供的免费课程学习。这些教育既非职业课程，也不是职业培训规定的内容。他们不过是在延续自己对于学习的热爱。海诺宁自己也在当地社区中心担任小号老师。

他说："芬兰的立法规定，国家教育体系的宗旨，是辅助每个儿童长大成人，即成长为受人尊重、有道德的社会决策者。"芬兰的教育系统着眼于培养重视他人并同他人建立联系，在团体范围内做出正确决策，以及获得在团体内理性行动的能力。"我们正致力于实现这些目标，那些想通过网络达成这些目标的想法简直荒谬至极。"

海诺宁常被问及其他国家（如英国或美国）在教育方式上有哪些不当之处，以及芬兰教育有哪些是他们可以借鉴的。除了减少家庭作业、取消标准化考试、保持税收资助平衡、增加户外课堂时间等实操措施之外，其他国家可以从芬兰学习的经验主要应体现在教育理念的转变上。芬兰的教育体系建立在信任的基础之上。海诺宁说："在芬兰，教师确实拥有很大的自主权。总是有人问我'你们用什么标准来评估教师？'噢，还真没有。这是因为我们信任我们的老师。我们也同样信任我们的学生。这是必需的——有了信任，他们才会告诉老师，哪些是他们不知道的事情。所有学习行为都是通过这种互动开始的。"

这种信任延伸为一种信念，即通过激发学生对学习的热情，并将教育作为他们人性的一部分，来帮助他们发展。在这种方式的引导下，学生必然会走向"深度学习"——当教育不仅限于知识保留时，便出现了深度学习。在这种学习模式下，学习者不光是记住学到的知识，还知道如何加以处理运用。这一点与玛丽·海伦·伊莫迪诺-扬所写到的情感学习相同，即学生会切实关注学习的过程。海诺宁告诉我，事实上，深度学习有助于提升核心科目（如数学、科学、阅读、写作等）中基于技能的学习效果。芬兰的学生用来学习核心科目的时间比其他国家的学生要少得多，其中技术的应用也很少。对社会和情感层面的关注，让芬兰的教育收获了更好的效果。"如果通过注重人性和社交能力能够增加学习的乐趣，这将会对知识和技能的学习方式产生莫大的影响。"

海诺宁认为，数字化教育在我们最需要它的时候表现欠佳，教育的未来将是数字化的观点根本站不住脚。他说："由于新冠肺炎疫情的出现，教育与幸福感产生了内在的联结。"他还指出，疫情揭示出我们对于学校的更深层次的需求，即建设更具弹性的生活环境，造福其住民（包括学生）。"如果幸福感不存在，就不会有学习。而且，以数字化的方式是不可能成就幸福感的。"未来，我们必须摒弃将获得具体的成果［例如，更高的 GDP（国内生产总值）或就业率，或培养更多计算机程序员］作为目的这种狭隘的思维方式，因为社会最大的挑战不是技术，而是"只有当我们人类能改变思维方式时方可破解的那种适应能力挑战"——气候变化、经济不平等、种族主义以及其他团体层面的问题。"这便是学校的全部意义所在。这也是我在余下的职业生涯里最大的奋斗目标。这个重大的任务就摆在我们面前，但是（这些挑战）都不可能通过运用技术来解决。它们关乎我们自身，关乎我们人类的成长。"

2021 年 6 月下旬，远程教学的最后一天，我们已经忍耐到了极限。家长们已经打起了退堂鼓，有一半的孩子在早上点到之后就不知去向，老师们的声音里也透露着疲惫。不是每个人都想拥有数字化学校的未来。我们能做的，只是聊一聊我们有多期待这场噩梦结束，孩子们能早日回到学校上课。确实，我的孩子们在家期间学会了分数和减法，了解了企鹅和太阳能。我女儿现在每星期要翻阅一百页《哈利·波特》，我儿子现在能独立阅读皮特猫绘本了。

虽然我恨不得把学校借的平板电脑从窗户扔出去，但另一方面，我确实也心存感激。感激的是我的孩子们一直没有中断学习，尽管采用的只是真实世界的一个"低保真"模式；感激他们能始终同教师和朋友们保持适度的联络；感谢我能有时间和他们一起学习——尽管我每天都对此颇有怨言；还要特别感谢的是我们在孩子们的一生中能有这样一段短暂的时期，见证他们接受教育的过程。

在最后一天的网课上，C 老师和 M 老师播放了结课典礼幻灯片，当我看到孩子们在幼儿园教室里上学那几个月的照片和我们远程学习的屏幕截图时，忍不住热泪盈眶。幻灯片采用了《老友记》的主题——这是 C 老师最爱的剧集。屏幕上，每个孩子的脸庞都是那么神采奕奕、天真烂漫。孩子们打开麦克风，逐一向老师们表示感谢，跟小伙伴们挥手告别。

C 老师叫到我儿子的名字："下一个，以斯拉！该你了哦！"

儿子从沙发上坐起来，轻轻点击麦克风的图标，然后望向摄像头。

"谢谢……谢谢……谢谢……"他一边说，一边努力想接下来该说什么。

"没关系的，宝贝。想到什么就说什么吧。"C 老师对他说道。

"咔咔！耙耙！"他大喊，一边从沙发上滚落到地上，一边大笑。我耸耸肩，挂断了视频，关掉平板，然后抱起儿子径直走向学校。我们按响门铃，等着戴着口罩的园长开门，把平板电脑还给她。

我心存感激地对她说："谢谢你们做的一切。""九月见！"

商业进化：数字经济与创新业态

周三驼峰日。

醒来，洗脸，刷牙，穿衣，咖啡。

哦，大事不妙。你的咖啡喝光了！还有牛奶、面包，还有孩子要吃的冻鸡块、午餐。

那你现在要做什么？

是套上外衣和靴子，冲进大雨，赶往最近的超市，疯狂地把生活必需品塞进购物车（还有你在去收银台途中遇到的任何其他商品），然后急匆匆地赶回家中？

还是拿起手机，一阵点击后，坐下来继续按部就班地过这一天——因为你知道，只要门铃一响，一切都会解决？

1979 年，在我出生的几个月前，英国发明家迈克尔·奥德里齐通过对一台电视机进行改装，开发出了网络购物的原始雏形。从那天起，就像硅谷风险投资家马克·安德森那句无人不知的名言所说：电子商务正在慢慢地"蚕食"模拟商业。一年又一年过去，随着一次次点击、一笔笔订单成交，全球经济各个领域的电子商务交易频繁，实现了持续快速增长。从最初进军的图书市场，再到每一个零售领域——服装、奢侈品、汽车、眼镜、车库销售、杂货店、餐厅，甚至枪支和毒品——越来越多的消费者从实体店转向了轻松点击即可完成的线上购物。没有谁能逃脱这场通往数字未来的变革。随着网购的普及，每年你的钱包都会有一个角落被它占领。

　　商业正在以相对稳定的态势走向未来。电子商务逐年小幅增长。尽管总有预测称其发展会骤然中断，但它仍保持着可控的前进速度——直到新冠肺炎疫情突然袭来。一夜之间，在线商务成了人们的救命稻草。以中国武汉为首，在全市数百万名居民被封控在家期间，阿里巴巴和拼多多等中国领先电商巨头逆风而行，将生活必需品（食物、水、药品等）送到了人们家门口。病毒的传播加速了网购的发展。亚马逊的销售额呈爆炸式增长，一周的增幅甚至达到了以往通常数年才可实现的水平；全球竞业者如日本乐天也迎来了类似的繁荣景象。一时间，以前未曾涉足电子商务的公司也纷纷涌入这一蓝海，期望能博得一线生机。而像耐克之类的知名品牌，更是创下了远超出原计划数年目标的在线销售额。由于封闭式生活方式而突然迸发的需求——运动裤、拼图等导致特定零售产品的销售量急剧增长；而以外卖方式供应的日常必需品如药品、食品杂货和餐饮，也在从未想过网购痔疮膏、袜子、色拉三明治的大批消费者群体中开拓了全新的市场。刚开始的几个月里，数字商务未来的预言家们随处可见，他们神气活现地夸耀着一朝一夕间便取得了十年的发展。无论是在电视新闻节目、社交媒体，还是在没完没了的行业出版物和网络研讨会上，他们高呼着欢庆胜利，嚷嚷着说老奶奶学会了网购杂货后就再也不会去逛超市了。

即使不看统计数据，也能感受到这种天翻地覆的变化。每次你望向窗外那一片毫无生气的街道时，这一点便不言而喻。是的，毫无生气，只有越来越多的送货司机，他们在 UPS（美国联合包裹运送服务公司）、联邦快递和 DHL（德国敦豪快递服务公司）的卡车上，在第三方物流公司因仓促扩张业务还来不及打上标记的箱型客货车和杂货连锁店的冷藏卡车上，一群群身穿安全背心、开着堆满亚马逊货箱的本田思域的"预备军团"，还有一堆堆戴着头盔、沿着人行道骑电动自行车行驶的年轻外来务工者，他们背着的巨大的保温背包里装着你的外卖午餐盒——大街上除了这些人什么也没有。

叮咚！您的泰式炒河粉到了。

叮咚！这是您买的书。

叮咚！您订的咖啡来了。

叮咚！最后是哈利·波特乐高积木。

叮咚，叮咚，一整天都在回响！模拟化的未来就在你的家门口。

我们在我岳母的湖景房居家期间，上网大肆挥霍了一番，订购的物品包括：两个用来通话和采访的 USB 麦克风、一个用来休闲娱乐的钢琴键盘、六本拼图和涂色书、儿童登山靴和防水裤、从蒙特利尔发货的一百个冷冻贝果（犹太人的救生食物）、两个惠普墨盒和 500 张打印纸，还有两箱酒。对了，还有一些食物：几乎要值一头牛价钱的牛奶、塞满冰箱的各种肉类、品种丰富的蔬菜、成箱的麦片和饼干，还有我们能买到的几乎所有面粉和酵母。有些商品很快就到货了（叮咚！"这么快！"），有些好几个星期才送达（叮咚！"到底是谁买的键盘？"）。一箱又一箱货物堆积成山，VISA 卡账单也越拉越长。但是我们平平安安、有吃有喝，还玩得不亦乐乎、心满意足。

但慢慢地，商业数字化未来的现实状况及其弊端开始凸显。媒体报道，零售业迅速走向衰微，每条大街上、每个购物中心都满目凄凉。每天都有全球、全国的连锁企业破产或倒闭的新闻，当然同时也有一些当地现货市场成为热点。在当地报纸和社交媒体上，你可以读到企业主刊登的停业声明。我们读到每个月的小型企业倒闭数量或是当年的预测数据——这些企业有的享受了政府补贴，有的没有。这些数据令人触目惊心，就像是一场遥远战争的伤亡人数那么不真实。这一切让人提心吊胆，甚至心生恐惧。但是，你能做什么？点击！点击！点击！

我尽量在周边的商家采买。凯特琳经营的小咖啡店就在我们家门外的街角处。我打电话给她，转给她 200 美元作为我每星期买咖啡豆的预付款。我在多伦多的 Type 书店买了一些礼券——这家书店非常不错，我在这里举办过图书活动。我们居住的桑伯里镇还有一家很棒的书店叫"杰西卡的图书角"，我在这里也订购了很多图书和拼图。住在市区的朋友过生日时，我在我们最爱的餐厅订餐送给他们，再配以从我做进口业务的老邻居那里订的葡萄酒。但在第一次封锁解除后，一个月来我们第一次冒险出门，呈现在我们眼前的一切无声地诉说着发生了什么。各种商店、餐厅乃至于2月时还店铺林立的一个个街区，现在全都杳无人迹、黑咕隆咚，宛若一潭死水；窗户上尘迹斑斑，或者遮上了纸板。一间间餐馆空无一人。无论是村镇、城区、购物中心还是社区，商业生活仿佛在弹指间土崩瓦解，只剩下不时呼啸而过的送货卡车、汽车、自行车和摩托车。

商业的未来已经到来，它解救我们于水火之中。网上能买到任何想要的东西，让我们得以足不出户躲开病毒。现在，我们担心的不是饿肚子，而是订购的运动裤到货后是否合身。但每次外出散步，看到又有一家商店或餐馆的橱窗盖着裹尸布一般的棕色纸板，都让我们顿生空虚之感。商业向数字化未来过渡的历程，其顺利程度远超我们的预期，但它同时也暴露出多种隐患。但对于当地企业和我们的经济、对那些加班加点把未来给我们送上门的派送员、对我们的实体店铺和餐厅早已深深扎根（其程度比我们所知的更甚）的那些文化而言，这种转变是以什么为代价的？用于衡量这些代价的，除了金钱、人类的生命和健康，也体现在商业对于经济的重大作用上。与之息息相关的是消费者和向他们提供产品的企业家、厨师和他们的食客、杂货店老板和每周采购的老百姓、服装设计师和他们的客户、自行车商和骑行者等。

在商业转型的背后，我发现我们想要建设的这种未来面临着一个更大的问题：数字商业是否真的需要完全取代模拟商业？它是否有必要将模拟业态摧毁殆尽或是和它势不两立？换个角度来说：我们建设的未来，有没有可能让电子商务切实服务于模拟世界的店铺、商场、餐厅和社区——这些它本应助益而非压垮的对象？我们能否实现线上和线下业务相辅相成，鱼与熊掌兼得之？

谈及电子商务，人们一般都会想到亚马逊。电子商务领域不乏大型企业，如中国的拼多多等国外劲敌和沃尔玛、乐购等国内零售商；全球品牌有 GAP、Apple 之类；市场平台方面有 eBay、Craigslist 和 Mercado Libre；此外，个体商店和直销品牌中既有家庭副业商家，也有价值数十亿美元的大型企业，如鞋类服饰公司 Allbirds 和眼镜公司瓦尔比派克（Warby Parker）等。但在主导数字商务的市场和想象空间的能力上，他们都同亚马逊相去甚远；无人可与杰夫·贝索斯缔造的这个"一键下单"式商业王国相匹敌。亚马逊完美实现了贝索斯对商业数字化未来的愿景，它是最高版本的一站式"万货商店"。只要是市面上有的商品在这里都可以买到——汤、坚果、煮汤的锅，甚至是用来收割坚果的拖拉机，无所不有。除了货品全面，亚马逊的优势还体现在低价、方便和快捷等方面。

截至 2021 年，亚马逊的销售额已占到美国电子商务销售总额的 40% 以上，相当于美国整体零售销售额的 7% 左右，等于沃尔玛线上和线下实体店的销售总额。亚马逊拥有的推送算法、评论、选品及货源、仓储和货运物流以及广告和营销能力，都可谓超群拔类。网站提供多种功能，如严格的价格匹配体系和便利性、开创性的一键下单流程（已获得专利）、免费配送及退货、自动重新订购设置（例如不可或缺的卫生纸）以及（Prime 会员）订阅模式等，不仅降低了会员的购买成本，增强了他们的忠诚度和消费黏性，也为网站自身锁定了收入来源。

实际上，亚马逊早在几年前就实现了"万货商店"，但当疫情暴发、模拟实体商业被封锁时，它才第一次真正进入数百万人的生活。此前从无网购体验的人也开始到亚马逊上购物；已是 Prime 会员的消费者更是大买特买。贝索斯想象中的未来的的确确到来了。但随着点击声与日俱增、门铃的叮咚声汇集成大合唱、每条街道上送货车的引擎轰鸣作响，商业数字化未来的局限性开始进入人们的视线。网上确实可以订购任何商品，但每买一样东西，都需要搜索、对比、点击和长时间的等待。有些东西几个小时可以送达，有些则需要好几个星期。很多人整天都在处理废旧包装箱。我们不再有机会去闲逛、挑选商品。我们订购的香蕉，送来时不是没有成熟就是熟过了头。

"电子商务有一些弊端。其中有些我们可以解决，有些无能为力。"经营 Retailgeek 网站的商业分析师杰森·戈德伯格如是说。他认为，在线商务的增长带来了购物史上最重大的结构转型之一。但是，我们必须考虑到这种大规模的增长是在新冠肺炎疫情暴发初期才出现的。2020 年 1 月，北美的线上零售额占零售总额的 11%。作为新冠肺炎疫情后的第一个春季，这一占比飙升至最高 16%。但到 2021 年年中，当大多数实体店铺完全恢复运营后，该数据回落到了 13%。戈德伯格说："根据报道的说法，我们在短短十分钟里取得了十年的成就。但是你觉得 2% 这个数据是真实的吗？"根据美国普查局的数据，2021 年美国的实体零售销售额的增长速度实际上高于电子商务销售额的增长速度。

戈德伯格认为我们的判断依据应该是封锁松动、实体店购物恢复正常时的实地情况，而且不仅限于蔬菜杂货等必需品，还应包括各种品类的任意商品。从新闻报道上我们看到，络绎不绝的人群涌入购物中心和折扣店。2021 年春季我们的第二次大规模封锁结束后，多伦多各家零售店重新开业的第一天，我穿过熙来攘往的人行道，匆匆走进商场，随心所欲地采购着各种商品：鲜花、手工香皂、限量版运动鞋、珠宝、面包、新娘礼服、硬件和书籍……当时正值多伦多最大的唱片店 Sonic Boom 一年一度的店庆活动，想要亲手拿到限量版黑胶唱片的上百号粉丝排起了长队，一直延绵到整个街区。戈德伯格认为，疫情并非宣告模拟商业的终结，而是切实将它的真正价值揭示出来——而正是这一原因，决定了我们永远不会以数字方式进行全部或者只是大部分的采购。购物远远不只是单纯的采买行为。这个过程为我们提供了娱乐、锻炼、社交等多种体验，还有对我们所在团体经济生活的可见、可触的感觉。我们走过人行道、穿过走廊时，便能摸到、听到、闻到、看到，甚至品尝到它们。

从亚马逊上，我们确实能以低于其他任何地方的价格买到任何东西，但它能提供的全部便仅限于此。在亚马逊上结账时，没有人给我们任何建议、讲笑话或开玩笑，它不能刺激我们产生灵感，也不能带来任何想象力或是惊喜。亚马逊上不存在什么神秘感，也不会有意外发现，它和团体意识、个人意识更是毫无关系。我们能做的就是搜索、确认、点击购买。它能让我们无缝、无痛地购买大多数产品，但这个过程也大多相当无趣。亚马逊上的购物是完完全全的交易：纯粹又简单。2020 年春季，我在亚马逊上买了一张野营垫、一块泡沫冲浪板、一些炉灶排风扇的过滤器，还有一堆其他零零散散的物品。这些东西有的给我带来了莫大的快乐（冲浪板），还有的充分发挥了应有的功能（过滤器）。但购物过程本身实在是无趣、无感。你只需要点击、等待、收货。

达拉斯的零售顾问、《卓越零售》一书的作者史蒂夫·丹尼斯认为：眼下确实处于商业发展的转折点，但并非像大多数专家所说的那样是走向纯粹的数字化未来。他说："20 年前，沃尔玛可谓天下无敌。当时我们都想：还有什么能比它更好呢？后来，亚马逊出现了，我们又想：还有什么能比它更好呢？我们始终想不到会有其他的模式。而且零售业如果过于集中化，可能有害无利。任何事物，一旦规模太大……嗯……就没有意思了。亚马逊和沃尔玛在保持低价和提升效率方面确实相当出色，但这也有很多弊端。"丹尼斯认为，未来亚马逊的市场份额不会一再增长。事实上，他认为商业朝着另一个方向发展的时机已经成熟。"随着零售业的商品化程度日益加深，人们想要的不仅仅是送到家门口的一堆盒子。"

我们更需要的是真真切切的人力支持。我二十多岁在南美靠海而居时曾酷爱冲浪。如今虽已过不惑之年，但在亚马逊上买了那个平价冲浪板后，又使我重新燃起了这股热情。毕竟现在我们住的地方离五大湖不远，天时地利，何不为之？这些年我玩过多次立式桨板，随着不断地听说有人在多伦多和周边地区冲浪，我更是跃跃欲试。被封锁在家几个月后再次解封时，已临近秋冬季节。似乎我唯一能做的运动就是绕着多伦多市不停地散步，但是我却拿出那块冲浪板开始了冲浪。10月下旬我第一次划船出海，冷得连脑子都转不动了。我当即意识到我需要一套更好的潜水服。我上网反复搜索，浏览了所有的品牌、尺码和评论，几乎要淹没在铺天盖地的信息里，却仍不知如何选择。随后，我打电话给当地的 Surf Ontario 商店。店里的麦克跟我聊了之后，准确地找到了我需要的潜水服——厚度合适、尺码无误，靴子和手套也刚刚好，我穿着它在冬日刺骨的海浪里穿梭完全没有问题。最后，我在网上下了订单（因为店铺仍处于停业中，无法到现场购买），但没有选择送货上门，而是在某天去海滩的路上到 Surf Ontario 店面亲自取货，这样就可以和麦克见上一面，当面感谢他的帮助。我不仅买到了价值不菲的潜水衣物，还得到了专业人士的建议，幸运地进入了本地的冲浪圈。

"人们被迫将线下消费变为网上购物，但这种改变不会长久。"此言出自纽约的零售业分析师丽贝卡·康德拉特。康德拉特曾就职于苹果和瓦尔比派克等公司，在数字商务和实体商务领域都有相关经验。康德拉特曾服务的一些直销品牌曾以网络销售起家，然后又发展为实体销售。这让她了解到模拟商务在消费者的生活中占有重要的一席之地。"如果我们只购买生存必需品，也许在未来实体零售店将不复存在，因为线上购物完全可以满足需求。但是购物疗法这一概念之所以存在有它的原因。从现在起的五年到二十年间，商店的形态会发生变化，一些技术也会更新，但零售业所提供的触碰、尝试、愉悦这些元素始终存在，它具备的人际互动内涵不会有大的改变。"

康德拉特相信零售业会走向数字化未来。但她认为大多数技术的作用都体现在幕后。一旦它们走向前端，就会喧宾夺主影响消费者的体验。她曾多次在苹果专卖店目睹一些顾客本只是想同销售人员攀谈，却不得不在 iPad 上输入个人信息。她说："我们一直想努力实现高价值的交互，并使其自动化。"但实际上，用一些数字化的流程来代替人往往会达到相反的效果。数字技术应在幕后发挥它们的真正价值：比如将这些技术用于库存控制和管理，研发各种智能系统以便让我去类似 Surf Ontario 这样的商店购买潜水服前能够准确了解有哪些尺码适合我。许多权威人士预测，模拟商业的未来必须能提供一种超凡的感官体验，使其不同于亚马逊和在线的商品化替代品。但康德拉特认为，这种想象还是出于不够了解人们真正想要的是什么。每家服装店是否都需要设一个咖啡台或理发区？并不然。他们是必须策划一个所谓的"冰激凌博物馆"每周五举办活动吗？好像也不是。新冠肺炎疫情让我们认识到现有的模拟购物体验是多么丰富多彩。康德拉特说："我们从已拥有的东西里有了崭新的发现。您会把早已存在的零售环境用起来，不需要往其中添加什么乱七八糟的东西，只要提供的是真正优质的服务和产品，人们就会前来购买。"

但这并不会阻挡亚马逊前进的脚步。亚马逊的成功将创始人杰夫·贝索斯推上了世界首富的宝座。2021 年 7 月，当贝索斯乘坐自己旗下公司蓝色起源（Blue Origin）的火箭飞上太空时，他开玩笑地感谢亚马逊的客户为他的旅行买了单。站在地球表面的人们并不清楚，这个玩笑到底是说给谁听的。这个玩笑的对象或许是那些在亚马逊的无情打击之下正在努力维持甚至已销声匿迹的数以千计的零售企业；也可能是专门生产山地自行车零部件之类的产品分销商——一方面，他们承受着中国同业者压价竞争、因虚假差评声誉受损的压力，另一方面，亚马逊对供应链的全面控制又导致运输成本和时间激增，让他们对亚马逊这个销售平台产生了反感情绪；或者，这个玩笑的对象是各大品牌的设计师和制造商：从德国的 Birkenstock 凉鞋到 Ove Glove 隔热手套，现在都忙于同仿造他们的产品一较高下——已经有顾客被亚马逊上买到的类似 Ove Glove 的山寨产品烫伤；还有可能是产品被亚马逊的下属品牌例如 Amazon Basics 直接仿制的公司。Amazon Basics 生产的一款腰包和一个叫 Peak Design 品牌的产品从里到外都一模一样，但是在亚马逊网页上却放在了比后者显眼的位置。

这个玩笑话也可能是对纳税人说的——亚马逊非常善于利用合法途径避税，同时还在其有运营机构的地区和仓储地的司法管辖区，都取得了巨额的政策优惠和税收减免。这样一来，纳税人能从它腰包里掏走的钱少之又少。还可能是亚马逊为数众多的签约仓库和合同工——他们是贝索斯"纸箱帝国"里的蓝领人士，像役马一样在这个数字化的敌托邦里以超长的工作时间干着繁重的体力劳动，以应对与日倍增的生产力需求，却常常受到计算机算法及其建议的合同终止日期的牵制和打压。媒体曝光了亚马逊严酷的工作条件：办公环境恶劣，办公室员工因工作纰漏被同事公开斥责，或因罹患癌症或怀孕而被解雇；大型仓库的状况堪忧，带伤工作和疲劳上岗屡见不鲜，工人没有时间去洗手间而在仓库角落小便；选品员像吃糖一样喝着止痛药水，热浪滚滚的天气里救护车在外随时待命，将那些体力不支如飞虫般一头栽倒在地的工人匆匆拉走。亚马逊仓库常有人感染新冠肺炎，确诊、住院甚至死亡的人数都相当惊人。有一次，由于工人导致的新冠肺炎疫情传播严重波及周边社区，卫生部门被迫封闭了多伦多外最大的一座亚马逊仓库。

亚马逊投入了大量的人力成本以实现其关于商业数字化未来的独特愿景，但这并非由杰夫·贝索斯个人的某种施虐欲望造成。

换句话说，他不是出于一己之私，用工人、供应商和其他人承受痛苦来换取自己的快乐。恰恰相反，这一切乃是贝索斯的自由主义世界观以及这种世界观下特定的数字化资本主义形式——商业是一种零和博弈——所导致的必然结果。在这场博弈中，要么赢，要么输。没有分享、妥协，也没有中间地带。从一键下单到商品送达，亚马逊选择的一切让它最终赢得了这场比赛，无论代价如何。它的成功案例，为想开展在线商务活动的其他企业——包括想要销售产品的个体商户、类似 Surf Ontario 这种希望扩展客户群的老牌零售店以及像耐克这样的大型全球品牌——提供了可以借鉴的经验：要么照抄亚马逊的行事规则，为你的企业、团体乃至整个世界付出应有的代价；要么干脆靠边站，错过数字商务的未来，被别人甩在身后。去做那些你厌恶之事、为自己的失败埋下祸根，还是被拍死在零售末日的沙滩上——全看你自己怎么选。

但如果还有另外的路可以走呢？假如有这样一个商业未来：数字技术和模拟物质现实达到最佳的平衡。在这里，消费者能得到他们需要的所有便利性和选择权，同时也可以享受实体商店和餐馆为我们的社区带来的种种好处，还有我们在不得不网购时错过的那些真实的人际互动和乐趣。如果我们可以找到替代亚马逊的解决方案，同时重拾电子商务最初的承诺，从而达到双赢而非零和博弈，又将如何？本地化和全球化兼顾，一键下单和实地消费并存。如果数字技术能够切实支持作为模拟商业基石的店铺和餐馆，而不是将它们推向倒闭，那又会怎样呢？

我关于新冠肺炎疫情的经历开始于我最新的《企业家的灵魂》（*The Soul of an Entrepreneur*）一书原计划出版的几个星期前。这本书超越了硅谷初创企业的英勇神话的范畴，重点关注现实社会中的企业家精神。讲述的对象是那些对我们的经济运转不可缺少的日常业务小企业主：其中有纽约的咖啡馆老板和加州的牛仔，也有新奥尔良的美发师和从叙利亚逃亡而来的果仁千层酥饼店老板。我本打算通过独立书店做这本书的营销，但随着全球重新进入封锁状态，我的选择越来越少。有一天，我读到一个新公司 Bookshop 的创业故事，称他们可以协助独立书店开展线上销售。该公司在美国暴发新冠肺炎前几个月才开始运营。但由于书店停业，人们待在家里甚是无聊，于是从独立商店网购图书的需求骤然增加。在亚马逊一手打造、至今仍在主导的市场上，谁能向它发起真正的挑战？

来自布鲁克林的独立图书出版商安迪·亨特（Andy Hunter）是 Bookshop 的创始人之一；先锋文学网站《电子文学》（*Electric Literature*）也是他创立的。亨特说："人们待在家里，用网络购物，进行虚拟社交……但网络的匿名性和社交媒体的分离性，再加上人们对网络的滥用……因此构成了一个失调的环境。"随着亚马逊的包裹箱一个个到来，越来越多的书店、餐馆和其他独立企业的关闭，导致城镇破敝、加速社会原子化、孤独感、社会溃败的产生和公民参与度的降低，在他看来，这是一种极其严重的螺旋式下滑。他说："对未来我的看法是，我们需要保持清醒，遏制这样的发展势头。"

我们有两种方法可以避免这种结果。一是忽视数字化的力量，拒绝亚马逊，进行抵制和抗议，发泄心中不满。二是构建更好的数字化替代方案，创造一个支持模拟书店的未来。"不要拒绝技术，而是用它来把你所爱的东西变得更好更强。"亨特如是说。

我们要让更多的人了解这一点，让我们携起手来，为文化和你所爱的一切而努力。就未来的书店和书店体验而言，想要保住它作为文化圣殿的地位，必须将其推向电子商务。假设亚马逊的图书业务以每年 6% 的增幅持续上涨，同时电子商务也保持增长，传统书店最多能撑到 2025 年。现在，Bookshop 正致力于同亚马逊争夺这个市场，从而真正服务于读者——尤其是那些希望能送书上门的客户。很多人都会选择更符合自己价值观的方案，只要不是太为难。所以，当在这个新网站上购物能和亚马逊差不多同样轻松、快速而且划算时，他们都会支持。

事实上，亚马逊并不是第一家在线销售图书的公司。在它之前，已经有其他的独立书店在国内成功开展网购业务并经营多年，俄勒冈州波特兰的鲍威尔书店（Powell's）就是其中之一。早在 2012 年，亨特就看到可以利用数字商务的规模和成本效应，助力全美范围内数千家具有团体网络、个性化和小规模等特点的独立书店的发展。他首次尝试以此吸引投资，但功败垂成。大多数书店都不提供在线销售。有少数书店提供网购服务，但往往都在自有网站建设运营、货运事宜处理等方面付出高昂的成本。而 Bookshop 提出了一个简单的解决方案——它将为独立书店打造一个集中式的电子商务网站，任何一家书店都可以轻松入驻。Bookshop 将与出版商和图书分销商合作，集中管理产品销售、订单、履约甚至仓储事务。这样，任何规模、任何地段的书店都能以极低的成本轻松定制自己的网店。不到一个小时，一家书店就能在 Bookshop 上免费创建一个专属页面，开始在线销售图书。顾客从 Bookshop 上这家书店的页面订购一本书后，由 Bookshop 直接从仓库发货，该书店无须参与，但会从售价中提取销售分成。客户享受了与亚马逊相当的服务水平和价格；书店为他们的老顾客提供服务的同时，无须自建网站，也节省了员工每天包装和运输数十本书的成本或物流工作。

Bookshop 于 2020 年 1 月启动运营。新冠肺炎疫情暴发六个星期后，同它签约的独立书店已达到 1000 多家，同时它还与各大图书馆、出版商、播客和图书文化巨头〔如纽约时报书评（*New York Times Book Review*）〕建立了业务联系。亨特并未觊觎取代亚马逊成为头号图书电子商务运营商。

Bookshop 像是一只蚂蚁，而它要面对的是一头大象。那些已经习惯了每天在亚马逊上购买图书的数百万消费者不太可能仅仅因为 Bookshop 有一个更好听的背景故事，就放弃亚马逊而转投向它。但亨特坚信，形形色色的商业活动在市场上会有各自的存活空间。大型格子铺卖场和亚马逊带来的挑战，让独立书店经历了多年的业务萎缩。但近十年来它们一直保持着稳步增长，哪怕是在新冠肺炎疫情期间最黑暗的日子里，它们的地位依然无人能及。独立书店的成功来自它们的读者——这个群体同这些书店一样特立独行、心志坚定，对图书世界里团体的角色极为看重。亚马逊已然造就的一切固然不可逆转。但在图书（食品、服装和潜水服等也是一样）的消费者中，有足够多的人保持着清醒，因此未来潜藏着很多的机会来改变这种只能从一家商店购物的单一性文化。亨特说："亚马逊给人的感觉就像是一种算法，而我们的设想则更像是一种环境。"

如果这种模式适用于图书领域，那它对于其他领域是否也同样有效？美国迈阿密一位名叫内瓦·波瑟科特的海地裔航天工程师也有同样的想法。波瑟科特在国防部、波音公司和空中客车公司做了多年的供应链管理工作。在这个几乎被白人男性垄断的行业里，她很是厌烦自己作为一名年轻的黑人女性所遭遇的种种评判。所以，当波瑟科特在购买日常用品时留意到有机会以一己之力支持黑人商户时〔尤其是 2020 年夏季 BLM（Black Lives Matter）黑人人权抗议运动兴起之后〕，她意识到可以利用自己在物流领域的专业能力为这些黑人企业提供帮助。"当我们说'黑人企业'时是在表达什么意思？"波瑟科特提出这个问题，从而指出人们对黑人企业褒贬不一。一方面，你觉得从他们那里买东西是件好事；另一方面，你认为由于他们规模小、独立经营，所以存在高价、运输低效，还有购物体验不佳的问题。所以，客户要么心甘情愿地承受这些代价从黑人商户购物，要么转向亚马逊或沃尔玛。"我们为什么要那样做？"波瑟科特问道，"我们想点办法，保证订单在24小时内发货。我们把智能采购计划做起来。"于是，波瑟科特创立了 Kinfolk 的市场平台，并建成了一个仓库，在 24 小时内接收和发运来自黑人独立企业的货物。她通过升级软件、完善供应链问题，主打由黑人设计、黑人使用的家居用品。波瑟科特尽自己所能实现了黑人商业的现代化、高效化发展，为其打造了竞争力。"现在的黑人商业品质优异，洗涤剂、衣物柔顺剂、干衣球等，应有尽有。我们正致力于同宝洁公司竞争。"波瑟科特认为，从过去到现在，黑人商业的未来同它的团体始终紧密相连；它在制造商和商店构成的基业上，根植于当地，通过为邻里提供服务来加强社区的关系构建。数字技术的作用是让这些根基更为牢固，而不是将其割裂。

曾几何时，同亚马逊竞争似乎是不可能的事，对小型零售店而言更是痴人说梦。但在过去几年里，有一家公司的出现让亚马逊一统天下的形势有所改观，另一种线上商务未来的曙光渐渐展现。Shopify 是加拿大的一个电子商务软件平台，为全球超过一百万个网络商铺提供服务。该公司在 2006 年于渥太华成立。当时，一位名叫托比亚斯·吕特克的计算机程序员想开一家卖滑雪板的网店，但市面上的电子商务软件都不如意，他干脆自己研发了一套软件。一路走来，今天的 Shopify 已发展为加拿大最有价值的公司，市值约为亚马逊的十分之一。尤为重要的是，它开拓了数字商务的另一种未来并推动其蓬勃发展——在保留实体零售企业对客户和商品控制权的同时，提供堪比甚至超越亚马逊的服务。

Shopify 销售的不是商品，而是网站建设软件。使用这些软件，任何人都可以通过几个简单的步骤开设在线商店，并利用 Shopify 或其开发人员创建的各种集成功能——从基于移动和社交媒体的店铺，到零售店的实体销售网点系统——开展商品或服务的销售。同其他服务于零售客户的数字技术公司（例如支付平台 Stripe 和 Square 或网站构建平台 GoDaddy 和 Squarespace）一样，Shopify 公司的收入来自出售供应商订阅内容，以及特定服务的销售分成。新冠肺炎疫情之前，该公司在一些启动在线业务的企业的推动下，业务保持稳步增长。我的朋友杰米·哈里斯是 Shopify 公司最早的一批客户。哈里斯从在多伦多郊区制作成年礼使用的定制头巾起家，后来创立了 This Is J 品牌，生产竹纤维睡衣和休闲装，销往整个北美洲。2005 年前后，哈里斯发现娜塔莉·波特曼、小甜甜布兰妮·斯皮尔斯等名人也在佩戴她生产的头巾，于是她开始尝试建立自己的网上店铺。Shopify 刚推出时，哈里斯申请了一个试用账户。"它和我的第一台苹果笔记本电脑，是我事业发展最重要的两件东西。"她这样说，"在 Shopify 的帮助下，向外界宣传我的业务就变得易如反掌。"疫情封控之下，睡衣订单暴增时，哈里斯不费吹灰之力地实现了业务扩张。

疫情期间，随着实体店的关闭和封锁，全球对在线零售的需求高涨，Shopify 也经历了剧变。在这之前，网站的发展主要由像

This Is J 这样的在线商家推动；现在则是铺天盖地的消费者新用户——他们以前在实体零售商那里购物，而这些零售商由于此前未开启线上业务现已被迫暂时关停。常驻多伦多的 Shopify 产品副总裁丹·德博介绍："我们刚把之前的所有计划暂停，立即着手制订适应目前局势的新方案。"接下来，公司引入了书店、餐厅、啤酒厂、汽车零部件供应商、空手道培训学校和冲浪用品商店，并相应地迅速扩招员工、针对模拟客户推出全新产品和功能：点击提货服务、配送物流、落柜调配、零售商店铺位置数据和客服会话门户、企业家信贷融资等。2021 年，Shopify 宣布新客户在平台的营收首次达到 100 万美元之前，无须支付任何销售佣金。

德博说："有时候，只有当失去某些东西时，人们才会意识到它的价值。当你走上街，你会发现人和人之间的关系非常宝贵，它让城市和社区变得更好。商店不仅仅是选取和分发商品的地方。人类和商业的故事构成了社区——芝麻街里讲的和简·雅各布斯描写的那些所有美好的东西。当它们缺席时，我们会感到仿佛失去了什么。"德博的家和我住的地方相隔不到两英里。当我们谈起那些暗淡无光的日子时，我们回想起当地那些没能成功撑过去的商铺，那些仍岌岌可危的餐厅。而最重要的是，这种感觉就像是在这个城市荒凉的街道上一边行走，一边注视着脚下敌托邦的未来——那里，满是空洞的橱窗和木板遮盖的店铺。德博表示，那绝不是 Shopify 正在建设的未来。在他们设想的未来，谁都可以在线上销售，同时也可以在线下销售。Shopify 着意于创造一个双赢的模式——只有当它的客户即实体企业家盆满钵满，公司也才能赚到钱。这是一种非敌对而注重合作的模式；它对数字技术的利用是让模拟商业更为强大。我使用 Shopify 软件从当地商店购物——从 Surf Ontario 购买潜水服、在（我高中同学开的）Lost and Found 男装店买运动鞋、从摆放杂乱的 Flying Books 书店买到一份讲述爱尔兰共和军历史的《噤声》（*Say Nothing*）影印本，还有当地一家美妆店的 KN95 儿童口罩。每一次购物，都是在为我工作领域的那些企业和他们背后的人添砖加瓦，一同建设一个在线和离线兼有的集成式未来。

妮科尔·赖尔莱是科罗拉多州的一名作家兼商业顾问，她创办的 Retail Minded 博客记录了独立零售业务的发展史。赖尔莱向我谈到，Shopify 一直以来区别于亚马逊之处在于它有着明确的公司主旨——支持小型企业发展。赖尔莱多年来一直对 Shopify 保持关注。新冠肺炎疫情暴发时，她在 Shopify 上开了一家店铺，销售她年幼的女儿写的一本书，从而有了对该公司的亲身体验。她说："Shopify 致力于为小型企业提供一条通向世界的大道，而亚马逊是希望自己成为世界上仅有的一条路。"

Shopify 远远达不到完美。同其他的大型科技公司一样，它也遭到了应得的批评：零售商对某些功能和定价以及与他们使用的其他软件集成方面不甚满意，开发人员对公司不断变化的规则和平台控制颇有怨言，客户也认为服务尚有改进的空间。但与亚马逊相比，这些批评都显得较为温和。也许情况随着时间的推移会变得不一样，毕竟在投资者施加的压力和竞争之下，Shopify 的行为会受到影响。但至少在目前，还没有人会在 Shopify 协助你买一双鞋的过程中不幸丧命。

"我们的秘诀，是同我们的企业家统一战线，"德博对我这样说，"我们同企业家之间、同我们的生态系统或我们的开发人员之间，都不是敌对关系。我们是一家平台公司，一个让其他人在此搭建业务的平台。这就是我们的成功之处，而且我们也切实帮助他们做到了这一点！公司尽所能与企业主们同心同德。他们比我们赚得多。这就对了！"这便是 Shopify 的长期战略：通过建立企业家社区来搭建平台。把企业主的利益放在第一位，投资者关于提升 Shopify 自身季度利润的要求则次之。长期的结果是各方都获益。这一点没有体现在平台的软件要求里面，业界也不存在类似的游戏规则。但是，这是自 Shopify 成立之初就融入其运营体系、关于商业未来的明智决定。"如果我们核心是'如何才能最大限度地压榨企业家，保证卖出的洗涤剂是市面最低价的'，那么我们必然会做出不同的决定，"德博说道，"只是因为我们的目标不同，运营方式也就不同。"

Shopify 的高管们不常常提及亚马逊，但显而易见，贝索斯的商业帝国是他们努力的目标。在采访中，吕特克和 Shopify 总裁哈雷·芬克尔斯坦（Harley Finkelstein）屡次说自己是在"全副武装，准备战斗"，并频频对二者进行（零售商、客户、开发商和股票分析等方面的）对比。我问及德博亚马逊在电子商务领域的预想，及其试图为了消费者而改变这些期望所面临的挑战。他答道："亚马逊是商店和购物场所中的典范，将最低价格和品质作为孜孜不懈追求的目标。对于大部分、绝大部分的市场而言，这没什么错。但是就算它是世人唯一的选择，它也未必会是人们所向往的美好世界。涉及技术投入使用时，有一些固定的模式。如果你的选择是'我可以快速买到任何我想要的书'，或者'我可以去一家没有那么多精挑细选作品的书店'，那么选择就变得很简单。"

但是，世上最美好的一切都并非来自这类非此即彼的决定。人们不会因为亚马逊、沃尔玛或好市多规模最大、价格最低，就只在这些地方购物。人们会出于五花八门的原因，选择或喜欢不同的商店。他们想发现新事物，从中学到什么；他们想去到新的场所，收获好心情；他们想与人交谈，假装自己是另一个人；他们希望与周围的购物环境融为一体，并支持该商家的发展。他们渴望得到这种体验，同时他们还想买一双更厚的潜水服手套，因为天气预报说会有五英尺高的海浪，而且水温几乎接近冰点，不可能再等两天到货，因为海浪就在眼前；他们想知道商品的价格以及它们何时能送达家中（如果订购了送货上门），而且这些信息都立等可知。

德博说："这句话里的'而且'是关键词。"Shopify 并不认为自己是靠瓦解市场取得胜利的"品类杀手"。它可以在无损店主和零售商利益的前提下，同亚马逊竞争。消费者可以获得无缝、美妙的在线购物体验，并切实支持实体企业。他们可以创造商业的模拟和数字未来，而无须像有人曾告诉我们的那样，为了享受便利而必须承受它给人们、经济和社区带来的巨大成本。在北美，利用 Shopify 开设商店购物的人已超过总人口的 10%。德博将此称为电子商务 2.0。它体现出我们看待数字商务的方式已然变化——不再是自上而下的超级商店模型，而是一个去中心化市场。在这里，全国连锁店所用的复杂工具对小型商店来说也不再是奢望。

和我谈论未来时，德博提到了 20 世纪中叶的作家、哲学家马歇尔·麦克卢汉（Marshall McLuhan），他的老宅就在德博在多伦多的住处的马路对面。麦克卢汉曾谈及两种未来：一种是技术将事物都简化成最基本、最高效的形式；另一种则是技术让体验变得更加丰富。肯定有一种关于未来商业的愿景——亚马逊已经着手于构建这种愿景——在那里，简化论达到了指数级增长，以至于你在去卫生间时订购的卫生纸在你冲水之前就能通过无人机送达。一切都比你想象的还要快捷，价格也更低。但德博表示，Shopify 对那个未来毫不关心，对亚马逊也是如此。"根据我们的理解，这应该是它们所设想的一种未来，"他说，"但这不是我们期望的未来。"

新冠肺炎疫情的暴发让我们欢乐的生活戛然而止，但是我最后一次在餐厅吃饭的情景还历历在目。那是一个周二的晚上，我在以色列 Parallel 餐厅吃饭时，碰到了我的朋友布赖恩和史蒂夫。

这家餐厅用从海外运来的巨型石磨制作私房芝麻酱，距德博的家只有十分钟的步行路程。嘈杂忙乱的气氛中，情侣们、三五好友围坐在车库改装的房间里，一边听着另类摇滚乐，一边享用着撒有欧芹碎的金色沙拉三明治和奶油焗羊肉，不时地开怀大笑。当时我有点感冒的征兆，但这并不影响我们纵情于美食美酒，冥冥之中我们仿佛已经知道我们将和这种生活诀别很长一段时间。

如果说到店消费的限制和亚马逊的竞争压力让零售店铺陷入寒冬，那么餐厅则是在正面迎击小行星的撞击。像 Parallel 之类的商家在这种情况下根本无处可躲。堂食不仅不现实，甚至已是触犯法律的行为。一家餐厅，哪怕拥有最优秀的厨师和经理、一流的声誉、忠诚追随的顾客和大量资金，但如果不能将食物卖出去，无异于坐以待毙。要想生存，唯一的途径是将所有业务转向外带和外送餐食。对于大多数餐馆来说，这就只意味着一件事：归降于第三方物流服务（3PD）应用程序平台。

餐饮外卖并不是什么新鲜事，自打有了餐馆，这一服务就存在了。但一直以来，外卖和送餐都是以食客和当地餐馆之间建立起的直接联系为基础的——这类餐馆厨房的抽屉里塞满了纸质菜单，数字化对他们来说非常遥远。大约十年前开始，越来越多的新公司利用数字技术提升了餐厅送餐服务的先进性、简洁性和流畅性。他们通过网络主界面上传菜单，使其统一化，保存客户支付数据以提升交易便利性；利用智能手机的全球定位技术自动分派、跟踪派送车队及向派送员付薪；送餐人员背着隔热包，驾驶着各式各样的车辆穿行于世界各地的城市街道，将塑料餐盒中冒着热气的河粉、芝士汉堡或是试吃法式餐点送到客户手中。这个市场由 Grubhub（食品配送公司）、DoorDash（快速物流跑腿员）、Deliveroo（户户送）和 Uber Eats（优食）等在全球运营的应用程序拉开帷幕，渐渐地每个国家和城市都催生了自己的 3PD 运营商群体，其业务范围、运营方式等都大致相同。

第三方物流服务的数字化未来非常简单：让客户能轻松便捷地订餐，从而随时随地吃到他们想吃的任何美食。餐厅在无须自有或运营送货服务的情况下，从全新的客户群中实现了盈利增长；配送人员可以灵活地选择工作时间并取得相应收入；送达消费者家门口的每一个三明治、每一份意大利面和寿司拼盘，平台开发人员及其投资者从中都会抽取佣金——其份额还在飞速提升。随着越来越多的顾客用外卖到家取代外出就餐，3PD 在科技业和餐饮业的未来中日益凸显的重要性也成为分析师愈加关注的话题。未来，不光是食品消费者足不出户坐在沙发上就能吃到蛋糕，这种模式还会给各方都带来利益。

新冠肺炎疫情的出现，将第三方物流服务推上了不败之地。封锁在家的居民们对他们新发掘的烹饪爱好逐渐厌倦，尝试发面团屡屡失败之后，最终还是打开应用程序，滚动浏览各种商品，连夜下单……几个星期内，应用程序上的线上餐厅订单就增长了 2～3 倍。物流公司趁热打铁，铺开闪电式的营销战术，向消费者提供诱人的折扣和优惠以刺激他们支持当地的餐饮事业（下一次点餐可减 10 美元！免配送费！）。他们还在找超级名星大打广告，广告牌上尽是深受消费者喜欢的名人代言。但随着黑色塑料餐盒在我们的橱柜上越堆越高，为了生存苦苦挣扎的餐厅马不停蹄地制作着汉堡和炸鸡，却是为门外等候的送餐大军作嫁衣……数字化未来身披着的完美无瑕的外衣被撕开了一个缺口。

事实证明，更多第三方物流服务提供商涌现，并未让各方都从中受益。而实际上，大多数餐馆生意甚至每况愈下。应用程序公司向餐厅收取的佣金接连上涨，在某些情况下，高达订单金额的 40%。这意味着餐厅精心准备并送出的每一餐只能赚得区区几美元，甚至还要倒贴。"应用程序平台不会让食品变得更便宜，"科里·明茨（Corey Mintz）在他关于餐饮业未来的精彩著作《下一次晚餐》中这样写道，"他们也不会降低送餐所需的成本。它们只是让销售变得更容易了。"

如果说这还不算特别糟糕，再来看看餐厅纷纷留意到的外卖平台公司的各种猫腻。一些应用程序把从未真正在该平台注册的餐厅的菜单放在平台上，以此向该餐厅收取每笔订单的佣金。还有的应用程序通过程序里的列表向餐厅发送电话账单，或者使用餐厅的名字去购买"谷歌广告关键字"（Google AdWords）的广告服务，然后开设一些伪造的网站。在消费者搜索 David's Deli 熟食店时，搜索结果中的第一个链接指向的就是应用程序平台，而不是熟食店官网（这样他们就可以向餐厅收取点击佣金）。每一个送餐订单都伴随着客户投诉：食物冷掉了，没有配土豆，司机比平台承诺的送达时间晚了一个小时……订单产生的任何退款或折扣，相应费用都会自动向餐厅而非 3PD 公司收取——后者在其满满当当的合同条款中已经规定，所有费用均由餐厅承担，而 3PD 公司乙方基本上没有任何义务。一家 3PD 公司的员工让自己的工作人员在竞争平台上的一家餐厅大量下单，20 分钟后再全部取消，以期让该餐厅不再与对手平台合作——这是我亲耳听到的事情。这个恶搞事件的结果是餐厅做了十几份餐食，最后只得把它们扔掉，并独自承担这些被浪费的食物的成本。而看起来，3PD 公司的所有人都对此毫不在乎。在他们同竞争对手的厮杀中，餐馆只不过是受了点牵连。

另一个怪象便是"幽灵厨房"：应用平台上突然冒出来的一些没有店面的虚拟餐厅。这类厨房通常由平台公司或其合法子公司拥有和经营，往往是基于从应用程序的客户交易数据库中提取的数据而创建。这些数据主要是关于特定市场上风靡一时的餐食类别，例如脆皮、方形底特律风格厚底比萨或墨西哥炖牛肉玉米饼等。当下次有顾客尝试在他们喜欢的餐厅点单时，系统会自动弹出页面，建议他们尝试"底特律幽灵比萨"或"最好的比里亚"餐厅，同时提供超低折扣——任何饿着肚子的人都不可能拒绝这种提议。幽灵厨房几乎是照抄入驻平台的成功餐厅的秘方，挖掘后者的客户数据，明目张胆地为其树立竞争对手。一些平台在停车场设置流动餐车来争夺幽灵厨房的客户，还有的干脆将热门餐厅的厨师挖走，将他们已有的成功复制到幽灵厨房品牌上来。幽灵厨房的发展目标同亚马逊如出一辙，即利用入驻商家在平台的数据来窃取商家本来就在平台上销售的热门产品。总结起来，无非就是为了赢得商业游戏而不惜一切手段。

莫林·特卡奇克是哥伦比亚特区的一名餐馆服务员兼记者，她的丈夫是一名厨师。特卡奇克告诉我，所有第三方外卖平台都是一个套路："加盟公司，四处扩展业务，把这个价值几十亿美元的行业搞得一塌糊涂，然后'认清形势'，但走的时候别忘了拿好自己该得的那笔钱。"她说，最让人痛心的是，即使疫情期间有数十万家陷入绝望的餐馆签约平台，但到头来，所有的商家都获利甚微。而在应用程序公司方面，尽管他们有以数百万计的送餐订单和炫目的技术，尽管办公室里挤满了毕业于常春藤盟校的工程师和持有 MBA 学位的精英，尽管有数十亿美元的风险投资用于这些第三方物流公司的扩张和运营，而且几个月里这些平台作为人们外食的唯一选择已经收割了大量的用户，但所有这些公司仍未能从中盈利。一个都没有。"这项业务不具备伸缩性——这正是它失败的原因。他们只能这样做，因为他们既想获得回报，又不愿意打破这些不可扩展的传统经济业务模式，这并不能使他们获得利润优势，"特卡奇克说，"互联网有多种方式可以创造公平的竞争环境，让世界变得更美好。但人们却选择反其道而行之。"

在疫情发生之前使用过 3PD 应用程序的人看来，这些都是他们司空见惯的事了。埃里克·杨是芝加哥郊外一家墨西哥餐厅 La Principal 的老板。由于芝加哥餐饮业发达，他见证了最早一批规模最大的派送平台（如 Grubhub）发展起来的过程。从一开始，杨就觉得这种交易方式有失公允。但在他开办 La Principal 时，当时的合伙人认为应该提供送餐服务，他在劝说下违心地注册了。杨对此的评价是："感觉非常糟糕。"且不论送货费用高昂，3PD 应用程序在——无论是提供给餐厅主还是消费者——客户服务方面也表现不佳。而最糟的一点是，平台总是将 La Principal 和客户硬生生地阻隔开来。它将关于点餐人、点餐人住址和点餐内容等数据统统藏匿于餐厅的视线之外，然后再利用这些数据直接向消费者推销他们自己的餐厅。La Principal 对此则一概不知。杨说："很快你的客户就成了别人的客户。而你又完全依赖于他们的基础设施和平台，没办法抽身。"

最终，杨把这些应用程序删得一干二净，La Principal 回归了它本真的模式——一家以堂食为主的社区餐厅。但当新冠肺炎疫情来袭时，他也只能选择继续使用送餐服务——时至今日，他仍对此深恶痛绝。

所有的食物都先被打包，再被拆散。在派送员驾车赶来的旅途中，食物的温度降到了七成。精美摆盘、用餐氛围……仿佛都与我们渐行渐远。炸玉米饼只能装在小纸盘里——这些食物只剩下了一种用途：充饥。外卖送到家时，我几乎没有勇气下口。但这就是事实，也是要实现其目的的一种不错的手段。也许，将来外卖点餐可以完全走上数字化的道路……但是，哎，这简直不堪设想。"餐厅"英文的词根意为"让人恢复体魄的地方"。它是街坊邻里济济一堂的场所，它赋予我们的是用网络订餐绝不可能提供的东西——它唯一提供的就是便利。新冠肺炎疫情期间，我们的打烊时间是晚上7:30，这种情况下，用餐只不过是为了果腹而已。

杨现在使用一个名为Captain的新平台为La Principal提供送餐服务。在他看来，这个平台是促进餐饮第三方物流服务公平化最大的希望所在。Captain的创始人为迈克·桑德斯。1997年，桑德斯在费城的大学创建了一个外卖网站Dotmenu，开启了自己的在线餐厅商务事业。后来他又成立了Campusfood网站，同样经营餐饮外卖业务。Campusfood平台为当地的餐馆提供数字化服务，当餐厅客户在平台下单订餐后，Campusfood将订单传真给一家餐厅，由餐厅自行配送。该平台发展成为Allmenus公司后，发布餐厅菜单的范围扩大至全国。第一批第三方物流程序随着智能手机的兴起而开始快速发展，多家此类应用平台被风险资本投资者收购，其中就包括Allmenus。2011年，它被合并到Grubhub公司旗下，Grubhub公司于2014年正式上市。

"Grubhub通过地推来撮合商家和顾客的模式更为纯粹，为餐厅创造了很大的价值，"桑德斯说，"但是，消费者已经习惯了有人把汉堡给他们送到沙发上来——以前这点是靠廉价的风险投资撑起来的。而对于运营平台而言，不可能将此维持下去。"他说，因为配送方发现餐厅对他们过度依赖，所以他们可以将每笔订单的所有利润盘剥殆尽、提高佣金比例、偷取客户数据，然后安然无恙地脱身，所有事情从这一刻起了变化。

他们将自己的业务凌驾于餐厅之上，而不是同餐厅平等合作。餐厅本身变成了商品。可以说，这是一种背信弃义的做法。因为在一开始，双方确立的是合作伙伴的关系——餐厅提供品牌，我们提供客户，两方联手以创造更多的共同价值。但有些时候当应用平台意识到他们可以把顾客对餐厅"藏"起来，他们便将客户数据截留，在不作任何创新的情况下坐收渔翁之利。他们的公司拦截了顾客的数据，征收通行税，而并无任何创新之举。他们没有任何理由与餐厅共享客户信息，他们只是 Uber 平台上那个名叫 David S. 的用户而已。

但在这种模式下，应用平台永久性地横亘在餐厅和顾客中间，不断地向餐厅经营者收取越来越高的费用，而后者为了卖出食物被迫就范。这和黑手党行为——打着"保护"的幌子敲诈勒索——有什么区别？只不过换上了一个商业的外壳而已。

2015 年桑德斯离开 Grubhub 后，本不打算再涉足这一行业。但那些遭受了不公平待遇而大失所望的餐厅老板不知道他已离职，频频给他打电话进行控诉。和桑德斯一样离开 Grubhub 的朋友也向他讲述了类似的情景。因此在 2018 年，桑德斯将他们召集起来，立志创造一种将模拟实体餐厅的利益作为首要重点的业态，为数字餐厅商业打造更美好的未来。Captain 将独立餐厅的在线营销和客户保有策略作为工作重心，帮助后者通过 Grubhub 和 DoorDash 等外卖平台拓展在线业务，同时无须支付高额佣金或承担数据外流的风险。客户从 La Principal 之类的餐厅点餐时，不知道也不关心它实际上是在 Captain 软件上运行的。他们所做的只是以比在 Grubhub 上更低的价格购买炸玉米饼，并直接同餐厅沟通得到交易、促销或是订单问题的信息。新冠肺炎疫情出现一年之后，Captain 的运营范围已遍及 30 多个州，吸引了 1000 多家餐厅入驻。桑德斯说："你必须选择其中一方。"他告诉我们在芝加哥像他所在的社区这样的团体里，餐厅作为重要的中心聚集地，在当今社会的地位甚至超过了教堂、保龄球馆和兄弟会。商业的未来关乎价值的创造而非保留。桑德斯选择站在这些人一方，而不是那些依靠风险投资基金寻求投资回报的主权财富基金一方。"为什么我要把 20% 的送货费交给远在加利福尼亚的一家公司，然后他们再让离我只有三个街区的人给我送来一个汉堡？"桑德斯说道，"如果彼此间信任足够，中间人的参与完全没有必要。"

Captain 最早的客户之一 Irazu 是一家位于芝加哥的哥斯达黎加餐厅，创立于 1990 年。Irazu 的第二代掌门人亨利·赛达斯第一次见到桑德斯和他的合作人是在 Allmenus 时期，当时他们用传真给他派发了一些订单。赛达斯曾对数字餐厅的巨大潜力深信不疑（你可能在谷歌充满噱头的产品列表服务广告里看到过他的名字）。当在线送货竞争的规模日益扩大时，他迫不及待地投入其中，并认为 Irazu 的成功来自 Grubhub 的协助。在高峰时期，餐厅在该平台的订单量高达一天两百单。

赛达斯说："我们一直全力以赴。"但后来，这些平台开始露出贪得无厌的一面。"完全是贪心不足。"Grubhub 等平台的佣金一夜之间翻了一番，而且还在不断上涨，外卖订单的利润空间所剩无几。"你基本上就是在免费给他们制作食物，"赛达斯笑着说。他把自己以前对外卖应用平台的溢美之词丢在一边，转头变成了Captain 的拥趸。"是这样，"当我问他对于餐厅外卖的未来看法时，他说，"我认为这些平台会被保留下来。"毕竟，由于平台的存在，消费者已经习惯叫外卖用餐，餐厅也乐于享受交易的便利性，再加之平台覆盖更广泛受众的潜力——这些都是毋庸置疑的。但这并不表示在商业的未来里，餐厅通过制作食物而让各方都从中获利的目标无法实现。赛达斯说："我们还有另一种选择——提供一个协作而非对抗的平台。"

我发现了一个能给我们最大希望的 3PD 软件平台——Loco. Coop，它已经实现了所有这些关于数字餐厅商业的未来想象。该平台实质上由美国各个城市的多家餐厅共同拥有并运营，和Captain 一样，它成立的初衷也是出于对现状的不满。当时，苏威尔从医院的行政管理岗退休后，在爱荷华市开了一家比萨饺餐馆。在 Grubhub 收购了当地一家名为 Order Up 的送货公司后，苏威尔的配送费用立马涨了整整一倍，从 15% 飙升至 30%；而且本地送餐人员也由远程呼叫中心取代，客户的投诉急剧增加。Grubhub通知各家餐厅，他们只有两个月的时间来重新签署协议，否则他们同订餐客户的联络将被切断。

苏威尔有着为各家医院和医疗保健服务提供商搭建合作企业的经验，他认为此事有更好的解决方案。这些平台的应用程序使用的技术并不新奇，很多都是可定制的"白标"软件。另外，这些餐厅的食客中不乏忠诚度较高的老饕。苏威尔回忆起当时的情景："我说，'好吧，只要（我们的平台）有足够多的餐厅，保证订单数量可以支持平台的收支平衡，那么这些人真正为我们创造的价值里，就没有什么是不能复制的。我认为，我们的平台差不多就像是一项公共事业。我们要做的，是通过将餐馆联合起来让他们掌握自己的命运——就像是农民自己拥有了一个粮仓。我们意识到，餐厅有自己的核心基础设施，不能把它们托管给西海岸和芝加哥那些基于风险投资的 IT 公司。"Loco.Coop 作为一家合作性组织，在不同城市里设立特许经营点。

购买平台股份的当地独立餐厅可享有软件平台使用权；每个经营点均应保证餐厅的持股占比在 80% 以上。餐厅对程序接口进行管理并保留所有客户数据，从而方便与下单消费者直接沟通并开展营销工作。平台佣金通常为现有 3PD 应用程序收费的一半：从每个订单的 15% 起步，根据订单数量还可能低至 7%。平台所获利润用于其本身的再投资或是直接向合作成员发放红利。这种模式下，一家餐厅通常可以每年节省数万甚至数十万美元——选择死地求生还是屈服，结果便是如此不同。苏威尔预测，如果合作配送也全部采用当地的物流资源，能为当地餐饮经济节约的成本和相应创收将合计达到数百万美元。我同苏威尔对话是在 2021 年年初。其时 Loco.Coop 的特许经营网点已覆盖了诺克斯维尔、纳什维尔、奥马哈、里士满、拉斯维加斯和坦帕湾等地，北美多个地区以及伦敦、迪拜甚至斯里兰卡的餐饮经营者也纷纷对其表示出兴趣。"第三方物流服务应用程序的本质是通过和亚马逊发展计划如出一辙的方式摧毁独立餐厅。要同他们合作，你必须达到大众连锁店或技术型食品供应商才可能具备的运营规模，"苏威尔说，"你正在毁灭一种文化，而我只是想拯救当地的餐馆——它们是每个城市和国家至关重要的文化元素。"

在新冠肺炎疫情前的几个月，科罗拉多州柯林斯堡 Big City Burrito 餐厅的老板劳里·卡德威尔从 Grubhub 转投了 Noco.Nosh（当地类似于 Loco.Coop 的一个平台，在苏威尔的协助下创建）。这个转变的过程相当顺利，而且随着科罗拉多州封锁期间 Big City Burrito 的订餐销量突飞猛进，卡德威尔的盈利也蒸蒸日上。"我不明白，为什么所有餐厅都要采用那些大型的 3PD 平台，"卡德威尔表示，自己的选择并不是出于理想主义或利他主义的动机，"我并不关心社区怎么样，我只是想活下去。我们赚了钱，还从 Noco.Nosh 拿了分红。疫情给我们带来了丰厚的利润，让我们的生意风生水起。"在拉斯维加斯，克里斯汀·科拉尔对 Loco 的业务开拓贡献很大。科拉尔同她的丈夫一起经营着一家墨西哥素食快餐店 Tacotarian。新冠肺炎疫情暴发时，科拉尔与拉斯维加斯政府合作，为第三方物流服务应用程序的收费设置了上限——旧金山、纽约和西雅图等城市也有类似举措。"新冠之前，这些平台就存在很多问题，"科拉尔说，"但现在，形势已经恶化到了'我们再也不能忍受这些应用程序了！'的程度。"除了收费高昂，3PD 应用程序公司一边冠冕堂皇地说着要拯救餐厅一边却弄虚作假（窃取餐厅的客户数据、开设幽灵厨房同它们竞争的龌龊行为），最终让科拉尔忍无可忍，决定寻找更好的替代方案。她说，一旦 Loco.Coop 在拉斯维加斯全面投入运营，她便会将其他平台的平板电脑扔进垃圾堆。那么，我问她：为什么在大多数同类程序都采用同样的破坏性模式时，Loco.Coop 能发挥不同的作用？科拉尔回答，因为 Loco 所服务的实体餐厅同时也是它的所有权人和经营者。她说："技术应该掌握在相应业务经营者的手中。我们现在不仅是风险投资者，也是餐厅外卖业务的经营者。当运用数字技术的是餐厅的经营人员时，他们就会合理利用它来为自己服务。Uber Eats 的关注点是一次性销售，而我们看重的是终身客户。"

细想一下商业数字化未来最初的承诺，其中的道理不言自明。计算机和互联网的设计宗旨是为民主化服务，即向小企业赋予大公司所拥有的相同权力。数字化商业下，任何人都应有权在公平的竞争环境中销售任何商品。但随着市场日益整合，亚马逊、优步和 Grubhub 等公司追逐商业零和游戏，天平徐徐倾斜，模拟逐渐成为数字的附庸。而 Loco.Coop 和 Captain 这样的公司所做的便是将数字工具甚至软件平台本身的所有权重新交到那些小商店和餐馆的手中，试图重新恢复些许平衡，向人们展示一个可能不一样的未来。

科罗拉多大学的媒体研究教授、《万物共产》一书的作者纳丹·施奈德谈到平台合作社的未来时说："这不仅仅是一个关于

'巨头公司'的问题。"

这是涉及一个系统、一个逻辑、一个基于风险投资的初创公司运行模式的问题，面对这个问题，我们似乎束手无策，毫无办法。我们本可以更多地以当地管理而非集中控制为基础来构建这些电子商务平台，但我们并没有这样做。我们的金融和政治模式无一不是鼓励中央式的所有制和控制权。这两种模式的差别可能相当微妙，但它的影响一直都有目共睹。就算有更好的替代方案，我们的投资生态系统却仍然选择了摧毁模式。

这些配送公司中，可能有很多已经开始转向支持小型企业的健康目标，但随着每一轮风险融资开始，或是为了满足华尔街投资人能够达成新的季度业绩，他们会再次陷入这种不可持续的增长循环。而那些真正创造价值的人——餐馆老板和厨师、店主、产品设计师、送货司机和仓库工人——是无法从这种增长中获得回报的。

施奈德说："电子商务的运作方式有很多种，在这种模式下，它将取代整个行业。可能某些时候它们能做得好一些，让其他人也能踏入他们的生态系统，从中获益。但他们的目标始终是将他们着眼的市场中的每个人都淘汰掉。"听了他的评论，我想起了电影《超级战警》中我最喜欢的一个细节——塔可贝尔在快餐大战中幸存下来，从而成了未来世界里唯一的餐厅。这正是 3PD 公司眼下试图做到的事情：盗取餐厅的数据以推出自有品牌，以某种方式让其他人破产，从而让自己成为该领域的主宰。3PD 应用程序与亚马逊别无二致。它们是同一个已毁损系统表现出来的不同征候，而这个系统的破坏性和干扰性已经开始显现出来。

鉴于亚马逊或优步等公司庞大的规模、雄厚的实力和财务资源，另一种未来似乎无法想象，但施奈德指出，实际上它已然存在。例如，作为全球经济核心的大型现代产业的农业已经设立了所有合作机构——从地方性的粮仓到猪肉销售委员会，它们将规模风险和回报都给成千上万的小农户分担，在保证长期稳定性的同时，也实现了更为公平的经营方式。全球各地都不乏成功的合作银行和信用合作社、保险公司和养老基金等。此外，还有户外用品大牌REI 或 ACE 五金（ACE Hardware）连锁店这样的会员制零售企业，它们提供的货品选择、价格和服务皆可与亚马逊和家得宝（Home Depot）等公司正面竞争。施奈德说："一种模式是，我们将实行全面的垄断和集中化，实现对市场的控制；另一种则是，我们只对关键要素集中管理，并尽可能将控制权下放。"

这些合作式的初创企业都不会在短时间内压倒亚马逊或Grubhub，但它们可以找到自己的市场定位、不断发展，并逐渐打破人们（在订购冲浪板或者炸玉米饼时）认为在线商务仅有一种选择的观念。琼·苏威尔建立 Loco.Coop 的最终目标是扩展配送平台以覆盖其他行业的零售商，并为他们提供同样的数字化工具和餐饮业目前享有的共同所有权优势。

菲利克斯·韦斯（Felix Weth）是 Fairmondo 的创始人。这家总部位于柏林的本地电子商务平台致力于为当地的商家和自行车派送人员搭建联系。韦斯说："自然法则并不表示所有事情都能达到最高的效率。"Fairmondo 的目标从来都不是追求亚马逊那样的规模和效率。正如韦斯所认为的那样，事实恰好相反。"大自然的美好正是它各种低效过程的产物。店主实实在在花了时间打理他们的橱窗，认真接待光顾的客人，哪怕这不是最高效的行事之道——但正是这些造就了商业之美。在网上，你总能将流程优化，从而朝着简化一切的趋势发展。但柏林告诉了我这样一个道理：很多人来到柏林正是因为它的多姿多彩、多元化和了不起的创造力，他们真正看到了这些事物的价值。"电子商务也可以像模拟世界一样充满创意、地方特色和个性的光辉，前提是技术是用于强化这种美好的低效，而不是使其消泯。

韦斯认为：人们生活在一个数字化的乌托邦里，这是一个并不太充实的世界。商店都关着门，他们可能走在街上，看到乡镇和城市都如一潭死水，意识到可能这并非他们想要生活在其中的世界。当世界彻底网络化，眼下的生活会成为一种极有价值的体验。关于数字化未来的所有愿景，有点虚幻和空洞，不像我们一直拥有的现实生活那样充实。我想，很多都有这种感觉。这种感觉或许尚不明确。……但也许我们有充分的理由说，我们应该以更人性化或更脚踏实地的方式来做这件事。

也许这是在新冠肺炎疫情期间最为灰暗的几个月里——在我们点击退出时，在送货车到达时，在门铃响起时，在包裹箱和外卖盒堆积如山时——我们所学到的东西。我们收到了冲浪板防滑蜡、吃上了意大利面，但我们却错过了曾经随之而来的一切：去商店或餐厅的漫步，关于上周海浪的谈天，餐厅老板精心挑选的音乐、设计和氛围，刚出锅的意大利面从厨房端到我们垂涎三尺的嘴边的景象和气味，以及商业里所有其他的东西——唯独除了现在尽可能快速、低成本完成的商品、服务和其他的经济交易元素。

　　"我读到一个喜欢网购的人发布的一条评论，他这样写道：我可以足不出户地完成任何事情，"琼·苏威尔说，"呃，我觉得这对社会没有什么贡献。但这大概就是我的动力，"他说："我们都已经体验过极致的便利。而现在，我们都在思考我们为实现目标到底放弃了什么。我想，我们已然找到了这个问题的答案。"

第四章

城市 2.0: 智慧城市与模拟交互

今天有很多事要做，必须得去趟城里了。

现在城里是什么样子？一座座办公大楼和林立的店铺是否大部分仍空无一人，人们向远程工作和在线购物模式的永久性转型是否会让其失去存在的价值？这样的城市还像是城市吗？当你身居你那地处密林山谷的山景房中，回忆起曾在城市里度过的时光时，是否既心存厌恶，却又无尽赞叹，以此纪念那个人们之间能够真真切切地进行近距离面对面交流的时代？

城市是否已经被数字技术彻头彻尾地重塑？你是否乘坐着无人驾驶、使用清洁能源的自动汽车在街道上穿梭，经过一座座智能校园、一个个创新园区？那里生活着幸运的人们，他们日常生活的每时每刻都在经历着流式数据流的处理，以达到个性化、优化的效果。

城市彻底改头换面，城市已然消亡。城市是一台精妙绝伦的活体计算机，用数字技术将每项服务、每种功能和居住其中的人连接起来。城市里，一堆堆的砖块和空荡荡的办公楼触目皆是，像极了 20 世纪 80 年代的底特律——肮脏无比，危险重重，废弃而且混乱不堪。

城市的未来会是《超级战警》里地面上闪着点点微光的数字化旧金山城吗？——充斥着极简主义美学、自动驾驶电动汽车、被法律禁止的脏话和性，宽阔的公园和快捷的高速公路串起来的地处核心地带的一座座摩天大厦，这些大厦建立在洛杉矶的废墟之上，到处都是极度耗油的老式汽车、留着大胡子满嘴污言浊语的反叛分子，还有用火烤熟的鼠肉汉堡。

过去一个世纪的大部分时间里，在技术的不断进步以及科幻作家、建筑师、城市规划师和发明家的充沛想象力的助推之下，前一种设想——关于城市未来技术乌托邦愿景的期盼一直有增无减。人们通常将其称为未来城市、数据驱动城市、智慧城市或数字城市。而硬币的另一面——敌托邦则是日益衰败的城市丛林。新冠肺炎疫情的出现，将这两种愿景摆到了众目睽睽之下。随着工作、学校和商业都转移到线上，我们不得不正视这一问题：城市将何去何从？当富人们纷纷逃往自家的备用住房，一个个家庭将公寓和联排别墅置换为郊区带有草坪、四间卧室的房子时，我们开始质疑城市的存在有何意义。我们还需要城市吗？城市是会逐渐顺应数字化的未来、变得像我们手中的手机一样完全智能化，还是会逐渐被时代抛弃、陈旧不堪，像被废弃的家园一样慢慢崩毁？

当然，事实证明这本身就是一道伪命题。城市并未因疫情而消亡。在第二次管控解除后，它们再度焕发生机，人们对于城市未来的种种忧惧愁虑也便随之消散。但在最初的几个星期乃至几个月里，人们对于全球城市的命运是如此惶恐不安，他们对于城市的意义和城市到底需要如何迎接未来的一无所知在此刻暴露无遗。

人们很容易忘记2020年的春季对世界各地的城市居民来说是怎样阴暗的日子。一开始病毒传播的进程尚缓，然后便如疾风骤雨。有史以来第一次，那些构成我们城市生活的实体空间和实体活动戛然而止。首先是中国武汉，接下来是全世界各地的城市，在无人机拍摄的画面里，我们看到了没有人类足迹的风景——人行道上空空如也；市中心和商业区寂若死灰；餐馆、商店、体育馆、剧院、办公大楼、图书馆全都漆黑一片。汽车停在路边，公共汽车驶过，而里面却没有一名乘客，城市丛林逐渐被大自然接管。伦敦的狐狸数量激增，温哥华有土狼成群结队地在游荡，威尔士的城市广场成了羊群的天下。

我在我岳母位于多伦多以北两小时车程的乡间别墅，从观景窗向外，一边眺望着休伦湖上乔治亚湾灰色的广阔水域，一边思索着自己在城市的未来。乡间的生活实在惬意。只需要不到一分钟的时间，我便能穿过后门去到湖边，滑进那片凉爽、洁净的水域，尽情冲浪、游泳、划桨板，再随时回到家中钻进浴缸泡上一个通泰的热水澡。在这里，远足步道和滑雪场绵延无尽、乡间小路上可以骑行锻炼，空气清新宜人，没有陌生人带来感染的风险。

大多数的日子里，小鸟在四周飞翔歌唱，比我们能见到的人还要多。过去，我常和家人来此休闲度假。那么，何不把假期延长成为长期的生活模式？我认识的人里面，有能力的都已经离开了城市。他们有的到亲戚家暂住、有的租了度假房，经济条件允许的干脆另外购置了住处。我认识的朋友和亲戚里还有一些打算卖掉他们在城市里的房子，搬到农村居住，让他们的孩子转学到哈德逊河谷、太浩湖附近，乌拉圭村镇地区或康沃尔海滨地区的学校就读。房市竞购战的对象，从纽约、巴黎和首尔等大城市炙手可热的公寓转到了远离尘嚣的清净之地。

艾米丽·巴杰在纽约时报发表了一篇评论探讨这一趋势。文中写道："城市的高密度人口已经成为过去时。接下来，将有大批人口流向郊区和小镇，交通成为过时的玩意儿；院子和家庭办公室的吸引力将扶摇直上，胜过人们对于繁华城市空间的需求。而面对面的关系在建设大城市经济实力方面的作用，将由 Zoom 在线上取而代之。新冠肺炎疫情无异于预示着城市的终结——各种专家、推特文章和头条新闻纷纷作出这样的预言，甚至语气中不乏幸灾乐祸的意味。"在城市灭亡呼声的背后，是一种夹杂着政治和道德色彩的反城市主义倾向——这种倾向从城市诞生之时起便如影相随。有一些人始终秉持这种观点，即城市在实体上、道德上都充满了污秽，是滋生罪恶和诱惑的源泉、种族和性的大杂烩、孕育肉身疾病和灵魂之恶的温床。在世界各地，城市往往比农村地区享有更多的自由。但在新冠肺炎疫情期间，即使是进步派的城市居民也接受了关于城市已然消亡、疫病四下传播、房地产价格疯涨、基础设施摇摇欲坠、无家可归者和犯罪现象随处可见的说法，所以自己搬到诗情画意的乡间草野，过上尽在自己掌握的健康生活。例如，到新罕布什尔州的埃克塞特小镇住下，一边同纽约总部召开工作电话会议，一边在工作间隙打理自己的有机菜园，安享田园乐趣。

随后当春天到来时，病例数量减少，一个个城市突然从沉睡中苏醒，就像整个冬天都在休眠的树木一样焕发出勃勃生机。我们开着一辆塞满豆类、面粉、LOL 娃娃和乐高积木的汽车回到家中，此时距我们驱车离开多伦多已过去了十个星期。短短几分钟后，我站在我们的前廊上，大声和邻居们打招呼，同路过的行人攀谈。我们出去散了个步，看到的种种景象、闻到的丰富气味无不令我们惊叹。许多餐馆和商店在仅有的一小块人行道上颇具创意地摆放着长条板凳、妙趣十足的手写招牌椅，或只在随意拼成的外卖窗户边的小夹缝旁放一个喇叭，高声播放着德雷克的音乐；这使得一切看起来充满活力。每家咖啡店都成了一个社交中心，顾客们聚集在店门前，一边摘下口罩喝上几口咖啡，一边同邻居聊上几句。

孩子们骑着滑板车和自行车，在我们房子后面的巷子里来回穿梭。家长们则在门厅里、走廊上或后院开怀畅饮。公园里密密麻麻的都是野餐、开户外会议、保持社交距离的舞会和上健身课的人们。从早到晚，四下里都是闲逛的人群。在一个小时内，我们听到的语言种类比前面三个月的还要丰富。有轨电车开门的声音无异于一首美妙的交响乐，大马力的改装大众汽车发动时的低音立体声，宛如贝多芬第五交响曲一般悲怆有力。周边突然有很多如雨后春笋般冒出来的宠物小狗，每隔五分钟就有一只在人行道上经过我们身边，惹得我女儿兴奋尖叫。第一天出门，我们遇到了一条名叫阿奇的卡瓦波犬。这个毛茸茸、软乎乎的小家伙瞬间就成了整个街区的群宠，我们也很快同他的主人——菲文和迈克这对年轻人交上了朋友。一年后，两人准备在他们的小院举办婚礼，半条街的邻居都将前来祝贺——大家都是因为阿奇同他们结缘的。

我从生下来便住在城市里：多伦多、蒙特利尔、布宜诺斯艾利斯、里约热内卢、纽约，然后又回到多伦多。我喜欢城市的喧嚣，喜欢我随时随地遇到的不同的陌生人和朋友，喜欢不同种族、不同文化的异彩纷呈，也喜欢整个世界弥漫着来自各种烹饪美食的美妙味道。我心想：天哪，我足不出户时，竟然错过了这么多美好的事情。

"我认为，回归城市就意味着城市充满喧嚣。"大力倡导全球都市化的杂志和媒体公司 Monocle 的创始人泰勒·布鲁雷（Tyler Brule）如是说。2021 年年初布鲁雷提到："这一年来，城市一直保持着惊人的寂静。在城市环境中，那样的寂静着实有点可怕……我们需要声音，这正是我们喜欢城市的原因。"布鲁雷来自寂静的温尼伯市，常常流连于各个城市。我们的交谈是在奥地利的阿尔卑斯山进行的，当时他刚去了赫尔辛基、伦敦、苏黎世、巴黎等首都城市，这是几个月来的第一次旅行，让他兴奋不已。布鲁雷说，城市不仅是经济和文化的产物，更是人类的感官体验。人们以最实际、最模拟化的方式体验着城市的摩擦、磨砺和能量。在城市里，我们不是为了追求和平与宁静，而是寻找声音。

使我们的城市恢复生机的是那些不受时间局限的要素：人、文化、多样性、新奇事物，以及弥漫在城市中的活力满满的能量。城市研究学者、畅销书《创意阶层的崛起》和《新城市危机》的作者、住在多伦多的理查德·佛罗里达（Richard Florida）说："这种通过城市将人们聚集起来取得进步的力量，能远远盖过流行病、瘟疫或地方性流行病。"佛罗里达告诉我，在他 40 年的城市研究生涯中，从未遇到过任何流行疫病或其他生物灾害严重减缓城市增长速度的情况。他认为，从根本上讲，让城市变得伟大的不是那些具体的商店和餐馆，也不是人们在那里找到的公司和工作。

"让城市变得伟大的是模拟，"佛罗里达说，"每个人都愿意相信，就像托马斯·弗里德曼（Thomas Friedman）所写的那样：世界是平的，是相通的。而最终，地点并不重要。从电报到电话，再到互联网，每项技术都似乎有望促进全球化进程，让世界变得更平。但每一次，人们仍是聚集在城市周围。当你放眼全球，城市化的脚步从未停止。"流行病和技术已将全球城市生活推向不可逆转的衰退？"这只不过是胡说八道。"城市的核心是大量的脑力。纯粹的身体接近让人们自然产生想法、创新和能量，佛罗里达称之为"人力资本的外部经济"。他说，人们需要城市，尤其是年轻人——他们需要构建社交网络、开基立业；最重要的是，他们需要在餐馆、酒吧、健身房等地方进行社交，从而结识伴侣并完成各自的生物学使命（通俗地讲就是生孩子，繁育后代）。

那么我们很快便意识到，如果城市的未来不是大量人口迁往郊区和山区，那会是什么？面对 2020 年之前就已经存在的那些挑战，应该对城市生活进行哪些拓展和完善？数字技术又将在其中发挥什么作用？

"城市就是指一群人做着不同的事情。"这是多伦多大学城市学院工程学教授肖珊娜·萨克思的观点。萨克思从事城市基础设施与其所服务的社会之间关系的研究。"有一些人口密集度较高的地方，在那里人们只做同一件事，"比如金矿、军事基地或郊区的企业园区，"但那不是城市……即便是在中央商务区等主要功能不存在的情况下，城市仍有很多基本的东西存在并持续运作。"在新冠肺炎疫情期间办公室全部关闭时，多伦多市民仍保持着逛公园、在周边社区散步的习惯。我们从未停止在公共场合听音乐、同朋友和陌生人交谈。我们要读新开业商店和餐馆的消息，并尽可能前往一试——哪怕是在路边吃面条也无妨。"事实证明，市中心商业区确实很重要，"萨克思说，"但这并不是我们对城市的定义。"

萨克思（她从小长大的地方距我只有几个街区）在基础设施方面颇有造诣。她告诉我，实体环境是城市的骨架结构，是促进人与人之间进行交互的基本框架。构成实体环境的一切——公路、小路和人行道、公园和图书馆、警察局、地铁和下水道、电缆和电线——绝不仅仅是你在一些斯凯瑞绘本里面读到的那一个个孤立存在的齿轮。基础设施是决定城市的故事如何展开的关键所在，它本身不足以实现城市的需求，但它让城市里的一切有可能发生。智慧城市预示着我们的命运取决于城市基础设施的数字化，新冠肺炎疫情却揭示了模拟作为城市生活核心要素的更深层次的真相。

智慧城市的起源可以追溯到 20 世纪 30 年代以及汽车和现代主义设计的兴起。当时，弗兰克·劳埃德·赖特和勒·柯布西耶等传奇建筑师提出了他们对于未来的宏伟愿景。赖特的广亩城市和柯布西耶的光辉城市构想，以及继他们之后巴克敏斯特·富勒用巨大的玻璃穹顶笼罩整片城市的大胆设计方案，都是未来派技术乌托邦主义的奇迹。这些设想虽然反映的是他们各自创造者的美学意念，但是却具有一些相似的特征，比如同出一辙的摩天大楼群落、宽阔的林荫大道和高速公路、飞行器和吊舱、修剪整齐的草坪，还有空间宽大的停车位。那以后的一个世纪里，智慧城市设计越来越倾向于数字化，同时理想化的程度也有增无减。每种构想都寄希望于从数字技术（比如计算机和智能手机、摄像头和传感器、飞行机器人和自动驾驶汽车等技术）中发现新的潜能，来解决城市从交通和污染到经济机会和公民安全在内的种种症结。或者希望能有一个由多台计算机构成的中央大脑，接收海量数据输入后便能通过统计和机器学习来处理所有城市面临的棘手问题。

智慧城市将会更清洁、更安全，拥有更高程度的民主和平等，弥漫着可推动经济增长、就业和投资的迷人的数字创新的气息。广受吹捧的设想有许多。例如，假想中通过数据驱动手段，将 20 世纪 80 年代经济衰退、破败不堪、犯罪猖獗的纽约市转变为迈克·布隆伯格（Mike Bloomberg）治理下更安全、技术统治论、对寡头友好的纽约，或像公共服务极为完善的新加坡等地、机器人被授予合法权利的首尔，或是同勒·柯布西耶的预想最为接近的迪拜。过去十年里，世界各地的市政府争先恐后加入智慧城市的行列。为各种创新举措引以为豪：数据治理的新措施、领先的区块链实验、为科技初创企业而建的数字创新园区，以及不计其数惹人眼球、可上新闻头条的试点项目——从 Wi-Fi 无线信息亭到无人驾驶垃圾车，到装有嵌入式高度传感器的公园长椅和专业无人机飞行舰队，再到人口监控，到比萨派送，无所不有。同这些乐观、阳光而不可动摇的蓝图一同展示的，是描绘幸福城市生活的鲜亮效果图——画面上，有代表多元文化的骑行者、慢跑者和推着婴儿车的年轻母亲，他们与机器人和传感器一起和谐地出现在绿树成荫的街道上，生活幸福而美满。如果这一切看起来和听起来都像是未来城市的未来世界之旅，这恰好就是重点所在。

"智慧城市应该是更具幸福感的城市，"德勤全球智慧城市领导人米格尔·埃拉斯·安图内斯去年在该公司网站上发表的一篇文章中以不无自豪的口吻谈道，"智慧城市使用数据和数字技术来提高市民的生活品质。街道更安全、城市空间绿化更好，便捷的通勤可以让人们更方便地享受艺术文化。在智慧城市的环境里，城市生活的品质被提升到最高水平，其不便之处均已尽可能地得到了解决。"

一部分政府提出的智慧城市概念不同于以往，例如 NEOM（New Enterprise Operating Model 即"企业经营新模型"的首字母缩写词）新未来城，这是沙特阿拉伯规划建于红海沿岸地区的数字城市，设想利用最新的数字技术实现从能源和用水到教育、旅游和体育等生活各方面的"可持续生活新模式"，从而在沙漠中发展出"人类进步的加速器"。新未来城的一切都依赖于人工智能和机器人技术，它将采用最新材料建造熠熠生辉的塔楼，以及创新的劳工权利法规保护工人的切身权益。新未来城是沙特王储穆罕默德·本·萨勒曼的心血结晶——他在下令残酷杀害他的批评者、持续对也门的战争将一座座城市化为废墟的同时陷也门人民于饥荒时，提出了这一理念。而且，众所周知，沙特阿拉伯目前的各大城市可持续性或宜居性在全世界也属排名靠后。我们姑且不去计较这些因素，毕竟往事已矣。NEOM 代表着未来，这是属于机器人的时代。

在多伦多，2017 年我们亲眼见证了数字城市未来的到来，当时 Sidewalk Labs 公司中标了一个在未开发湖滨东部地区开发一个智慧城市的项目。Sidewalk Labs 是谷歌母公司 Alphabet 的旗下公司，首席执行官丹·多特洛夫（Dan Doctoroff）为布隆伯格在任时的纽约市副市长。多特洛夫希望利用谷歌用于改造互联网的那些技术实现城市转型：即通过前沿技术实现万事万物和每个人的连接，然后利用居民日常活动产生的个人数据向他们投放定向广告，再将所得利润用于维持运营。"通过审慎决定的一系列技术应用和集成，可以从根本上改变城市环境中方方面面的生活品质，"多特洛夫在宣布同咨询公司麦肯锡建立合作伙伴关系后，为该公司网站撰写的一篇文章中这样说道，"我们相信，通过实施自动驾驶汽车、模块化建筑结构或全新基础设施系统等多种技术，生活成本将能降低 15%。全新的移动服务和新型综合体社区缩短了人们从家里上下班的距离，每人每天可以节约一个小时的通勤时间。""多伦多智慧城市项目（Sidewalk Toronto）"举行了一场发布会，包括加拿大总理贾斯汀·特鲁多（Justin Trudeau）在内的各级政府代表参加。会上，开发方承诺他们将建成一种新型的多功能城市社区，一种应用数字技术实现的"以人为本的社区"——针对自动驾驶车辆进行道路优化，垃圾被自动收集到地下，传感器构成的数字层作为基础设施来收集数据供 Sidewalk Labs 处理，从而为住民提供更优的解决方案。多伦多一直以来在北美洲的都市化进程中都是毫不起眼的边缘角色，而"多伦多智慧城市"项目无疑给这座城市的都市化进程带来了数字技术领域层面的奇迹。

从一开始，肖珊娜·萨克思对 Sidewalk Labs 持怀疑态度；但她也深知在当时，这一项目对于当地政客、商界领袖和其他欢欣鼓舞的居民有着莫大的吸引力。萨克思认为，智慧城市的吸引力来自人们对于积极改变城市的真诚愿望。但同时，人们希望这些变化能简单而又快捷地实现。过去，技术提供了变革性的方案来解决迫在眉睫的城市问题。室内管道的采用，基本上防止了通过污水传播引发的疾病（如霍乱）和死亡现象。冷藏冷冻技术的问世，改变了城市地区人们购物、烹饪和饮食的方式。电灯彻底改写了城市的经济和文化时间表，地铁和有轨电车帮助我们将散落各地的村庄连接成更为广阔的城市社区。

"在很多情况下，通过技术创新解决问题，要比通过政治途径解决问题容易得多。"萨克思说道。众所周知，人们对于通过政治手段解决所有城市都面临的诸如贫困、不平等、无家可归、学校教育、交通和出行等社会顽疾一直存在争议，即便有了解决方案，审批又是一道难关，而且数十年后才能有所成效。一方面，当我们遇到住房价格偏高这样的问题，既需要多年研究、具有政治风险的论辩和复杂的政策干预措施——从划区变更到税收减免和提供公寓建设补贴资金，这一切是否能成功没有任何担保，也不确定是否会让相关人士不快。而另一方面——萨克思开了这样一个玩笑：你说，"哦，别担心，我会给你一个小工具的！"她说，"噢，好吧。人们只能说，'感谢上帝！'我会用上这个小工具的，因为我不用经历那些困难的过程……如果只需要做这些事情，再加上一项时髦的新技术就万事大吉，那简直再好不过了！你为什么觉得自动驾驶汽车如此有吸引力？因为你不用手动停车、不用变道，而且还不花政府一分钱。我们和以前一样开着车，政府还会说，'看，我们所有问题都比原来得到了改善！'"

将城市的未来与"多伦多智慧城市"等数字项目挂钩，其根本问题是将发明和创新这两个概念混为一谈。萨克思说："发明指的是新技术，而创新则是非常罕见的情况。我认为他们将这两者完全当成一回事了。人们所说的城市创新，实际上一般都是指发明……属于技术层面的东西，而且一般都是以应用程序为基础或基于硅谷技术的模型。我们认为这些发明都应该与硅谷及其技术理念有关。这种想法既错误，又百无一利！事实上，有非常多的创新想法都与应用程序、小工具或硅谷毫无关系。"

城市里真正的创新很可能是模拟性质的，而且大部分都确实是。几年前我第一次访问首尔时，和我的编辑姜泰容在总统府附近山上的三清公园散步。我看到大树掩映下有一座漂亮的现代砖木结构小房子，便问道："那是什么？""哦，"他说，"那是森林图书馆。"这栋建筑风格简约，内部采用光滑的浅色胶合板装饰。馆内陈列着各类精选的图书，中心有一个咖啡厅，还有一个小露台与公园相连。在轻柔的古典音乐声中，顾客们斜倚在靠窗的躺椅上读着书。他们可以一面悠闲地喝喝咖啡、吃点芝士蛋糕，一面欣赏室外随时节变换色彩的自然风景。在首尔，各种最新的技术无处不在。它常被称为世界上数字化程度最高的城市，其手机和宽带普及率居全球首位。三清森林图书馆反其道而行之，无疑对这种印象起到了匡正的作用。

我离开首尔后，这种简洁而有力的创意——公园里的公共图书馆——一直萦绕在我的脑海中。这诚然是一个全新的想法，但实际上它在历史上的任何时候都可以实现。这项创新能对公园和周边地区有改善作用，但其实施并不需要新技术的参与。一年后，我在一篇文章中提到了这座图书馆。之后，图书馆的建筑设计师李素珍给我发来了一封电子邮件——那时，她已经又有两座森林图书馆作品面世。令我感到惊讶的是，李素珍在信中告诉我，我的文章让首尔政府委托她设计了更多此类建筑。李素珍是一名外交官的女儿，从小便游历世界各地。她 2006 年回到首尔后，见证了自己的国家和城市一步步成长为创新数字技术全球领导者的过程。与此同时，经过数十年的快速增长，继之以战争、贫困和军事统治之后，首尔政府发现，一味追求建设的规模和速度，其结果只是冷冰冰的混凝土面积的扩张。因此，该国政府现在正致力于寻求一种新的城市化途径。

在佐治亚理工学院和麻省理工学院从事智慧城市历史研究的韩国学者杨佳美表示："从 20 世纪六七十年代开始，韩国便单方面潜心于经济建设和城市基础设施的重建。但是，由于我们的目光过分集中于经济发展，不得不牺牲了生活品质作为增长的代价。"在过去的 20 年里，首尔对城市民主和经济敏感度的理解越发成熟，因此逐步将其发展的重心转移到满足公共需求上来。公共空间成为城市发展的新重点。在城市的郊区，建起了很多休闲步道和山区自然公园（通常设有免费运动器材，甚至吊床），也催生了三清森林图书馆这样的项目。

这个图书馆的建筑以前是一家小吃店，已经废弃多年。于是当地居民协会联系了李素珍，看她是否能将它利用起来。"他们本打算建一个迷你咖啡馆，既可以用作书吧，也可以具备日托的功能——孩子们放学后，妈妈们可以在咖啡馆工作，"她在首尔的工作室这样告诉我，"我建议他们稍微扩大规模，不是用来把孩子们关在室内，而是对公众开放。我并没有对建筑本身做太多改造，主要是设法将公园引入图书馆——这里的关键是公园和图书馆之间的关系。项目本身规模很小，也不起眼，我在其中所做的是给它增加一点森林的背景。"

李素珍选择木材作为主建筑材料。木材作为韩国建筑的传统材料，由于现代建筑偏爱钢材、混凝土，木材已经"失宠"——在公共建筑中更是如此。森林图书馆开放时，受到了居民和同行建筑师的盛赞。他们把图书馆称作无情、狂热的数字城市中一个平静的模拟化疗愈胜地。李素珍本从未将自己定义为创新者。但现在她反观自己的作品，看到了这个词所蕴含的深层意义，以及其中关于首尔等城市未来的展望。她说："创新是可以影响他人的东西。而这正是我想要在工作中做到的。创新本身没什么特别，但它带来的结果常常是能够推动人类生活改善的优秀楷模。创新的项目应是能造福他人的。"

我在文章中将李素珍的图书馆描述为"后向创新"的一个例子。创新，是利用业已存在但能在新环境中产生意义的想法和工具，对世界进行较缓慢的、更深思熟虑的且持久的改进的方法。教授技术和历史的李·温塞尔和安德鲁·罗素两位教授共同撰写了《创新的错觉》一书。他们在和我的谈话中提到，当今，创新已经成为数字化的一个简称，而数字化则是人们心目中默认的解决方案。"我们认为创新很好，于是将它本身视作目的。"温塞尔说。但是，作为毒品的快克可卡因属于创新，引发阿片类药物危机的奥施康定也是创新。罗素也进一步论述道："按照这种理论，奥萨马·本·拉登是一位企业家，而基地组织则是一种组织创新。"但是，在谈到数字技术时，我们夸大了创新的神话。当我们只关注发明时，我们会错过新发明的小玩意和想法必然会引发的问题。我们还会留意不到需要处理的现实问题。技术统治派的城市美化计划——如在迈克·布隆伯格的纽约计划下，采用曼哈顿（以及多伦多、伦敦和其他一些大城市）式的镀金式"发展"策略（这些城市正是通过这种方式，转型为对于全球地产投资阶层安全但日益贫瘠、缺乏独创的避风港），让城市实现快速中产阶级化，市区经济条件一般的城市居民被迫离开。换言之，在这种模式下，城市居民们不可避免地被"驱逐出局"。

"模拟是一种承认如何以更慢、更简单或更老旧的方式来解决一些问题，但能达到更好效果的方式。"巴纳德学院的戏剧教授桑德拉·戈德马克说。戈德马克根据自己在纽约经营修理咖啡馆（一种风行欧洲的新形态咖啡馆）的经验，著有《修理》一书，讲述关于（从坏掉的灯到地球等）物品的维修。"在我们的社会中，长期以来我们都只重视新发明。"模拟式的创新不是怀旧。它们是坚定地着眼于未来的解决方案——而不是我们发明的那些通往乌托邦的、以技术为中心的方案。模拟创新是以人为中心的未来，它反映了我们所到之处、我们所学的东西以及我们真正想要的生活方式，表达了对于城市未来的特别承诺。有人承诺要建起一个自动驾驶汽车的社区，并不就意味着你可以忽略汽车所行驶的道路已经摇摇欲坠，也不表示我们就能对因信号系统资金不足而堵在隧道里、人满为患的地铁列车视而不见。

"发明代表着一种创意，但创新则能够积极改变人们的生活。"弗吉尼亚理工大学教设计的布鲁克·肯尼迪如是说。肯尼迪说，赛格威电动滑板车便属于发明，但其用途尚未真正确定。亚马逊 Alexa 或 Google Home 等智能家居语音平台也是发明，可以作为有趣的圣诞礼物。但它们对住房起不到什么根本性的改变。微波炉的设计本义是改变人们的烹饪方式，但大多数人还是只用它来加热剩菜或制作爆米花。创新具有深远的影响，但发明的新颖价值则超乎寻常、令人陶醉。美国人最喜欢的莫过于新事物的气味，哪怕是旧的东西经过重新包装也能有此魅力。肯尼迪说："这和北美人对 Tartine 面包的感觉差不多。"她指的是旧金山市有名的 Tartine 面包店，因其制作的脆皮、美味的酸面团面包广受赞誉。"哦，真是笨死了。法国把这种烘焙方式当作一种文化——它们不知道这种技法已经有差不多一千年历史了！"

面包烘焙是全新技术发明和后向创新之间的差异的一个完美例证。数千年来，传统面包都是由自然发酵的酸酵母制成。19 世纪，人们发明了商业酵母，让烤面包变得更容易、可控性增高，但产品的口味不如使用新鲜酵母制作的面包。随着食品科学的不断发展，关于面包的发明一时达到了顶峰：营养强化、切片、包装好的白面包，俗称神奇面包。这种面包质地超软、口味很甜，保质期长达好几个星期！其成分表拥有多达 29 种配料且日渐复杂：一长串的化学品和稳定剂，它们的音节比希腊婚礼还要繁杂，糖和盐的含量也超高。这种面包营养成分极低，以至于不得不向其中另外添加维生素和纤维素，使其更易消化。它让人容易便秘、发胖，还会引发糖尿病等慢性疾病，口感香甜却单调，只是隐约还有一点面包的感觉。简言之，它完全脱离了食物，变成了一项技术工作的产物。我们给面包抹上厚厚的一层人造黄油——这是一种在工厂里进行氢化的精炼植物油，用作治疗心脏病的药物（但最终却被证明还会引发心脏问题），它吃起来相当美味。

要解决神奇面包式"糖尿病软糊三明治"口感的问题，创新的解决方案并不是继续通过技术发明更好的面包。相反，回归到传统的面包制作技艺才是正解。北美的人们在放弃传统方法之后，又重新发现它的好处。以 20 世纪 70 年代洛杉矶的拉布雷亚烘焙店等为先驱，掀起了一场酸面团的现代复兴，其阵地从一些城市的精选手工面包店一直蔓延到超市的货架。与神奇面包的新型"太空"淀粉相比，酸面团面包从入口伊始，带来的便是脆脆的硬壳、浓郁的香气，以及轻盈、富有嚼劲的口感。为什么从我有生以来都没有吃过这种面包？新冠肺炎疫情来袭后，有数百万的家庭为他们自己找到了关于酸面团烘焙的有益创新。

在城市里，汽车就是我们的"神奇面包"——一项预示着拯救却实际上带来灾难的技术发明。汽车自大规模生产几十年来，彻底改变了全世界的城市，为大众带来了便捷的无限移动能力。城市景观被重塑只为了满足汽车的需求。汽车需要道路、停车位、车库、加油站和机械技师，还需要快车道和高速公路、灯光、信号和标志，以及交通法规和执法。巴黎、墨西哥城、上海和旧金山等传统城市通过拓宽道路、新建穿过交通密集区的高速公路或拆除已有建筑物兴建停车场等方式，在已有的建筑景观内为汽车硬挤出了一些容身之地。而一些新建城市，如奥兰多、洛杉矶和巴西利亚等，则干脆围绕汽车进行整个城市基础设施的设计。建筑物枢纽和郊区的开发区同宽阔的林荫大道和高速公路相连，同勒·柯布西耶描写的乌托邦光辉城市形成呼应。从 20 世纪下半叶开始，尤其是在北美，一切的设计和建造都变成以汽车为中心：办公室、学校、住宅、公园、餐馆、整个社区，甚至食品和饮料的准备和包装……整个经济和文化都围绕着汽车展开。

由此产生的结果，就是我们当前全球面临的一团混乱而不可收拾的局面。车祸是世界上导致大部分地区意外死亡事件的主要原因，也是美国 55 岁以下人群死亡的主要原因。新冠肺炎疫情期间，美国的行人死亡率飙升至历史最高水平，仅在 2021 年就提高了 20%，比过去十年本就偏高的上升速度有过之而无不及。有人开始把车祸叫作"无声的流行病"，将其与公共卫生领域的其他危机——如药物过量（吸毒）——相提并论。除了事故造成的人身伤害，汽车还会对健康造成很多的长期影响，包括空气污染引起的呼吸系统疾病、每周在车里坐上几个小时就会导致的一系列病症——背部和关节疼痛、压力和焦虑、肥胖、糖尿病、心脏病等。何况汽车发动机燃烧化石燃料时还会释放尾气，引发气候变化，给整个人类带来灾难（休斯敦和凤凰城等以汽车为中心的美国城市，和以行人为中心的城市如巴黎、东京甚至中国香港等相比，其居民平均的大气碳排放量为后者的六倍）。交通是伴随着汽车自然而来的产物，每年耗费城市的时间和资源折合数十亿美元。以汽车为基础的生活模式给人们强行带来的社会疏离感，又会进一步侵蚀个人心理健康和社会凝聚力。

首先我需要明确一下：我本人也有车，而且经常驾车四处跑。我从小便习惯了开车，是的，很多时候我也乐于享受开车。但我仍不得不承认，汽车是城市生活的毒瘤。汽车同城市生活是对立的，它与居住在城市里的人也水火不容。多伦多的生活让我认识到了这一点。当时在水泄不通的交通状况下，我在车里坐了足足一个小时才赶到目的地——要是骑自行车，应该早就到达了。我们每次穿过十字路口时，我都会亲手抱住孩子，确保他们不被汽车撞到。在美国时我也发现，每次我想要从郊区的一家汽车旅馆走路去一家餐馆时，却发现必须经过高速公路才能到达，所以最后我不得不折返、取车，再驾车去用餐。还有一些国家的生活让我知道，汽车造成的严重污染真的会让人窒息，喘不过气来。汽车让城市变得危险、不适宜人类居住。因为汽车，城市由方便人们进行交流的场所变成了威胁人类健康的危险之地。

为汽车建造的未来城市和为人类建造的未来城市，这二者之间的斗争，在罗伯特·摩西和简·雅各布斯二人对于纽约改造所持对立观点的博弈中体现得淋漓尽致。摩西自封为"建造大师"，他是纽约城市基础设施的一系列城市和州立机构的总规划设计者。雅各布斯是一名家住纽约格林威治村的建筑评论家兼作家。摩西坚定地将纽约的未来和汽车这项发明绑在了一起。在关键的几十年时间里，他围绕汽车对纽约进行城市更新，兴建了大量的高速公路、马路、桥梁和隧道，使得大批市郊的工人们迅速涌入城市，然后又将他们逐回郊区老家。摩西削减了用于地铁、火车和公共交通项目的建设资金，拆除了像南布朗克斯区这样充满活力、适宜步行的社区；他有意设计公共汽车无法通过的矮桥，以阻止低收入的黑人居民进入长岛的公共海滩。许多人将纽约从 20 世纪 50 年代开始经历的数十年经济和社会衰退归咎于摩西，自那时起，他的这些规划措施让诸多工业和居民家庭纷纷逃离纽约、躲避到郊区。在世界各地，很多城市都模仿摩西的设计蓝图，在各自喧闹的城市核心区铺设林荫大道、建起了高速公路。

雅各布斯本住在一个静谧的社区，大多数的居民都依靠步行和乘地铁出行。但纽约交通部门在摩西的规划下，宣称要将人行道缩小十英尺来腾出空间新建停车位。于是，雅各布斯将当地反对的居民集结起来，阻止了这一计划的实施。后来，摩西提议建设一条跨越曼哈顿中心、贯穿华盛顿广场公园的高速公路。雅各布斯提出了更大的异议，该项目也被否决。雅各布斯搬到多伦多之后，又在当地阻止了一个类似的高速公路扩建项目。这条名为"士巴丹拿"的高速公路若按原计划执行，将会破坏一大片地带，其中多伦多充满生气的市中心地区、笔者从小居住的社区和现在正居住的社区都包括在内。罗伯特·卡罗为摩西撰写的伟大史诗传记《权力掮客》，将后者推向了众人斥责、名誉扫地的境地。人们普遍认为，摩西对于城市未来的愿景陈旧过时、有极强的破坏性。与此相反的是，雅各布斯在 1961 年出版《美国大城市的死与生》一书中提出的种种创新理念，让她一跃成为未来城市的守护神。这些设想包括：拓宽的人行道、更多公共空间、提升公共交通、公园的多样化用途，以及将行人和自行车骑行者纳入城市规划的优先考虑范围。汽车更少，而人更多。

　　到今天，雅各布斯的观念在城市规划中仍然是最具前瞻性的，但即使早在 20 世纪 60 年代，这也不属于什么新鲜事物。这种观念的基础便是城市的回归，就相当于是城市规划领域的"酸面团"。就像是美国人第一次去欧洲旅游时，他们对那里不计其数充满魅力的广场和街头咖啡馆发出由衷的赞叹，发现四下闲逛是一种多么愉快的体验——要是开车在罗马周边地区游玩，则将极为无趣。"简·雅各布斯的观念真的是与时俱进！"此言出自雅各布斯的朋友罗伯塔·格拉茨。格拉茨也来自纽约，是一名记者兼城市评论家，她出版了《哥谭大战》一书，其中翔实记录了摩西同雅各布斯之间的斗争。"现在有多少城市投入资金来铲除摩西搞的那一套东西，何其讽刺？"她问，"拆掉高速公路，重建社区，恢复交通，开放街道而不是购物中心，重建住宅区……"

在纽约，格拉茨参与了摩西修建的西城高架高速公路的拆除工作。这条路现在已经成为一条林荫大道，两侧是自行车道和河滨公园。在首尔，清溪川上盖的高速公路被拆除，河流也经过整治，修建了人行道和自行车道，成为供市民通行的运输通道和穿过市中心五英里的公园。在美国，还有亚特兰大、罗彻斯特、旧金山、密尔沃基和波特兰等众多城市，拆除了几十年前建造的市中心高速公路，以使城市生活恢复原貌。在其他国家，波哥大、圣保罗、东京、墨西哥、海德堡、斯德哥尔摩、蒙特利尔、悉尼和特拉维夫等城市也采取了限制汽车进入部分街道或交通管制措施，鼓励恢复步行和自行车骑行。2023 年，柏林居民将针对禁止汽车进入市中心进行公投。最近，巴黎市长安妮·伊达尔戈又推出了"十五分钟城市"的计划，让这座不夜城的居民们可以在一刻钟的步行或脚踏车路程范围内，满足衣食住行所需的一切——工作、学校、长棍面包等——日常服务。即便是阿姆斯特丹和哥本哈根等倡导行人友好设计的标杆城市，之前也是以汽车为中心，直到几十年前才决定转型。在全世界范围内，大规模拆除以汽车为中心的城市的运动正在将雅各布斯的创新理念推向未来，产生显著而持久的影响。

这些城市的差异是巨大的。它们更安全、更清洁、更友好，对居民、游客和企业都更具吸引力。正如丹麦建筑师扬·盖尔所说，通过鼓励更多人步行、骑自行车、少开车，可以强化城市规划所有主要的目标——城市充满活力、安全、可持续和健康。居住在华盛顿特区的城市学家兼房地产开发商、《城市主义的选择》一书的作者克里斯托弗·莱因伯格说："步行式的城市环境能提高人的创新能力和生产力。"比起以汽车为中心的郊区而言，步行城市和城市里适合步行的区域具有更高的投资价值。这些地区的经济涨幅更高，其房产价值的增长速度也超过郊区。"现在，城市里适合步行的区域才是赚钱的地方，而我们建了太多适合驾车的郊区。"那么这一问题的关键点在哪里？"人和人的亲近程度起着决定性的作用。"莱因伯格说。城市越密集，就越适合步行、行人和骑行，也就有越多的人能与其他人产生联络、面对面地交流想法、建立关系，从而促进创新和发展。正是这种思想交流，让步行城市得以一直存在，而且成为城市最好的未来。近半个世纪以来的郊区汽车城乃是一种反常的状态——它是城市演变过程中一个错误的出口。莱因伯格说："这和八千年前世界上第一座城市杰里科没有什么不同，机制是完全一样的。"

过去几十年里将城市恢复为更适合步行、更宜居的地方，这显然是模拟化的转型。十年前在纽约市，一位名叫珍妮特·萨迪－汗的交通部专员发挥丰富、大胆的想象力，用平价的户外家具、大型花盆和彩色马路油漆等材料，在先驱广场和时代广场等地区实施"战术都市干预"。他们先是"夺回"了人行道的转角处和三角区域供步行者和户外用餐的人士使用，后来发展为整个十字路口和街区都被收回。短短几年内，纽约市有了数百英里的自行车道，从曼哈顿中城的中心地带一直延伸到皇后区的牙买加湾。20世纪 60 年代，阿姆斯特丹率先推出了共享单车系统。发展到今天，这类系统通过智能手机跟踪使用情况并向用户收费，但不变的是它们仍然是靠两个轮子、各色油漆和水泥路障吸引骑行者。

以汽车为中心的拖延政策持续数十年后，最近几年里多伦多终于开始对其规模尚小的自行车道系统进行积极扩建。实际上，多伦多的核心地区一直非常适宜步行（这应该主要归功于简·雅各布斯）。但由于街道狭窄、有电车轨道、城市汽车文化浓厚，给自行车骑行带来了较大的安全风险。每建成一条新的自行车道，都会有更多人愿意到街上骑车。过去十年里，多伦多市区的通勤、娱乐和用于日常交通的自行车使用量总体上有所增加，尤其是在设有保护措施的自行车道的地方更是如此。只要修了自行车道，人们便会去骑车。

所有这类创新的诞生，都伴随着问题、抱怨或反对意见。在大部分这些城市中，从郊区往返通勤的居民、出租车司机、送货卡车司机以及某些企业主由于担心停车位减少会让他们的销售额下降，视自行车道和步行区域为眼中钉。在巴黎，人们称近来自行车数量突增的情况完全造成了混乱，骑行者们无视行人或汽车、硬闯红灯，引发了更多交通事故。任何人只要在最近十年里去过纽约就会知道，自行车道对于行人来说确实是最危险的地方之一——外卖送餐的司机完全把它当成了高速公路，驾驶着电动自行车以每小时 40 公里的速度在其上逆行。但另一方面，自行车道在这些城市里几乎无一例外地受到人们的欢迎，它们带来的好处远远超过了上述弊端。

新冠肺炎疫情暴发之后不久，世界各地的城市在绝望之下，采取了一些令人颇为意外的措施。他们迅速而从容地将自行车骑行者和步行者拦在了马路和大道之外，转而允许餐馆和酒吧将桌子摆上人行道，还在停车位上建起临时露台（仅在纽约，就有一万五千多个停车位变成了餐厅露台），以协助企业在艰难的处境下得以生存。他们还放宽了限制酒类的法规，允许人们无须提供许可或门票即可在酒吧购买鸡尾酒，或在公园野餐时饮用葡萄酒——这在几个月前是完全不可想象的。他们用一些无须技术参与的创意，进行快速大胆的创新，欣然接受意大利、巴西等国人们一直拥有着的简单而文明的事物——北美人去过那些国家回来之后，总是相互问道："为什么我们不能那样生活？"而事实证明，我们完全可以，我们只是需要一个该死的好借口来让我们这样做。

我在我多伦多的小居所里，看到这座城市瞬息之间的转变，感到实在难以置信。沿着湖岸有一条宽阔的大街，建于摩西时代的鼎盛时期，与之相连的是通往市中心地区的一条六车道公路。现在这条路已不通汽车，每个周末我和孩子们都来这里骑自行车。现在，每家餐馆都有一个露台，每条街上都是纵情狂欢的熙攘人群——他们开怀畅饮、享受美食，快活而自在。大街小巷活力满满，盛况空前。这样一来，周围的车是否会慢下来？停车位是不是不好找了？当然会。但这些代价都是值得的。毕竟，比起我们以前拥有的未来城市，或智能城市的数字化乌托邦信徒们的设想，眼下所预示的未来要好上许多。

智能城市运动是围绕数字技术建立的，但汽车在它的多种计划——包括"多伦多智慧城市项目"曾经的提案——里都发挥着关键作用。智能城市运动的两项核心技术，便是电动汽车和自动驾驶汽车。而自动驾驶的电动汽车车队，则被认为是各类城市问题的解决方案——公共交通和垃圾回收、碳排放、交通拥堵和事故——其他数字化车辆的出现将能在这些方面起到弥补作用，比如在世界各地城市的人行道上已经随处可见的电动滑板车。许多智慧城市计划并未将汽车替换为其他事物，而是提出方案对它们的真正潜力善加利用。到 2018 年，有很多城市同优步（Uber）和来福车（Lyft）等公司达成协议，将私人顺风车拼车业务纳入后者的交通系统。这一举措基于一项公众普遍接受的承诺，即共乘有助于减少交通拥堵、碳排放和私家车的其他弊端，而且其成本低于扩充公交服务或建设高昂的地铁线路所需的投资。如果你住在硅谷这样的地方（在以汽车为中心的郊区，仅靠步行出行是不现实的），那么这种方案有很大的价值；但如果你是住在旧金山之类的现实城市，这个方案就没有多大意义。

"无人驾驶汽车和电动汽车，都还是汽车！！还是汽车啊！！！"我们谈及"多伦多智慧城市项目"的计划时，罗伯塔·格拉茨非常气愤。"这些汽车不可能减少交通，只会增加车流量。"研究已经表明，优步和来福车以及全世界的其他顺风车公司都遇到过这种情况：司机都开着空车四处闲逛，等待接收下一条拼车消息（这种行为被称作"空驶"）。这种情况实际上增加了交通污染和城市拥堵，甚至超过了私家车。在共乘的数字化未来里，只会有更多的汽车上路。而根据我每天看到的情况，共乘司机的行车方式已经无异于傻瓜机器人。每天，我都目睹优步司机在拥挤的街道上自杀式地胡乱掉头、不发出任何信号便随意在自行车道中间靠边停车、在单行道上逆行（该死的街道！），或者跟着导航的指示，穿过草坪把车开进公园。天哪，这可是我最爱看的一幕。

"'智慧城市'的人们从未做过的事便是了解到底什么是真正的智慧城市，"格拉茨说，"智慧城市制造出创新的新事物，但它不会让创新的新技术起到控制作用。城市以人为本，人们不希望被技术控制。因此，他们没有以巧妙的手段来利用技术改善城市，而是尝试用技术来创造城市。"一个城市由许多人组成——这些人有着多种相互冲突的利益，从中创造出很多东西。城市具有随机的属性，它充满惊喜、杂乱无章，声音嘈杂、气味难闻，正是这些使其成为城市。政府、房地产开发商或卓越的科技公司是不可能以从上而下的方法来创建城市的。城市拒绝控制和标准化——这些恰好是数字化的智慧城市所承诺的未来：整洁、有序、充满逻辑性。

杨佳美在她对智能数字化城市历史的研究中曾指出：在前

民主的韩国、新加坡、迪拜、埃及、沙特阿拉伯和中国等地，权威政府往往表现出对于智能数字化城市的支持。《超级战警》里的圣安矶是一个外表华丽的城市，但其本质是一个极权政府，公民持有自动发放的票方可接吻。智慧城市将监视、修正和干预的工具集成到基础设施中，从而让国家对人们进行终极控制。她说："创新应该是让我们的生活更有趣或更轻松的东西，而不是对生活的控制。城市发展一旦涉及试图控制某个地方，就不能称其为发展了。"

除了早期夸大其词的宣传炒作之外，智能数字化城市实际只给我们留下了一声无可奈何的喟叹。几乎所有项目都未能成功实施——要么他们在兑现夸下的海口时大幅缩水，要么干脆逃之夭夭。最早的一些项目，如韩国建在仁川国际机场附近的松岛新城，成了空旷、静穆的所在，以至于当地居民坦言住在那里感觉非常的孤苦伶仃。其他一些项目，比如印度的托莱拉投资特区，经过多年的炒作和投资之后，仍然只停留于纸面而未能实施。布尔库·拜库特在马萨诸塞大学阿默斯特分校教授城市未来和通信，她的《城市作为数据机器》一书即将出版。该书主要讲述了谷歌和思科在堪萨斯城尝试建设的智能城市项目的遗留状况。该计划自 2016 年启动，尝试在堪萨斯的市中心建起一个试验台，通过传感器、高科技摄像头、公共无线网络和数字信息亭来连接提供给该地区大多数低收入黑人和拉丁裔居民的各种城市服务，并对这些服务进行改良。基础设施通过数据展示停车、交通和治安等方面的差距，从而促使城市服务人员更快、更好地解决问题。拜库特花了三年多的时间投入该项目的工作。她参观过数据科学家和统计学家管理下的巨大的控制室，曾坐在警车的后座，也曾在冰冷的公交车站等车。她亲身体验到一个高度智慧的城市在具体建造时是什么样的。

"实话实说，没有多大差别。"这便是她的结论。"炒作宣传鼓动了很多人，好像每天都有很大的变化。"紧锣密鼓的公告发布，新闻报道准备就绪，政客同公司高管握手留影……但最终，数据还是这样：大量的数据，此外无他。在堪萨斯城的案例中，基于这些数据提出的解决方案非常不切实际、可行性也很差（比如，建议使用无人驾驶汽车和无人机，而不是公共汽车和增加巡逻警察）。几年后，该项目悄无声息地落幕。"这是老调重弹了，但事实确实如此——智慧城市是将技术发展放在最重要的位置的，"拜库特说道，"尽管我们怀着极大的善意想解决问题，或以解决这些重大问题为目的来看待技术，但最后，一切都不免演化成一次又一次的公关表演并最终告吹。他们很少从问题本身出发。"与之相反的是，智慧城市着眼于提供数字解决方案并据此寻找对应的实际问题。以俄亥俄州哥伦布市的 Sidewalk Labs 计划为例——针对解决黑人社区婴儿死亡率居高不下的问题，该计划提议采用无人驾驶汽车和拼车服务来为患者提供医疗预约服务，而不是通过改善公共交通、教育和产前辅导等服务来提升弱势社区的母婴健康状况。拜库特说："技术有可能成为解决问题的方法，但它绝不可能成为最终答案。"这让我想起了在新冠肺炎疫情暴发伊始，政府热切地推出了基于接触距离的追踪应用程序——它们实际上对真正减缓病毒的传播毫无用处。

Sidewalk Labs 在多伦多的项目没能走得太远。该公司拿出了一堆演示文稿和效果图，也举行了一些会议，还在其开发范围的滨水区马路对面设立了办公室。但到 2019 年年中，公众对该项目提出了反对意见。批评人士表示，这些计划非但不切实际，而且与该市在交通、基础设施和其他关键问题上已经采取的措施严重脱节。这些数以千计的嵌入式传感器所有的数据处理或不可避免的硬件升级，将由谁来买单？自动驾驶垃圾车一旦抛锚，又怎么办？修理费用是由谷歌承担吗？还是多伦多的纳税人？其他人则对于隐私以及 Sidewalk Labs（即谷歌或 Alphabet）计划收集的所有有价值数据的所有权归属提出了担忧。多伦多的市民还提出了这个最重要的问题：世界上最富有的公司之一以远低于市场水平的价格取得了该市最有价值的未开发房地产，这是为什么？这是一个怎样的未来？在多伦多因新冠肺炎疫情封锁两个月后，Sidewalk Labs 低调宣布放弃这座城市的项目。那座承载着所有未来希望的建筑，仕最近被改造成了百捷（Budget）租车公司。

"'多伦多智慧城市项目'从一开始就不是个好主意，"肖珊娜·萨克思说，"社区建设不应以互联网为开端——这就是智慧城市计划在哪里都无法成功的原因。我们需要城市之外的东西，我们也需要互联网之外的东西——这两者并不一样。"我在多伦多的海滨度过了很多时光，而这段难忘的时光足以证明大人物们过去对未来的愿景是根本无法实现的。那些日子里，摩西时代修建的高速公路把我和城市隔绝开来，我被一排又一排的 20 层、30 层高的公寓楼拒之门外——除健身房、美甲沙龙和偶尔出现的"赛百味"快餐店外，这些公寓能为居民们提供的价值微乎其微。20 世纪的大部分时间里，湖水水质常常通不过污染物和大肠杆菌的测试（即使我去的是港口的帆船营地）。1991 年，多伦多建造了天虹体育馆（现罗杰斯中心）。这是美国职棒大联盟多伦多蓝鸟队的主场，也是大联盟的第一座超现代体育馆，拥有全面可开合顶盖和超大屏幕。人们本期待着先进技术的胜利为这个公寓社区带来一些生机，但它很快为了一个"混凝土巨型包袱"，闲置多年（直到近年来才因蓝鸟队而被启用）。球迷常视其为大联盟最差劲的体育馆之一。

近年来，多伦多开始对滨水区进行整改。由于在水处理基础设施方面的大量投资，湖水水质得到提升。笔者撰写本书时，部分高架高速公路正在拆除，一些充满创意的新公园开始在原地兴建起来。自行车道也已经扩建，湖滨区频繁举办各种节庆、音乐会等活动，美食餐车、艺术装置、篮球场和滑冰场也越来越多。夏季，滨水区游客如云，但当地居民去餐厅吃饭仍然要走很长一段路。尽管城市里满是不可思议的便利设施和最新的智能家居技术，但如果人们不能在出门后五分钟内找到地方坐下来吃汉堡、喝啤酒，那么住在这里有什么意义？这些建筑的开发商为可持续发展的城市未来大唱赞歌，但他们所能提供的不过是旧瓶装新酒，其本质仍然是勒·柯布西耶的光辉城市愿景——高速公路旁的一座塔楼。

城市需要有供人们工作、生活、购物、吃饭、聚会、锻炼和娱乐的场所，也需要好的公立学校，能让孩子和老师安全回到学校上课，还要有支付所有相关成本的资金。从来没有人说过，"天哪，我多希望这个公园的无线信号再好点！"但在过去一年里，我已经说过十几次这样的话：我多希望这个公园有一个可以用的厕所，这样我儿子就不用再去灌木丛小便了。从来没有人要求在垃圾桶里装上传感器，他们只是希望能有人更频繁地收拾垃圾，而且垃圾桶的开口够大，这样扔咖啡杯时就不必担心会碰到一袋狗屎。请给我一个可以打招呼的送货员，而不是一个带着我的午餐、从人行道上一路滚过来的机器人。咖啡店应该能让我感觉到自己属于一个更大的集体，而不是让附近刚开始营业的那种花里胡哨的robo-barrista 咖啡自动售卖机，白白占着一个上好的店面。人行道不需要嵌入什么无线射频识别（RFID）技术，只需要足够宽，足以容纳简·雅各布斯描述的在充满活力的城市中心人们建立"公共身份和信任网络"的所有核心活动即可：孩子们玩耍、朋友们谈天、店铺老板招徕顾客、老年人闲逛、顾客坐在餐桌旁、自行车停放、遛狗等。

想一想你曾经居住过和到过的大城市。想想纽约和芝加哥、香港和河内、墨西哥和开罗，还有德班。你记得些什么？公园和建筑、人和市场，走在简·雅各布斯的曼哈顿西村等神奇街区的繁华街道上。数字技术并不能让城市变得伟大或令人流连忘返。从来没有人这样说："我们刚从佛罗伦萨回来——那里的无人机太棒了！"让智慧城市的未来见鬼去吧。我只需要一个这样的城市——它关注的只是居住在里面的活生生的人。

城市不方便、凌乱、嘈杂，令人不适，常常带着卫生间的气味。这就是城市生活的现实，没有任何数字技术可以解决。这世上有景色优美的小镇、郊区，也有其他地方提供和平、宁静、自然和不一样的生活节奏。选择住在这些地方并没有错。我甚至也可能有一天会到乡下去住。城市提供的是城市政策作家戴安娜·林德所说的压缩文化：城市将陌生人聚集起来，让他们接触新的想法和地方。随着时间的推移，这种结合积累成独特的历史和建筑——这便是让巴黎之所以成为巴黎的东西，也是典型的郊区社区所没有的东西——在那些地方，商店、购物中心和住房往往是整齐划一、可以预测的。而城市的本质，恰好在于其不可预测性。城市的灵魂是混沌。

"我认为，城市的强项不在于科技，"林德在她费城的家中这样对我说，"要让城市回归，它们必须成为人们真正想要消磨时间的地方。他们必须以某种方式同互联网竞争。智慧城市的承诺多是让城市更顺畅地运行，但这不是我们现在面临的问题。"正是低效和碰撞使城市变得伟大，因为它们导致人们产出创造性的解决方案——比如像许多城市在新冠肺炎疫情期间所做的那样，将停车位挪用为餐厅露台。对司机来说，这造成了不方便，而且在高峰时段会造成更多摩擦。但从总体而言，它改善了城市居民的生活。城市的未来不在于通过数字乌托邦主义来颠覆城市，把以前的城市彻底抛弃，而是要加倍发展那些使城市变得伟大的模拟事物：住房机会、经济和文化多样性、充满活力的公共空间、杂糅丰富的人性等。

为了建设多伦多的未来，我们需要的是勇气，而非技术。萨克思说："如果你现在问一家餐馆，他们更愿意拥有一堆传感器，还是几个露台——嗯，你认为答案会是什么？"持续存在于我们眼前的挑战，如公共交通、气候变化和可负担住房，需要实施一些长期的、投资巨额的大型项目，无人愿意承担其成本或建设工作。我们需要更多的自行车道和公共汽车路线、在住宅区道路上设置减速带——这会让一些司机大为光火。我们需要更宽松的片区划分规则，来鼓励采用其他一些城市已实施的各种中低收入住房方案（例如学校周边地区出租公寓楼，供人口增长的家庭居住），这会触怒某些有房人士。我们必须审慎制定政策，在城市中产阶级化不可避免会带来的不平等背景下，平衡人们日益增长的欲望和这种不平等的经济及文化成本。我们必须买下甚至征用最后的一些滨水区，将其建成公园。我们必须大力延伸心理健康服务范围，以应对疫情期间城市各个公园里涌现出"帐篷城市"反映出的无家可归者的问题，并重新审视我们的警察能做些什么。我们必须做到上述每一点，同时还要培育充满活力的经济、安全的社区和公民的使命感。

数字技术可以在多个方面提供协助，从公共汽车里使用全球定位系统（GPS）传感器来提示必须到达车站的时间，到高科技紫外线光阵用于污水处理，但技术永远不会成为城市未来的基石。城市要变得更好，需要的是城市的逻辑，而不是技术的逻辑。

"在 2017 年，每个人都说，'这就是十年后的未来：一切都会变得智能！'"萨克思说，"现在，四年过去了，没有什么是智能的，我们需要应对的仍然是现实问题。"

第五章

F R I D A Y

文化融合：数字艺术与模拟身份的碰撞

"女士们，先生们：这是你们的国王，乔治三世。欢迎来到《汉密尔顿》演出现场。现在，请关闭手机和其他电子设备。严禁拍照和录制视频。感谢大家。接下来请欣赏节目。"

随着剧院的灯光暗下来，聚集在一起的观众纷纷开始兴奋地低声讨论起来。你无法相信今晚就这样到来了。你挤在天鹅绒座椅里，膝盖顶着前方座椅的椅背，小心翼翼地在两只膝上各放了一个塑料杯——15 美元的灰皮诺葡萄酒，和一块 10 美元的澳洲坚果白巧克力饼干。你花了数年时间才买到这些票，但想到狭窄的座椅、入场前匆忙吃下的晚餐、好不容易找到的停车位以及看完节目后不得不去的酒场，你怀疑这部杰作是否值得你今晚所有的付出。

或许你还有另一种选择：穿上运动裤，舒舒服服地坐进沙发，腿上放一大碗热乎乎的新鲜出炉的黄油爆米花，打开电视看迪士尼+（在线流媒体平台）上的节目，该平台每月收费 10 美元，和澳洲坚果白巧克力饼干一样的价钱。你可以在节目刚开始播出的演员表中感受到它的价值，4K 超清画质捕捉到了主演林·曼努埃尔·米兰达每个面部表情和复杂的舞蹈动作。最精彩的百老汇表演，现在在家就能欣赏到。

　　文化的未来早已体现在我们的生活中。自从我们人类开始用艺术来诠释自己的故事以来，就一直试图把艺术带回家：岩画、石刻、绘画和雕塑、印刷文字和书籍、蜡像和黑胶唱片、电影和相片、磁带和广播、电视和录像机、DVD 和流媒体。每个媒体时代都承诺说能使我们的文化再现更容易，传播更广泛。从许多方面来说，媒体时代的变化改变了我们的文化。在过去的十年里，数字技术，尤其是把音乐、电视和电影带到家中的在线服务技术已经开始兑现文化未来发展的终极承诺。流媒体视频游戏平台 Twitch 的创始人埃米特·希尔（Emmett Shear）在 2019 年的 TED 演讲中说道："这种变化早已在烹饪和歌唱领域中出现了——我们甚至能看到有人直播焊接。所有这些都将围绕着具有隐喻含义的'篝火'展开。在未来的几年，还将会有数百万的'篝火'被点燃。游戏、直播以及它们所带来的互动才刚刚开始让我们回到充满互动、社群交流、多人参与的旧时光。"音乐会和喜剧表演将越来越多地通过流媒体播放，网飞（Netflix）的影片将取代影院的电影，基于 AR 技术的百老汇演出将取代传统戏剧。同年，媒体高管法里德·本·阿莫在为世界经济论坛撰写的一篇文章中写道："这当然还会引发人们对于其社会和经济危害的担忧，一如之前面对每一次颠覆一样。"这跟以前当印刷品、电视、电子游戏和其他家庭娱乐技术的出现取代现场实况时，人们担忧会对社会和经济产生危害一样。"但这些担忧要么会被证明是错的，要么会得到解决，最终会被日益紧密的联系所带来的更大的社会影响所覆盖，并使我们可以克服各自的实体环境，建立一个更有同理心的世界——这一切都将在第四次流媒体革命来临时到来。"

新冠肺炎疫情期间，并非所有人都在家办公。并不是所有的商店或学校都歇业或停课。但在世界各地，几乎没有例外，所有的模拟文化都转移到了网上。音乐、喜剧、戏剧、艺术、舞蹈——线下演出的舞台灯光都熄灭了。当我回想起新冠肺炎疫情开始时，记忆中最清晰的是我最后三天的线下文化活动。2020 年 3 月 9 日那个星期一，我去了"坏家伙"即兴表演剧院，之前的六个月里，我每周都在那里上课。表演一直深深吸引着我。我小时候上过戏剧和舞蹈课，14 岁时在 1994 年瓦尔登营制作的《洛基恐怖画展》中饰演特兰西瓦尼亚的异装癖弗兰肯弗特时，我发现了自己对表演的热爱。不知怎的，当我穿着一双细高跟鞋、渔网袜、黑色胸衣和蕾丝内裤，迈着骄傲的步伐走进青春期时，我对舞台的渴望愈加强烈。到高中毕业的时候，我已经是一个真正的戏剧表演老手了，在各种类型的戏剧中都扮演过角色。

但我的大学并没有开设戏剧课程，因此我很快就接受了舞台表演已成历史这一事实。从那以后的 20 年里，我就我的工作进行演讲的时刻是我距离表演最近的时刻。2009 年，我出版了自己的第一本书《拯救熟食店》，并开启了规模盛大的犹太教堂和犹太社区中心宣传之旅。在第一周某天的宣传活动中，一个来自费城的女人突然大喊："这些鱼怎么卖？"还有在阿克伦进行宣传的时候，当我告诉一位老奶奶我已经订婚了，她却把孙女的电话号码塞到我手里并说："要是你们没成，考虑一下我孙女。"这时，我才发现我依然热爱着舞台。

在过去的几年里，这份热爱使我选择成为一名职业的演说家。我向世界各地的观众发表关于我的书和相关主题的演讲。我在华盛顿州马铃薯种植户的高中体育馆里，在佛罗里达州百老汇剧院老板的舞厅里，甚至是在几十名技术工人聚集的夏令营的熊熊篝火旁进行演讲。

我受雇于一家演讲公司，如今大部分收入都来自这些演讲，但当到了四十多岁时，我开始想知道我的表演需求从何而来，它揭示了人类的何种特质。我希望有一天能就这个问题写成一本书。带着这个问题我去了"坏家伙"——一家位于邮局楼上的无窗剧院，那里面挤满了其他 6 个不合群的人。就在似乎是老天刻意安排的 2020 年 3 月的那个星期，他们组成了一支即兴演出的新团队。

那天下午，爱挖苦人的伊坦老师让我们一起看词编故事。伊坦在通风不好的房间里咳嗽了一阵，接着大声喊道："别给接龙的同学简单的词！"他把咳嗽归咎于他的孩子，而不是客观环境。"别想着交朋友，即兴表演不能帮你交到朋友。"

我和达拉斯一组，他是马克思主义哲学博士生，对即兴表演的奥秘有着百科全书般全面的知识和与之相匹配的技巧。我们面对面站着，像打网球一样你一句我一句，编造一个小女孩的故事，这时伊坦喊道："反转！"反转是指故事不得不转折到某个意想不到的地方的时刻，为接下来的抖包袱做好铺垫。当我继续表达那个可爱的孩子对"水晶"的渴望时，达拉斯用"冰毒"把故事扔回给我，开始了黑暗的反转，最终我们创造出了一个集合了《芝麻街》和《绝命毒师》的混搭作品。那天晚上，我们班又回到了"坏家伙"剧院，观看了我们以前的老师妮可·帕斯莫尔的表演。到现在我仿佛还能感受到手中饮料的重量、座椅的摇晃以及因为大笑而疼痛的肚子，妮可和她的同行们用如此高超的技艺挖掘出一场又一场表演的精华，这让我羡慕不已。

第二天晚上，我在附近只有站场的音乐厅"李氏宫"门口买了当地著名合唱团 Choir! Choir! Choir! 的特别募捐活动门票。Choir! Choir! Choir! 合唱团于 2011 年由诺布·阿迪尔曼和朋友达维德·戈德曼创立，已经从每周的流行歌曲合唱发展成为全球巡演。阿迪尔曼和戈德曼曾带领数千名非专业观众在纽约卡内基音乐厅等著名场所演唱，帮助观众给鲁弗斯·温赖特等音乐传奇人物伴奏，他曾在 9·11 纪念博物馆开馆仪式上，与遇难者家属组成的合唱团一起演唱了莱昂纳德·科恩的《哈利路亚》。阿迪尔曼和戈德曼把他们的表演带到李氏宫，为克林顿酒馆的工作人员筹集资金。克林顿酒馆是他们每周举办 Choir! Choir! Choir! 合唱的社区酒吧，直到几天前，老板宣布关闭酒吧，导致服务员和调酒师全部失业。观众超过 500 人，大部分是来看 Choir! Choir! Choir! 合唱团表演的常客，其中包括时髦的爷爷奶奶、专业音乐家、中年潮人和一些青少年。阿迪尔曼和戈德曼正在后台的小房间里准备演出，他告诉我："每个星期都有人把他们的私人生活与合唱团融为一体，他们带来快乐、悲伤和烦恼，然后来到这里忘记这些烦恼。这就是我们想要的，这就是我们还在这里的原因。"

戈德曼坐在他旁边的破旧沙发上，点头表示同意。他说："这和教堂或犹太教堂没什么两样。Choir! Choir! Choir! 合唱团给你一个家，让你觉得不那么孤单。就像恋人之间谈恋爱一样，我们了解人们的各种情绪，这是一个不断发展的团体。有些人每周都来。有些人只来一次。但是，一旦他们来到这里，就会获得彼此的共同体验，这是去其他音乐会体会不到的。"

"是的，"阿迪尔曼说着，站起来为表演做准备。"第一次来这里的人不会意识到他们将会得到什么样的体验。"

我走回观众群中，买了一瓶啤酒，然后有人递给我一张歌词单。虽然多年来我和阿迪尔曼相熟，但我从未真正参加过 Choir! Choir! Choir! 合唱团的演出活动。今晚的歌是《信赖我》（*Lean on Me*），比尔·威瑟斯的单曲总是能点燃人的灵魂的火焰。阿迪尔曼和戈德曼在热烈的欢呼声中走上舞台，并以熟悉的方式，用一些问答练习和声乐游戏让观众兴奋起来。接着，他们又讲了几个笑话，对克林顿酒馆的工作人员说了几句感谢的话，然后把观众分成高音部、中音部和低音部，开始教我们《信赖我》的不同声部的演唱。

"某些……时刻，"戈德曼对着高音部唱道，每个词都用高音音调唱，"不是'某些时刻'。"他又用低一些的音调演示了一次。

"我觉得他们应该更有激情一点，你说呢？"阿迪尔曼问他的搭档，用的是他们发明的一个和"活力"有关的词。"再给点儿激情！"

这首歌慢慢地成形了。我们用不同的声部唱"生活中的某些……时刻"，接着一起吼出"信赖我"。每当我在周围的歌声中听到自己的声音时，我都能感觉到一股真正的能量从我的脚开始，直冲我的脊椎，直到它刺痛了我的头顶，让我脖子后面的汗毛都竖起来了。唱到最后一段，我从歌词单上抬起头来，看到满屋子的人都沉浸在这一刻，我们永远不会忘记的一刻。当晚在开车回家的路上，我关掉了收音机里传来的噩耗，用最大音量播放了比尔·威瑟斯的《可爱的一天》，一路上都在扯着嗓子跟着唱。

星期三晚上我看了《汉密尔顿》演出。我们简短地讨论了一下这是不是个好主意，但演出刚刚在多伦多开幕，而且我岳母早在一年以前就买好了演出票。"如果现在不去，那要等到什么候？"我的太太和她的姐妹们叽叽喳喳地商量着。我还记得我们和成千上万名的观众一起进入剧院时那种不安的感觉，那种紧张的兴奋和恐惧交织在一起的气氛。我用胳膊肘推开门，使劲给手掌消毒，和偶遇的人击拳打招呼，包括夏令营里的戏剧迷伙伴。我们坐下来等着。每次有人咳嗽，1200 人就几乎紧张得想把演出前吃的晚餐吐出来。

灯光逐渐变暗，管弦乐队演奏开始，我们都被《汉密尔顿》的魔力深深吸引住了。在来之前，我不相信炒作所说的这个演出有多么精彩绝伦。我听了演出专辑，看了观众评论，还看了视频剪辑。我确信它不会像《指环王音乐剧》那样糟糕，那是我能承受的最难看的音乐剧，但说真的，《汉密尔顿》又能好到哪里去呢？第一首歌结束时，我完全被迷住了，歌曲的嘻哈节奏和引人入胜的编舞将我带到了18世纪的纽约。24小时之前唱《信赖我》的时候，我也感受到同样的震撼。"来这一趟值了！"我低声对我太太说，她正对拉斐特的戏剧性登场感到惊讶，就挥挥手让我不要打断她看演出。

然后就到了中场休息以及——反转。剧院内的灯亮了起来，人们摸索着走到过道去打电话。突然，人们窃窃私语的声音越来越大，情绪越来越焦躁。

"你听说了吗？"

"我的天哪。"

"是真的吗？不可能吧。"

"他们取消了NBA赛季。"

"他们有权这么做吗？"

"这是什么意思？"

"我们该怎么办？"

当演员们登台表演第二幕时，人们就不再窃窃私语了。演出依然很精彩。演员们太棒了，里面的音乐直到今天还在我的脑海里盘旋。但就在那一刻，剧院里的每个人都意识到我们将面临一些沉重的事情。看完这场演出，我们热情地站起来鼓掌，但在内心深处，都在盘算着一会儿怎么退场，干豆储备是否充足，以及这两个角色到底为什么要亲吻对方的嘴唇！《汉密尔顿》在多伦多的演出于两晚后宣告结束。

在接下来的几周里，所有的文化活动都转移到了线上。音乐家们在家里直播音乐会，从超级巨星埃尔顿·约翰和艾丽西亚·凯斯到我的朋友安德鲁·巴达利，皆是如此，安德鲁把他的学前音乐课上传到 Instagram 上后，突然发现世界各地的成千上万的孩子都跟着他的视频一起唱。赛琳娜·戈麦斯和艾米·舒默制作了烹饪节目，崇拜莎士比亚的演员们在 Zoom 上朗读莎翁的名著。每个喜剧演员都推出了播客，说唱歌手在 Twitch 上玩电子游戏，在《堡垒之夜》的虚拟现实世界中表演。芭蕾舞演员在公寓阳台上用抖音拍摄舞蹈视频。莫·威廉斯在油管上教孩子们画画。博物馆发布了每个展览的参观视频。艾瑞卡·巴度在达拉斯的家中建了一个宽敞的工作室，自己精心制作直播节目，其中使用的道具、服装和特效把粉丝带进了一个和女神巴度一样古灵精怪又艳丽夺目的世界。

这些数字表演呈现了长久以来不同媒体时代所承诺的文化未来：不同类型的表演，你或许喜欢或许不喜欢，表达方式各不相同，随时随地，只要你想看，打开手机就能看。这些表演未经多余加工、私密且充满想象力。没有华丽的演出服，没有昂贵的门票，没有地域限制，只要打开手机就能看到。

封锁后一个月，我开始行动起来，在世界各地举办了六场线上演讲和活动，出版了我的上一本书。因为新冠肺炎疫情原因，布鲁克林绿光书店和堪萨斯城公共图书馆等地的巡回售书活动被取消，其中几场演讲就像是以上活动的线上替代售书活动。还有一些是由于对新的在线活动的需求才举办的，比如我在智利给一群大学生做的线上演讲。这些活动吸引了大量的观众，往往比我在线下活动看到的参与者还要多。而举办这些活动的平台，如众播（Crowdcast），很好地平衡了发言者与观众，甚至是屏幕上图书销售功能之间的关系。当我的演讲公司预定了我的第一个虚拟主题演讲时，我震惊于自己的报酬居然如此之多。与线下演讲相比，我个人可获得几乎与之相同的报酬，但我只需直接登录，发表演讲，回答一些问题，退出就可以。不用天还没亮就要乘出租车去机场，不用在夏洛特换机，午餐不用吃像橡胶一样的鸡肉，不用尴尬地等待掌声。简单、快速、高效、无缝对接。数字文化的未来就在这里，而我正在享受它的福利。

但是，就在看完《汉密尔顿》的几天后，在岳母家隔离的第一个星期六，我开始清楚地意识到另一件事。Choir! Choir! Choir! 合唱团已经在脸书直播和油管上安排了一场史诗级社交距离合唱，号召粉丝们收听并演唱他们的经典歌曲来驱散恐惧：《站在我身边》《你有一个朋友》《太空奇遇记》《朋友们的帮助》,《老友记》主题曲《希望你在这里》，《信赖我》，这些歌已经成为世界各地医院工作人员唱的抗疫歌曲。在解决了一些技术故障后，阿迪尔曼和戈德曼一起出现在沙发上。他们的表演毫不逊色，世界各地观看直播的数万名粉丝的评论和请求也没有错过。但正如《纽约时报》戏剧评论家劳拉·柯林斯－休斯几个月后在一篇文章中所写的那样，数字剧院激起了人们的悲痛，那次线上表演，就像随后在"冷漠的互联网"上上演的所有表演一样，其特点是"善意太多，欢乐太少"。我试着跟 Choir! Choir! Choir! 合唱团一起唱。我试着像几天前一样，放声高歌比尔·威瑟斯的《信赖我》，并让我的孩子和太太也加入进来。但他们只是耸耸肩，走开了。虽然歌声给了我片刻的能量，但唱到第二首时，我意识到自己正坐在一个房间里，对着电视机独自唱歌。所以我把电视关掉了。

"这件事有种实实在在的'谁在乎？'的感觉，"两个月后我们通过电话联系时，阿迪尔曼对我说，"我对达维德说，'这种事我们能做多少？'我才不在乎这些东西。我不是想消极处世，但是，当你被迫进入这样一个境地时，你必须重新发现你做这件事的全部理由。我对对着电脑唱歌不感兴趣。"当然，在漫长无趣的一天里，直播算是比较有意思的事情了。Choir! Choir! Choir! 合唱团现在的确可以通过线上活动赚钱。但是对着屏幕唱歌，教一个看不见、你从未见过、听过或得到任何反馈的观众唱歌？"这事儿太让人无语了。"阿迪尔曼说道。随着掌声逐渐消失，讲的笑话观众听懂也好没听懂也好，表演流行也好不流行也好，房间里的能量

186

在每个自愿站起来跟着演唱的灵魂里进进出出，他错过了每场演出大部分精彩绝伦和味同嚼蜡的瞬间。Choir! Choir! Choir! 合唱团可以在网上接触到更多的人。直播节目越来越多，世界各地的人们都在收看直播。但是那些观众对演出者而言只是屏幕上的一个个名字，而不是人群中的一张张面孔。网上并没有什么惊喜可言。"我觉得日常生活中最令人沮丧的就是缺乏随机性。这太难了。"阿迪尔曼告诉我，"我说的难，是指太压抑了。"

封锁期间的每天晚上，当孩子们睡着，太太端着一杯葡萄酒和一本迈克尔·康纳利（Michael Connelly）的小说上床后，我就打开电视看直播节目。多年来，我一直在说想有几个月不受外界打扰的时间去看《火线》或《绝命毒师》，但当我终于有空时，却纠结于无尽的选择，并没有感到快乐。我尝试看了几十个表演和特别节目，但几乎都没看下去。我唯一能坚持看下来的是剧情轻松的加拿大喜剧《富家穷路》，它的剧集短小，加拿大人小镇式的妙语连珠对我来说是一种舒缓的安慰。我喜欢其他的电视节目和电影，但当我试着在网上观看真正的艺术家，如现代舞者、滑稽的喜剧演员、布鲁斯·斯普林斯汀直播创作时，总觉得他们的直播缺少一些东西。

几个月后，当百老汇《汉密尔顿》的录像终于出现在迪士尼+频道上时，我才真正注意到这一点。节目制作太用心了，没有节省任何开支。但是，尽管从那个难以忘怀的夜晚开始，我一直在唱节目中的歌曲片段，但在表演开始两分钟后，我就换了台，去寻找更好的东西。我并不是针对米兰达、剧组或制作。我从小就喜欢《雨中曲》《安妮》《歌舞线上》《油脂》《洛基恐怖秀》《名声》等各种史诗音乐电影，我给孩子们看的时候，这些电影仍然很受欢迎。林－曼努尔·米兰达（Lin-Manuel Miranda）的处女作《高地上》（*In the Heights*）的电影版比2009年我在百老汇看过的原版更好看，去年夏天，我们看了无数遍，以至于我太太禁止在车里放这部电影的配乐。但在电视上看《汉密尔顿》，它的缺陷立刻凸显出来，我在剧院里看现场演出时所拥有的那种神奇的感受，在看电视时丝毫感受不到。

和我交流过的每一位艺术家都对在线表演，甚至是观看文化演出表达了同样的忧虑。他们尝试过，但他们不能再这样了。他们不用花钱就能看到那些表演，因此很难保持对演出的热情，看着看着演出就会觉得无聊。"这和在现场观看演出时被带到另一个世界的感觉完全不同。"阿曼达·萨克斯说道，她是明尼阿波利斯的一位当代舞蹈演员，她发现只要一按遥控器就能切换到下一个标签和通知时，观看线上舞蹈表演的时间就不会超过四分钟。布鲁克林的爵士吉他手玛丽·哈尔沃森甚至不能再看演出直播，不论演奏者是谁。她说："确实能感觉到每个人都在不停地直播，但与此同时，没有人觉得自己真的喜欢做直播。"一位脱口秀喜剧演员告诉我，她开始对朋友撒谎说听了他们的新播客。这感觉就像是在工作一样。

用直播的方式演出有什么问题吗？这种方式到底缺少了什

么？这对文化的未来又意味着什么？

第一个原因是我们的文化十分追求感官刺激。当用身体体验文化时，你是在用你所有的模拟感官去体验。你用眼睛看演出，用耳朵听演出，但你也能闻到演出房间的气味，那里混合了表演者的汗水与观众的气味，可能还有爆米花、洒出的啤酒和燃烧的烟卷混合在一起的气味。当你真正在人群中跟着唱的时候，你可以尝到自己歌声的味道——喉咙里的血腥气和铁锈味——当音乐声很大或演员在舞台上重重落地时，你能真切地感受到声波撞击身体的冲击力。现场演出文化对观众来说是一种全身性的体验。

"我现在对人的肢体没有感觉。"马克·基梅尔曼说道，他是一位著名的百老汇编舞家，在多伦多父母家隔离期间尝试在Instagram 和 Zoom 上教跳舞。过去几个月，世界上最好的舞者们展现出的创造力让基梅尔曼感到惊讶，他们在网上挑战着极限动作。但舞蹈本质上是一种身体行为，舞者的表演与三维空间和空间中其他人的存在有关。录制一段舞蹈视频并发布到网上，只是将这个空间平铺成了二维空间。他说："我只是把视频放到网上，实际上我现在得到的唯一回应还是在 Instagram 以外的地方。视频是孤立的，当你关上屏幕的那一刻，你又成孤身一人了。"

当我在电视上看《汉密尔顿》以及其他所有的数字表演时，并没有那种在外面体验艺术时发自内心的感觉。在《汉密尔顿》首演的年代，歌曲、电影、喜剧演员的布景早已可以迅速搭建，但因为《汉密尔顿》是戏剧，所以舞台布景完全是模拟真实场景。

要体验这种文化现象，你还得费尽千辛万苦，才能成为每晚坐在剧院里几千个幸运儿中的一员。《汉密尔顿》早年刚在纽约演出的时候，我的一些朋友千方百计想去看演出。一些剧迷为了买票攒了好几个月的钱，而一些家庭则围绕着两年后的那个让人梦寐以求的日子计划了整个假期。要想看《汉密尔顿》，你必须亲临现场欣赏，数字电视无法替代现场版的《汉密尔顿》。这就是为什么尽管我们都知道名画《蒙娜丽莎》长什么样子，或者用几秒钟就能从网上搜索到，却还要不远万里去到巴黎当面欣赏。如果你曾站在巴黎卢浮宫的《蒙娜丽莎》面前，与她对视，感受那种强烈的凝视，你就会知道，哪怕当时是挤在一群游客中间，但这几分钟观赏这幅画的亲身体验也是无与伦比的。

"与上网看色情片相比，和真人谈恋爱的意义又是什么呢？"穆斯牧师问道。他是纽约的一位音乐主管，在新冠肺炎疫情期间创建了全国独立场馆协会，将全美的小型剧院和酒吧联合起来拯救现场音乐。"这是有区别的！没人会告诉你两者毫无区别。戴着耳机听别人说话和亲临现场听人说话是有区别的。在音乐会上和着喜欢的乐曲大声歌唱跳舞和坐在客厅里用脚趾敲击节拍是有区别的。"

这种区别在我的"坏家伙"团队第一次，也是唯一一次尝试在互联网上即兴表演时变得明显起来。一天晚上，我们全部登录了一个视频电话，简短地聊完我们平淡无奇的生活之后，就开始即兴表演。达拉斯一直在观察各种各样的线上即兴表演，并对什么样的游戏和练习可行有一个不错的计划。他建议我们从雷霆堡游戏开始，这是一种两个人围成一圈对抗的游戏，周围的人会反复高呼"雷霆堡！"。直到有人喊出一个话题（例如，可以进嘴的东西），两个参与者来回说出与话题有关的词语和短语（如牙刷，薯条），直到其中一人结巴，重复说了之前说过的例子，或突然大笑起来。

在一开始，我就感受到线上玩这个游戏的无力感，线上玩不会有紧张情绪，不会有实际的空间感。除了电脑屏幕这块"魔法玻璃"里显示的东西之外，我们什么也看不到，什么也听不到。之前上课的时候，身体暗示是我们最先学会解读的东西。我们看着其他玩家的眼睛，用肢体语言开始描述角色或故事情节。我们利用人类身体行为的进化知识，破译了某人在某个场景中可以接受新观点的确切时刻，以及何时使用那个恰如其分的笑话。但在线上，我们只能用语言表达。语言表达的过程可能很有意思，却并不搞笑。

那天晚上的事让我想起了几个月前的课后，我和尼科尔·帕斯莫尔在喝咖啡吃甜甜圈时的一次对话，她是我们在"坏家伙"剧院的第一位即兴表演教练。帕斯莫尔从事即兴表演已有二十年。她经常出现在多伦多各地的舞台上，可以随时发出令人毛骨悚然的娃娃音，我看过的她的每一场演出都精彩绝伦。对她来说，即兴表演作为一种表演形式的吸引力，在于它把冒险变成了一种大多数人在童年后就抛弃了的游戏形式。这依赖于一种叫作"共享不可预测能力"的东西，它只发生在同一个实体空间中。"这就是为什么网络上的即兴表演永远不会和以前一样。"她说。她解释说为了确保演出顺利进行，即使是电视上最好的喜剧小品节目也要按照剧本演出并提前排练。"即兴表演不能转化为视频，视频版是预先录制的版本。所有的现场演出在线上的形式都是一样的。你想去看现场演出，你想去现场感受互动，你不想我们之间隔着一道屏幕！"

当你进行线上演出时，表演风险立刻降低了。表演风险是艺术家在将文化带入模拟世界时所承受的潜在成本。担心没有观众，演出会赔钱。担心观众不会随着你的演出鼓掌、大笑或跳舞。担心他们会在表演中途离开，或者向你扔烂蔬菜。表演风险是导致演员怯场和紧张的原因，害怕自己会忘记台词，害怕观众听不懂自己讲的笑话，害怕自己会在聚光灯下僵住。当我还是个少年的时候，我感觉每一场表演都有风险在等着我，如今我已不再年轻，但在每场演讲开始前的几个小时里，在我走上舞台、得到当场演出的第一次笑声、感觉如同回到家一般舒服自在之前，我的胃仍然很难受。

表演风险驱使表演者精进自己的演出和艺术以克服这些恐惧。表演风险是伟大文化的核心。因为有表演风险，表演者才能在舞台上发现自己的能量。如果有一天表演不存在风险了，会发生什么呢？表面上来看，并不会有什么影响。歌曲听起来还是一样，舞蹈演员跳得依然到位，喜剧演员仍然会抖包袱。但这些表演缺少了一些东西，这是我第一次做线上演讲时才完全意识到的一点。邀请我的是中西部某市的一个大型商会，新冠肺炎疫情之前，该商会邀请我在其小企业颁奖典礼上发言，新冠肺炎疫情开始后就将颁奖典礼改成了线上形式。我身穿衬衫和西装短外套上线，准备好好发挥。但我很快了解到，线上活动有技术限制，我演讲的时候看不到观众，也无法跟观众互动。尽管我要对 500 多人讲话，但在笔记本电脑屏幕上看到的也只有我自己的镜像。我看起来就像是在自言自语。

"好吧，"我想，"就假装你是在对一屋子人讲话。"

在我讲着精心排练的演讲的前几句话时，我开始感受到线上演讲的荒唐感。我按照脑海里的想象对着数百人演讲，但我不知道他们是谁，他们长什么样子，更重要的是，不知道他们的反应如何。我使出了浑身解数，用最好笑的笑话、戏剧性的停顿、最精彩的故事来说明我的观点，但这些努力都消失在笔记本电脑的空白中。他们开怀大笑了吗？他们打哈欠了吗？他们点头赞同了吗？我真的不清楚，但十分钟后，我就不在乎了。我之前看过线上谈话节目，门槛很低。大多数观众可能是边洗衣服边看谈话节目，或是边努力让自己的孩子集中注意力到线上教学边看谈话节目。大多数人可能已经把节目静音了。除了一些抓人眼球的变故，有谁会注意到我的演讲是讲砸了还是燃爆了？可能没有人会注意到吧。然后，仿佛是为了佐证我的观点，我刚结束演讲，屏幕立刻就黑屏了。

显然，事情就是这样发展的。刚才你还是焦点，下一秒你就像个穿着西装外套、独自一人的傻瓜。在接下来的一年里，我又做了几次线上演讲，在与观众互动方面有了一些进步——主要是通过聊天功能，但他们都感觉这无关紧要。一次，我给微软的员工做演讲，15 分钟后，我在聊天窗口看到了一些提示，询问演讲是否已经开始。微软团队出现了一些问题（他们自己也意识到了其中的讽刺意味），因此整个过程中，我其实一直都在和自己说话。我介意重新开始演讲吗？"没问题。"我对主持人说，想着别人看不看都无所谓。

正如我们在学校看到的，文化缺失的成分是一种联系。我和观众之间的联系，观众之间的联系，我们一起坐在一个房间时共同经历一些事所建立的联系。这是所有伟大的文化表演共同的不可预测的关键因素，也是与数字版本不兼容的东西。"观众是另一位即兴表演者。"帕斯莫尔曾告诉我。他们用自己的建议、提示语来帮助精心策划节目，但同时也用笑声和无法言说的能量来推动节目效果。他们既是风险因素，也享受着演员克服表演风险后带来的精彩演出。在线上演出中，这些联系是不存在的。我在某次演讲中提过这件事。也许你在家中看节目时也有反应，但我们之间什么火花也没产生。就像音乐剧《歌舞线上》中的戴安娜·莫拉莱斯一样，她没能抓住冰激凌蛋卷的情感内涵，每次坐在那台笔记本电脑前，我都在深挖自己的灵魂——但我什么也没发掘到。

"即兴表演中发生的事情只有在舞台上才会发生。"演员兼喜剧人麦可拉·沃金丝说，她曾是即兴剧团"地面人"的成员，后来出演了《周六夜现场》《花瓶妻子》《随性》《独角兽》和其他热门剧集。"我们可以开派对，开玩笑，但我们这么做是为了观众的利益，是这些观众把我们推到了这个可怕的地方。那个恐怖的地方还在建立联系，有些人通过高空跳伞或爬山来寻求刺激，我玩即兴表演。那超级有趣，但同时也很刺激。我学会了在没有安全网的情况下如何享受跳跃。"沃金丝甚至都不需要观众和她共处一室就能让数百万人隔着屏幕笑起来。自从查理·卓别林 第一次在镜头前扮鬼脸以来，观众一直在屏幕外给予喜剧演员们笑声，但是表演者和观众之间缺少的那种联系暗示了一些更深层次的东西，当所有的表演都成为线上表演时，那些更深层次的东西就会被牺牲掉，如果我们继续将表演放到线上，未来会发生什么呢？

"当尝试将单口相声转为线上播出时，就丢失了表演中的一些东西。"深夜脱口秀老手、《每日秀》和《波拉特2》的撰稿人、《软聚焦》的创作者杰娜·弗里德曼说。在舞台上，弗里德曼无所畏惧，讲纳粹和校园强暴的笑话是如此让人不舒服，你会为笑得那么开心而感到内疚。她还深入政治雷区，站在舞台上抨击美国人四分五裂的忠诚。她说，只有在现场表演中建立起联系，才能真正表演出这种有风险的喜剧。弗里德曼说："我喜欢单口喜剧表演，因为它是一条与人交谈的直接渠道，它不是一段对话。你在讲笑话，他们或笑，或呻吟，或走开。这是一种民主的艺术形式，你能真正感受到人们的想法和感受。"

弗里德曼向我讲述了 2019 年新冠肺炎疫情前的最后一次巡回演出的故事，当时她在舞台上受到一个伯尼·桑德斯支持者的嘲笑，因为该支持者不喜欢她对自己的英雄开的玩笑。弗里德曼很生气，先是辱骂了伯尼支持者，但接着她熟练地化解了危局，预言他们节目结束后就会勾搭上，整个房间的人都笑了，包括那个愤愤不平的兄弟。后来，回到酒店后，弗里德曼上网看到社交媒体上流传着这段对话的视频，围绕它的讨论变得激烈而疯狂。她说，"在舞台上，这段对话显得平静又有趣。"但离开了那种环境，使他们观点上的分歧转变成一种文化创造的联系就消失了。弗里德曼表示："现场表演的魅力在于身临其境、感受氛围、欢聚一堂，可以看到彼此的面容，而不是躲在屏幕后面看一块冷冰冰的玻璃。现场表演可以激发我们的同理心。"

要想成就一个精彩绝伦、扣人心弦的表演，同理心是至关重要的。就算有可能，在网上建立同理心也非常困难。其中一个原因便是表演者与观众在同一个房间中进行交流的即时性。喜剧演员讲笑话，观众笑；钢琴家弹对音，观众点头；演员演戏哭出声，观众眼中涌出泪水。密歇根大学艺术系主任丹尼尔·坎托说："此时此刻，你正处于情感交换的过程中。"他在密歇根大学教授戏剧表演和导演。"这就是戏剧的特别之处。观众对表演的注意力和投入程度决定了演出的成败。观众和表演者之间有一种相互的能量流动。"观众既是给予者也是接受者，他们共同创造了一种促进表演的联系。他说："我一直在倾听、感受、注意观众席上的气氛。

从座椅的嘎吱声我就知道我们得加快速度了。你可以感受到观众和表演者之间的能量流动。你可以感受到（俄罗斯导演兼作家康斯坦丁）斯坦尼斯拉夫斯基所说的'普拉那'，你可以在现场表演中感受到。每个艺术家都知道这一点。"坎托指出，这种集体经历既可能为演出的精彩程度添砖加瓦，也可能是造成演出事故的元凶，能创造出热烈掌声的能量也可能引发骚乱。任何事情都有可能发生。"人类非常渴望这一点，因为我认为它允许我们跨越主观性的全部限制，进入一个比主观性更大的意识。它在精神上鼓励表演者和观众。"

以现场音乐为例。尽管录音已出现一个多世纪，有预言预测了音乐会即将消亡，但现场音乐演出的魔力似乎一直在增长。直播音乐会有望弥合这一鸿沟，将现场演出的活力、才华和亲切感直接带给身在各处的粉丝。高清摄像头，便捷的编辑软件，功能强大的麦克风，以及越来越快的互联网意味着即使是一个还算成功、粉丝还算过得去的乐队，也能在网上举办一场与爱尔兰著名乐队 U2 等超级巨星专属的演出一样精彩的演出。这些技术只会越来越好，并辅以虚拟现实头盔、实时聊天功能和其他不可预见的加强功能，不仅能把音乐带到歌迷的家中，而且能让他们更接近真实体验。如果你去听坎耶·维斯特的演唱会，你很可能会在一个巨大的场馆里，和成千上万名的粉丝一起在距离舞台四分之一英里远的位置上看到他。但在网络上，先进科技将带你进入坎耶的世界，在那里你几乎可以感觉到他的呼吸穿过麦克风。这就是最优秀的艺术家在新冠肺炎疫情期间想通过直播实现的目标。你真的觉得你正坐在埃里卡·巴杜（Erykah Badu）的客厅里。但现实是这样的。埃里卡·巴杜是一个独一无二的多领域天才，在音乐、视觉和其他领域的人类天才。（这位女士的副业是当专业助产师为婴儿接生！）埃里卡·巴杜可以做直播，因为她是埃里卡·巴杜。但大多数音乐家都不是。

"那些能以那种方式，那种形式联系在一起的人，拥有非常罕见的品质。"世界上最具影响力的音乐经纪人之一的温蒂·翁说，她曾帮助发掘了吹牛老爹（P. Diddy）和流浪者合唱团（Outkast），现在与杜阿·利帕和拉娜·德雷等著名流行歌手合作。"大多数艺术家都没有这种品质。你需要大量的经验来达到那个境界，去适应网上的人际关系。"或者你已经拥有活跃的粉丝基础，也就是翁所说的"倾入式观众"。这些粉丝对巴杜这样的表演者有着非常强烈的情感联系，以至于他们在网上的情感鸿沟相对较小。翁解释说，新冠肺炎疫情期间成功的直播节目比音乐会更接近于完全制作的电视特别节目。这些直播节目由工作人员精心设计，使用特地制作的布景，需要数十名经验丰富的摄影师和音响操作员、导演、制片人和无数次排练——其中所耗费的心力，不仅是大多数音乐家和乐队无法做到的，还会使人精疲力竭，即使是最活力充沛的表演者都很难做到。在洛杉矶的翁告诉我说："说实话，我看过的大多数直播音乐会，或者说我几乎没怎么看过的大多数直播音乐会，都无法吸引我的注意力。我发现这很难……对我来说，相比看艺术家们的线上演出,看现场表演的体验更难以替代。大多数时候线上表演就是不起作用。要在网上找到或壮大自己的粉丝群是非常困难的,除非你有一些噱头,或者用一个品牌来推销自己。"她说。坦白地说,这些事情与直播表演的制作无关。

像贾斯汀·比伯或德雷克这样的明星可能是通过在网上发布歌曲而被发掘,但他们仍然是通过一场场演出、一夜夜努力和去一个个俱乐部演唱来获得成功的。尽管走这条路会伴随着不便、麻烦与经济不稳定,但这条路仍然是大多数表演者塑造艺术形象的选择。新冠肺炎疫情期间没有演出,这让翁的客户,尤其是年轻的客户感到疲惫。

> 说实话,这对他们所有人来说都是一种折磨。当你踏上舞台,所有的目光都聚焦在你身上时,会产生一种魔力。你必须真正深入挖掘,成为另一个自己。而且我认为很多艺术家真的错过了另一个维度的自己……黑暗版本的自己。那个版本的他们基本上休息了一年。如果他们要为颁奖典礼录制表演,你可以看到这一点,但这是不一样的。粉丝们来看的偶像的另一面并不会显露出来。他的另一面和你在电脑屏幕上看到的他判若两人。

独立流行乐队菲兹闹脾气乐队(Fitz and the Tantrums)的歌手诺艾尔·斯卡格斯(Noelle Scaggs)就有过这种经历,他们的

《拍手歌》和《高攀不上》等热门歌曲可能会在派对、酒吧、广告、体育场和鞋店里无休止地循环，萦绕在你的脑海里。在新冠肺炎疫情初期，斯卡格斯打算在演出被迫中断的期间做些事情。在此之前，她至少有三分之一的时间都在不停地巡演，早已精疲力竭。她去了纳什镇，和她的两只狗待在一起，希望写一些她觉得永远抽不出时间写的歌。她切断了 Zoom 聊天和其他线上行程，拿出了她的笔……然而什么都没有写出来。"对我来说已经到了瓶颈了。"她坦诚道，"我切断了与世界的联系，也没有写歌的欲望。我不见人，也不与人交谈。我不是在创作艺术，这让人变得非常伤感。我要活不下去了，我哪里也去不了。"2020 年夏天，在远离城市的汽车音乐会上首次现场演出时，斯卡格斯对着坐在车里稀稀拉拉的人群唱歌时，突然明白了这几个月来所缺少的是什么。斯卡格斯告诉我："人与人之间的交流就是价值。"交流越自由，参与其中的人就越多，人们就能越紧密地聚集在一起，她唱得就越好。她说："我表演时就像一个嘻哈歌手。我很喜欢跟观众互动，我可以用眼神跟观众交流，所以我认为缺少跟观众的交流真的会影响我们的演出效果。"

数字时代就是你虽身处社会，但主要经历都在网上。你总是孤身一人。你会陷入这样一种境况——人生就像是一场直播，周围没人鼓掌，没人能跟你交换能量。没有尖叫声，没有观众跟唱，没有舞台跳水，无法走进观众席，没有扔上舞台的东西。没有这些东西，你会发现自己在打电话，对着摄像机说话。这就像在一个空房间里，做一些需要情感回应的事情，却始终得不到任何回应。我问自己："这有什么意义？"

斯卡格斯告诉我，数字演出和模拟演出之间的差异，就像她在排练演出和实际演出之间感受到的差距一样。"当你想到排练时，你想到的是表演的每一个瞬间，每一个要素。你看的是技术，音符和舞台灯光，舞台提示和舞步。"

你最不应该做的就是拿出排练的态度对待演出。它会让你完全脱离当下情境。你的态度就会体现在你的舞台表现上！体现在我的声音上，体现在我用灵魂、用心和充满感情歌唱的能力上。当我在线上表演时，我的动作会慢下来，感觉像是排练很多遍了，十分协调。但这些动作缺乏流畅度，非常生硬。同时体现在我的肢体上。但如果现场有观众，确实能让我忘记这些想法，因为我所有的精力都放在了震撼观众上面。那个我们都在谈论的精神运动，是一种非常不同的体验。

如果有人想在客厅里付费观看菲兹闹脾气乐队的演唱会，并从中获得乐趣，那么斯卡格斯很乐意满足他们。但数字技术永远无法取代真实的东西。经济上无法取代（除了大明星，很少有艺术家能在网上赚到钱），艺术上无法取代。现在无法取代，永远无法取代。"同理心是现场表演的秘密武器。"她说，"要对他们正在经历的事情感同身受。"对斯卡格斯来说，同理心意味着与坐在第六排的人对视，观察他们脸上的表情，想象这一刻对他们意味着什么，然后把这种能量引导到她的表演中，以满足观众的情感需求。他们是来庆祝与十年前在菲兹闹脾气乐队音乐会上第一次认识的那个人的周年纪念日吗？他们是在缅怀某个热爱乐队、最近去世的人吗？还是说他们只是想通过唱歌和跳舞来忘掉糟糕的一周？在网上，观众只是屏幕上的匿名数字。但从舞台上看，斯卡格斯说："你会把他们看作真正的人。"同理心是她成为优秀表演者的秘方，而且只有在现场才能做到与观众感同身受。

众所周知，在今天，要为共享的现场经历的必要性找到合理的解释是非常困难的。你可以试着通过人类学（人类总是在篝火旁讲故事），或社会学（共同的仪式和经历将社会联系在一起），或科学（当人类聚在一起观看精彩表演时，内啡肽会流动）来解释。现场模拟文化的价值有经济和政治方面的原因（数字流媒体向艺术家支付的收入，仍只是他们现场表演收入的一小部分），还有美学上的原因（现场的画面更引人注目）。但对我来说，尽管记录媒体已经存在了一个多世纪之久，但模拟文化也备受瞩目，其存在的时间也长，部分原因在于其持续相关性背后带来的神秘感。当你看一场演出的时候，不管是什么演出，都会发生一些事，发生一些神奇的事情。这些事情的发生提升了演出观看体验。这就是为什么我们在俱乐部里看一场分寸得当的脱口秀，比在网飞上看黄阿丽（Ali Wong）大尺度的表演笑得更开心。这就是在芬威球场观看红袜队（Red Sox）的比赛比在超大电视上观看同样的比赛能让你欢呼声分贝高五倍的原因，也是几十年后你依然对比赛情形历历在目的原因。我记得我十岁时，和父母一起在剧院里观看《悲惨世界》，演出结束后号啕大哭，也还记得九年级参加鲍勃·迪伦演唱会时烟雾熏到眼睛的刺痛感。在博卡朱尼奥尔队的主场、布宜诺斯艾利斯的传奇足球场"博博尼拉"，我能感受到观众上蹿下跳的强烈情绪，当他们高呼对方球员是"混球"的时候，吼声震撼了体育场里每个人的每一个细胞，直到比赛结束。

美国剧作家乔纳森·兰德表示："对我来说，这是一种跟别人共享某刻的感觉。"每一年，世界各地数以百计的业余爱好者会在高中、大学、老人之家和军事基地等场所表演乔纳森的作品。

　　现场空气中有种电流，用手指无法触碰到，但无论是身边的观众，还是台上的演出者，都有一种感觉：此时此刻是无法复制的。就只有这一个晚上。即使这部剧一年上演三百场，但每次演出都是独一无二的。这里面包含一些非常私密的东西……那千载难逢的时刻的共同经历。你可以告诉别人这次经历，但你无法让别人感同身受。看完第一场《汉密尔顿》后，我想回家告诉太太这场演出给我带来的震撼，但结果却不尽如人意。

自从兰德写了他的第一部戏剧，就有人说现场戏剧已经没有未来了。戏剧制作成本太高，电视效果也很好，所以观众宁愿待在家里，另外，年轻人对数字内容更感兴趣。"看看青少年对TikTok 有多着迷吧！"有人告诉兰德。但兰德每年都在写剧本，其中越来越多的剧本被搬上舞台，主要是青少年为同龄人演出。新冠肺炎疫情之前，百老汇的门票销售创下了纪录，尽管有无数的数字流媒体可供选择，音乐会、喜剧表演、即兴表演俱乐部，还有体育联盟等现场演出也同样火爆。"这次'新冠肺炎疫情'非常清楚地表明，我们可以用直播代替现场表演的想法……是一个已经破灭的神话。"兰德说。即使在我们掌控的数字文化世界中，模拟文化的魔力依然存在。

早在 2020 年 3 月，在艺术家们上传第一批演出视频后的几天内，你可以在视频里看到音乐家们在窗户和屋顶上演奏音乐，演员们在门廊上上演戏剧，变装皇后们在车道上跳舞，甚至郊区的舞蹈学校也推出了汽车独奏会。一旦天气转暖，户外活动和户外文化就会变得丰富多彩起来。整个夏天，我看过小丑表演、莎士比亚的十四行诗朗诵、糟糕的脱口秀演出、精彩的杂技表演，还有一位年轻的大提琴手在树下演奏巴赫的曲子。每个阳光明媚的下午，我们街角的公园里都会有一支爵士四重奏乐队一连演奏好几个小时，吸引了络绎不绝的常客，帽子里装满了钞票和硬币。

在纽约市，一个名叫乔希·莱文的古巴爵士贝斯手在新冠肺炎疫情后的第一个五月来到了中央公园。他的乐队在人行道上摆好架势，不出一个小时，就会有 24 个萨尔萨舞者在他们面前旋转、点地，接着面前就会有几百美元的小费堆积起来。当我问莱文为什么那么多纽约表演者走上街头时，他用西班牙语"se cura"来回答：表演能治愈。他说："这不仅仅是音乐演奏，而是一种治愈过程。对灵魂有好处。"的确如此。每次我走过公园，听到那个爵士乐队的演奏，我就会坐在草地上，全身心沉浸在音乐中。这种感觉很美妙，就像漫长的冬天过后，第一缕温暖的阳光照在你的身上，这种感觉是每晚听的任何爵士唱片都无法带来的。Se cura。我需要这种感觉。

作为人类，我们有一些基本的、无法言说的需求，像是观看一场表演，成为观众中的一员，并体验随之而来的一切。法国社会学家埃米尔·涂尔干（Emile Durkheim）认为，当一群人聚在一起并参与同一项行动时，会发生一件神奇的事情，这就是"集体欢腾"。

组织心理学家兼作家亚当·格兰特（Adam Grant）在新冠肺炎疫情暴发一年后的《纽约时报》上撰文指出，"集体欢腾"是指当我们被强迫做聚在一起通常喜欢做的事时我们被剥夺了的一种特定的快乐，这些事包括在家独自观看脱口秀喜剧、现场音乐、体育，甚至宗教仪式。我们从文化中获得的大部分快乐都是通过与他人分享得来的。格兰特写道："压抑和焦虑会在独处时出现，但独处时无法去笑去爱。与人分享的快乐才会持久。"

在新冠肺炎疫情后第一个六月末的一个晚上，我和我的即兴表演小组在公园里重聚。距离我们上次见面已经过去三个多月了，所以这次见面刚开始时我们都有些紧张。但当我们小口喝着啤酒，太阳开始下沉，达拉斯建议我们玩"喵喵叫"游戏来开场（他以前是即兴表演专业演员）。这个游戏十分简单。所有人站成一个圈。我说："羊羊羊"，和我对视的人要说："咩咩咩"，我说："猫猫猫"，你说："喵喵喵"，我说："哞哞哞"，你说："牛牛牛"。一直来回说，加快速度，保持对视，直到有人弄混说成"猫猫猫，哞哞哞"或是"羊羊羊，喵喵喵"，或是其他的错误组合。明白了吗？

一开始，我们就像两个月前在网上即兴表演时一样僵硬。玩这个游戏的时机不对，长时间的眼神交流似乎让人不自在。但接着一位杰出的英国词曲作家马洛里以一种特别尴尬的方式说出了"羊羊羊，哞哞哞"，大家渐渐笑出声，所有的不自在都随笑声消失了。两个小时后，我们仍然站在那里，搭建越来越复杂的即兴场景，邻居家的狗主人用奇怪的眼神看着我们，蚊子把我们的脚踝叮了好几个大包，当傍晚最后的余晖变成紫色时，我们仍绞尽脑汁地试图读懂彼此的表情。公园里充满了生机。我们也感觉自己活力满满！整个城市都充满生命力，这才是一个城市应该有的感觉。

经营纽约夜生活办公室的资深俱乐部老板阿里尔·帕利茨说："连续穿一年的运动裤是件很新奇的事。"夜生活办公室是市长办公室的一个部门，负责纽约晚间文化活动：音乐会、戏剧、艺术表演、舞会等。"真有那种不打车、不外出就餐、不买饮料等省钱的方法。但我们是社会生物。没有社交就没有社会。这次新冠肺炎疫情击中了我们作为社会人的核心……冲击了我们的社会生活，以及我们的文化。"纽约人有网飞和沙发，食物、饮料或香烟等任何东西都能在几分钟内送到家门口。就像其他人一样，他们需要一个理由来洗漱、打扮、外出和露面。文化就是那个理由：博物馆、戏剧、喜剧俱乐部、音乐会、电影、舞蹈、运动和交响乐。纽约和新奥尔良、东京、柏林、墨西哥、内罗毕以及其他大城市一样，都是围绕文化和创造文化的人建立起来的。是的，很多这样的文化都是为家庭消费而制作和录制的：好莱坞和里约热内卢是电视之乡，就像约翰内斯堡和纳什维尔是录制唱片的地方一样。俱乐部和剧院，大大小小的、镀金的、充斥汗水的房间，那些文化活动每晚在人们眼前上演的地方，才是这座城市最具文化生命力的地方。

当我问她模拟文化对纽约意味着什么时，她说："我认为，它就是一切。"

> 它是灵感之源，是动力之源。即使你迫于生计做了不引以为傲的事，假如你去一次博物馆或去听一场音乐会，它就会激励你在自己的生活中以不同的方式看待事物，以一种创造性的方式对待你的生活。它会刺激你的大脑，扩展你的思维。它使你脚踏实地，它使你更有人情味，也提醒你生活是奇妙而神秘的，它是油箱里的汽油。他们来到这里创造它，享受它，它是我们日常生活中的一部分。只要知道它在那里，就会让人内心

感到慰藉，它是一种选择。这就像你本来不渴，但是当你意识到你没有水，你就会渴。在纽约的乐趣就在于知道你可以在任何时间做任何事情，即使你不去剧院或博物馆，只要走在街上，你就会被音乐和艺术包围。它妙趣横生、让人快乐、鼓舞人心，它是稀世珍宝。这是你爱上纽约的原因，因为"纽约独有"这句话就是来源于此。

帕利茨对纽约现场文化的未来持乐观态度。她预言，创意的蓬勃发展和对人际关系的探索将推动艺术复兴，这是任何数字替代品都无法阻止的。"我认为会有将这种文化数字化、放大化和货币化的工具，但没有数字化的'它'，就没有数字化的理由。"她说，每次都强调"它"。"它"是真实存在的。原始的模拟表演。上帝赐予的天赋创造了一个神奇的时刻，那些有幸经历的人分享了这一时刻，然后，也许，这个时刻能够被记录下来并得到更广泛的传播，这样我们这些不在现场的人至少可以感受一下。"没有'它'，数字就像是一把没有钉子的锤子，无用且毫无意义，数字永远不会取代我们，永远不会！"帕利茨说道。"音乐会的第一排……距离舞台越近票价越高。你也能接受看数字版演出和阳台座位，但一分钱一分货。"

帕利茨告诫我们说要想确保现场文化的未来，就必须从长计议，尽可能地保护它。这意味着要确保有可供人们表演的场地，尤其是那些收入较低的人群、遭受种族歧视的年轻人、LGBTQ 群体（女同性恋者、男同性恋者、双性恋者、跨性别者和酷儿）、移民和其他群体，他们的想法常常能为"它"——文化跳动的心脏——提供动力，但往往作为文化的创造者，他们也只能挣扎着活下来。随着像纽约这样的城市的生活成本越来越高，我们需要确保每个人都有能力负担得起去造就纽约的文化。这些艺术家需要剧院和画廊来展示他们的作品，但也需要社区中心和公立学校资助的音乐、舞蹈和戏剧课程来培养新兴人才。真正的反乌托邦未来应该是只有那些有钱人才能亲身体验现场文化，在那里，戏剧、喜剧和舞蹈表演的费用高得令人望而却步，以至于它们成了富人的专属天堂，而其他人只能得到剩下的数字碎片。然而，事情已经朝着那个方向发展了：但凡花一周薪水买两张《汉密尔顿》演出票的人都可以证明这一点。"我们必须确保那些创造艺术、音乐和炫酷东西的人不会被视为罪犯，不会是穷困潦倒之人，并且他们能因创造得到公平的补偿。"作为一个将珍惜文化创造者视作传达民主的一个举动的社会，帕利茨感觉我们还有很长的路要走，但改变已经开始了。

在隔离期间，诺艾尔·斯卡格斯可能在写歌方面遇到了困难，但她成功地创建了一个名为多元舞台的组织，利用教学、专业指导和带新学徒等方式让更多有色人种、女性、LGBTQIA 个体和残疾人进入现场音乐行业的一系列工作，而这些工作目前仍然主要雇用白人和男性，例如乐队管理员、灯光技术人员、音乐会推广员和其他巡演工作人员。斯卡格斯是在传奇般的以社区为中心的地方起步的，比如洛杉矶一家名为"根深蒂固"的场所，它是该市独立嘻哈社区的中心。她说，形形色色的音乐家当然可以在网上聚集和联系，在 TikTok 上分享歌曲和混音带，或者交换视频，但要让这些互动持续下去，并引出艺术家之间产生新的艺术、想法、机会和社区的创造性关系，他们仍然需要在现实世界中有一个家。斯卡格斯说："他们需要感觉到自己是受欢迎的。他们只是想和那些能理解自己日常挣扎的同龄人在一起。"

当表演者们开始尝试回到舞台上时，他们都表达了自己的恐惧：事情已经发生了不可逆转的变化，而且不知怎么的，他们与观众的联系被永远切断了。我们都在网上浏览了各式各样的表演。观众还会再来看现场表演吗？他们看演出的时候会像新冠肺炎疫情开始之前那样大笑、哭泣或欢呼吗？去年劳动节之后，当我准备在布达佩斯的一个未来主题的会议上发表第一次演讲时，我自己也在想这个问题。我还能做到吗？

在飞往匈牙利的几周前，我向我的朋友林赛·艾利提出了这个问题。她是一位资深演员、歌手和歌舞演员，当时刚在纽约郊外一家酒庄的户外舞台上完成了新冠肺炎疫情暴发后的首次现场演出。艾利在米老鼠俱乐部开始了职业生涯，在各种各样的场所都演出过，如剧院、游轮和你能想到的任何舞台。她的这个现场演出俨然是在讲述自己以往的生活：在过去的一年半里，她一直是无业游民状态，父亲也在四个月前去世了。艾利说："我一直有一种莫名的极富层次感的厌恶感。在这之前的几个星期里，一有这种感觉，我就会狂拉肚子。"

　　她能做到吗？她是不是疯了？艾利还记得怎么站在一群人面前吗？那些观众还知道怎么看别人表演吗？事实是，艾利别无选择。她尝试过线上演出，如录制并直播播放歌曲，在 Zoom 上朗读剧本，主持与米老鼠俱乐部粉丝的在线聊天。这一切都平淡无奇。她需要观众。"我表演时需要有观众在眼前。"她说。"这不是高级艺术剧场。这是老式的讲故事形式。这是歌舞表演。并不是我简单地说一句'接下来的这首歌是 1952 年科尔·波特（Cole Porter）创作的'就行了。我在分享我的故事，关于生活、新冠肺炎疫情、父亲去世，关于变老，关于没有实现的梦想……把我的感悟唱出来。有意思的是，我发现回到舞台的感觉简直太棒了！回想那天晚上，我都想哭了。"她边说着，边在电话里哭了起来。"他们陪着我……他们真的在陪着我！那个房间安静得掉根针都能听到。他们在倾听，当我说一些有趣的事情时，他们会靠近我。当我告诉他们我父亲去世的消息时，他们集体站起来支持我。他们就在那里陪着我！这是我有过的最治愈、最快乐的演出体验之一。感觉太美妙了。"

　　我在布达佩斯演讲时，没有观众哭。但在登台之前，我比高中以来的任何时候都要紧张。大厅里，我站在舞台的侧翼，直面一群观众，这是自《汉密尔顿》之夜以来的第一次，我感觉自己就好像要跳下悬崖了。我走到聚光灯下，讲了个笑话，在听到第一声紧张的笑声后，我意识到我的状态回来了。我感觉到紧绷的肩膀松弛下来，深深地吸了一口气，在接下来的 40 分钟里，每个观众的注意力都被我紧紧抓住了。之后，当人们走过来跟我问问题、握手、自拍、分享他们的想法时，我完全理解了艾利的话。我完成了我的工作。我向观众传递了一些信息，让他们感到开心和放松，主办方很高兴，我也能得到报酬。但有那么一瞬间，我和观众建立了联系。我看着他们的眼睛，理解他们的肢体语言，和每一个人进行人性层面的交流。我们都收获了一些东西，如果我在网上做同样的演讲，我们谁也不会有所收获。

艾利说："作为人类，我们天生就是这样。你不可能把我们的这种行为数字化。它总是会在那里。除非我们是真正的机器人，否则我们就会找到相聚的方法。我们知道，在必要时可以进行数字版本的演出，或者下次再出现不得了的传染病时也可以，但在我生活的世界里没有人会为此感到高兴。这不是我想要的生活方式。"

第六章

SATURDAY

虚拟对话: 数字情感与模拟交流

肖恩今晚要主持读书会，这意味着有两件事是可以保证的：讨论一部烧脑的科幻作品，以及伴随着讨论享用的一顿大餐。读书会的地点在七名成员之间轮换，每一两个月在某个人的家里碰面，讨论他们选择的书籍。读书会上有各种饮料酒水、食物，以及热烈的讨论。时光飞逝，阵阵笑声不时传来，美食相伴左右，偶有真知灼见穿插其中，令人如沐春风。直到有人看了看表，注意到时间已至午夜，于是提出回家这一明智的建议。不是每本书都能诲人深刻，但读书时总能度过一段快乐的时光。

最近，一个朋友告诉你有关他们参加读书会的事。它在网上举行，成员有来自世界各地的数十名参与者。创建这个俱乐部的文学教授负责引导人们进入话题讨论，而你的朋友则惊叹于她对书籍的见解一直是如此的精妙绝伦。讨论的问题是事先设计好的，对话在聊天框中自由展开。因为不需要离家外出，所以参加线上读书会非常方便，而且俱乐部成员在年龄和经济背景方面也非常多样化。甚至还有人说要把它发展成一门生意。

大约 50 年前，当第一个联网计算机用户通过实验室向另一个计算机用户发送消息时，对话的数字化未来就诞生了。纸质邮件、电报和电话已经缩短了人与人之间交流的距离，但是多亏了数字技术，在过去的二十多年里，人们几乎可以随时随地和任何人对话。你可以跟别人视频通话，给一群人发消息，甚至可以创建一个虚拟角色，在动画世界里聊天。你可以在脸书或红迪网上把志同道合的人聚集在一起，讨论任何你感兴趣的话题，或者在推特上加入大型的全球讨论，并见证这些实时对话的影响。

新冠肺炎疫情刚来袭时，数字对话无异于一条救命索。每天晚上，我都会用 Zoom 客户端、FaceTime 视频通话或 WhatsApp 软件与来自世界各地的朋友聊天，了解我们同时经历的平淡生活的进展。我和太太在一周内安排了与不同朋友群的线上聚会，我还经常参加由我的演讲机构以及一个叫重启（Reboot）的犹太团体主持的每周的 Zoom 电话会议。在大多数情况下，我会和一个老朋友进行长时间的视频聊天，我们躲着孩子，喝着饮料，一起哀叹世界末日。其中一些朋友是我每周都要联系的人，还有一些人我已经很多年没有联系了。有时我们会一起玩游戏，但大多数时候我们只是聊天。但随着时间从三月的前几周进入四月下旬，网上的对话开始转变。每个人对于线上聊天的感觉都有点类似，在某种程度上觉得那就像一件苦差事。我已经和这位多年未曾联系的朋友聊过了，我真的需要和他们再聊一次吗？我开始刻意忽略 Zoom 的电话邀请，同时接我电话的朋友也越来越少。当他们这样做的时候，我们之间的谈话变得更简短，更平和，重复度也越来越高。我忽略了一些事情，但我说不清楚，直到第一个线上读书会出现。

我的读书会成立于 2015 年，因为当时我和朋友本非常羡慕我们的太太参加她们自己的读书会。本和我平时都会读书。我们也喜欢喝酒和聊天。我们还是作家！那我们为什么不成立自己的读书会呢？我们把肖恩和布莱克拉了进来，后来又加入了杰克、托比和克里斯。我们没有什么野心，也没有那么多规矩：如果在自己家里举办聚会，那么该成员可以随便选书、选场所、做饭菜。其他人都来参加活动，准备好讨论这本书，吃点东西，喝点小酒。多年来，我们读了各种各样的书：迈克尔·波伦的迷幻作品《如何改变你的想法》、玛莎·格森在《未来是历史》中审视普京的俄罗斯、性别流动的科幻小说、韩国女权主义中篇小说、漫画小说、19 世纪北极生存回忆录，以及一本令人难以启齿的菲利普·罗斯的散文集，成员们永远也不会原谅我竟然推荐了这本书。

新冠肺炎疫情前的最后一次读书会，我试图弥补我的罪过，所以选择了约翰·肯尼迪·图尔的经典美国怪诞喜剧《傻瓜联盟》。故事发生在新奥尔良最富裕的角落，围绕着非传统意义上的英雄伊格纳爵斯·C. 赖利展开，他是一个具有破坏力的肥胖角色，会把每个人最坏的一面都激发出来。这本书非常老旧，政治立场极不正确，对每个可能的群体都有民主主义上的冒犯，但内容非常精彩滑稽。2020 年 2 月的那个晚上，就在命运之轮转向对我们不利方向的几周前，我在家里举办了读书会。我花了好几天时间为这本书准备了一份以新奥尔良为主题的菜单（虾香肠秋葵汤、面包裹香肠、香蕉兰姆酒焦糖冰激凌），波旁威士忌在喉间流淌，烟卷像火柴棍一样燃烧，听完克里斯对书中最荒谬的段落的夸张朗读，我们笑得直不起腰来。

两个月后，我们被困在不同的房子里，召开 Zoom 会议讨论肖恩选择的书，这是一本关于时间和空间旅行的反乌托邦小说，讲述了外星人带来的毁灭人类的瘟疫。那本书（我拒绝说出书名）是唯一比我们正在经历的新冠肺炎疫情还要糟糕的事情。书里每一页都充斥着血腥和折磨、无端的暴力和无处不在的痛苦。就在你期待接下来的情节会轻松一些时，就会有人毫无必要地痛苦死去，然后一切又变得惨不忍睹（有几个角色经历了多次死亡）。但是，至少当时我们能聚在一起，坐在不同的沙发上，拿着手机，抨击肖恩的乌鸦嘴。我们一边说着废话，一边讨论着这本书，但即使是读书会的魔力也无法让我们的注意力持续一个小时以上。

"我们要不要下线？"接连有三个人打哈欠后，肖恩问道。我们都很累，也已因那本糟糕的书而开怀大笑，是时候结束讨论了。

但少了点什么呢？显然，是缺少了那些能使讨论顺畅的东西，如舒适的环境、美味的食物、醉人的酒水和其他让人兴奋的东西。但不止这些，还有别的东西。这并不是因为网络上的讨论更简短，而是因为在线上讨论与现场讨论是不同的，线上讨论就像一个无法满足我们需求的低保真版本。这个事实不仅对人们之间对话的未来有更大的影响，而且对依赖谈话的所有事物都有更大的影响，比如工作、学校、社区的未来，甚至是政治生活的未来。新冠肺炎疫情期间，人们越来越多地使用数字通信和社交媒体平台进行交流，这一现象能给我们发现模拟对话（即面对面对话）的价值带来什么启示呢？

记者、电台主持人塞莱斯特·黑德利说："事实上，我发现人们对 Zoom 的极度厌恶是一个很好的迹象。"她还著有几本书，包括《我们需要交谈：如何进行有意义的对话》。"由电脑作为媒介进行的对话不是对话。它有各种可能的负面影响。有些影响是好的，"比如与远方的人通话很方便，"但我们也了解它的负面影响。"黑德利指出，无论是视频聊天、社交媒体，还是短信，甚至是电子邮件，数字对话往往会激发人们的某些行为。越来越多的研究表明，数字对话会强化人们的证实偏差行为，将他们推向极端。这就会导致沟通不畅，使人们的冲突升级。它会使我们感到厌烦，还会清除谈话的语境。它使人与人之间的对话这一人文行为失去人性的温度。"我们早就知道，当你试图通过数字设备进行交流时，就会发生这种情况。"黑德利说道，新冠肺炎疫情只是将这一点放大了。

这是为什么？

很大一部分是生物学上的原因。经过数十万年的进化，人类从简单的灵长类动物进化为这个星球上拥有最复杂沟通能力的生物。我们的发声方式是非常复杂且微妙的。这就是为什么朋友打个招呼，你就能立刻通过他的发音来判断他的情绪。但我们的很多对话都是在非语言水平上进行的，例如通过肢体语言、面部表情，甚至像气味这样的生物标记进行对话。黑德利在电话中说："在那一秒钟里，我们不只进行了语言上的交流，还进行了很多其他层面的交流。你可以检测到我呼吸的变化或体温的变化。"另外，几千年前，我们发明了文字；几百年前，我们发明了大众化的印刷术；一个世纪前，电话出现了；几十年前，我们发明了数字文本和视频。突然间，我们觉得可以用书面文字、声音和图像代替所有生物的、物理的、肉体的模拟对话。

表面上看，我们做得还不错。任何一天，我都可以与朋友、亲戚和陌生人聊天、发短信、发邮件、打电话、评论，并且不会产生任何明显的不良后果。但所有这些数字形式的交流都缺少一个关键因素，那就是只有面对面的身体交流才能真正传递出完全真实的——情绪。黑德利说："我们是大脑袋的猴子，我们没有主宰这个星球是因为我们太聪明了。我们毫无逻辑性，我们的逻辑思维是有缺陷的，我们是情绪化的生物。数字对话的一个主要缺陷就是它摒弃了情绪，它允许读者将自己的情绪融入其中。我们常常认为情绪化是人性的一个弱点，但其实情绪化是人类的巨大优势。当我们把所说的话剥离语境并将之数字化时，就抹去了对话所含的大部分意义。"

黑德利认为我们能从三个方面获得对话意义：语言（我们在说什么）、语调（我们如何说的）和肢体语言（我们说话时的状态）。数字对话通常会失去三分之二的对话意义。即使是最生动的视频通话也是如此，你无法进行直接的眼神交流，不管网络连接上的延迟有多微小，都会扰乱对话时机，视野的局限也会限制我们对肢体语言的感知。数字处理改变了声音的细微差别，平复了声音的暗示。即使网络信号看起来很强大，但实际上传达信息的效果很差。无论是电话会议还是与兄弟姐妹的聊天，我们在网上长时间"聊天"后所感到的疲劳与谈话内容几乎没有关系。这是你的大脑试图捕捉所有错过的、混乱的信号的结果。

任何一个曾被叫到校长办公室，或在工作中被降职，或和爱人吵过架的人都能告诉你，没有什么比"我们需要谈谈"这句话更可怕的了。网上对话通常是特意进行的，安排在特定的地点和时间（"我们 8 点到 9 点上 Zoom 聊聊吧"），通常有一个主题。这就是"对话"，与模拟世界中大多数自然发生的对话方式相反，在模拟世界中，人们在不同的情况下随意交谈：在街上，在校园门口，吃饭时，排队看电影时，或者在网球赛后，随处可见正在交谈的人群。上学表面上是为了学习，打网球是为了锻炼身体，参加读书会是为了讨论书籍。但是，所有的这些行为都是基于对话，一次一个词，对话是把一天中不同部分连接在一起的模拟线索。

这就是所有的数字对话都失去交流意义的原因所在。通过数字对话，我们可以谈话，可以开玩笑，也可以做鬼脸，分享故事。但这跟面对面的交谈是不一样的。当然不会是一样的。任何远离家人的人都能告诉你这一点。当我在南美洲生活了将近三年的时候，我几乎每天都通过 Skype 和我的父母通话，但一年只回家一次，一次待一个月。这两种经历是无法相提并论的。不仅是因为周围的物理环境不同——他们的气味和声音，他们的拥抱和细微的肢体语言——还因为当我真正和他们待在一起时，我们的对话从未结束。不论我们在做什么，对话总是在进行。我们边吃早餐边聊，遛狗的时候聊，去超市的路上聊，在过道上聊，吃午饭的时候聊，一直聊到深夜。我们不停地聊。没有一次对话是事先安排好的，也不会有设定好的结束时间（从来没有母亲告诉过自己的孩子说"我们的谈话十一点半必须结束"），而且这些聊天从来没让人有过拖延的感觉。

心理学家苏珊·平克说："人类是社会性物种。"她也是《村庄效应：面对面的交流如何让我们更健康、更快乐、更聪明》（*The Village Effect: How Face-to-Face Contact Can Make Us Healthier, Happier and Smarter*）一书的作者。平克告诉我，对话是所有人际关系的黏合剂。简单地说，朋友就是和你对话的人，你们之间的友谊就是在对话中建立起来的。没有对话就没有朋友。没有对话就没有人际关系。你越喜欢和一个人聊天，你们在一起的次数就越多，你们的友谊也就越牢固。如果幸运的话，你余生都可以和聊得最开心的人一起度过。新冠肺炎疫情让我们意识到这是多么必要，它向我们展示了一个没有真实模拟对话的未来会是什么样子。

平克自己的读书俱乐部上线几个月后，她立刻意识到她的数字体验与现实生活相比是多么糟糕。因此，平克的读书会又开始在室外举行了，即使是在蒙特利尔寒冷的秋冬季节，读书会也照常举行。他们裹上毯子和防雪服，喝着茶和酒来暖身体，挤在取暖灯和火盆周围，对这样的经历感到欣喜若狂，即使完全冻僵了，但仍坚持要当面交流。平克说："当你去读书俱乐部，或是与朋友出席晚宴，"任何一种社交场合都可以，"它是正在发生的事情的格式塔形态，你能感受到它。你被内啡肽淹没，你的多巴胺上升……这就是你所需要的！作为人类，我们都需要它，我们都需要它来感觉心情愉悦、悠然自得……如果我们没有这种感受，那是非常危险的。"

五月下旬，我们再次举行线下读书俱乐部活动。我们聚在杰克家的后院，围坐成一圈，巧妙地拉开椅子之间的距离，旁边放着一冷藏箱的饮料和一大瓶洗手液，这是杰克的哥哥提供的，他是一位流行病学家。我们一边吃烤鸡，一边谈论唐·德里罗（Don Delillo）的《天秤座》（Libra），这是一部根据李·哈维·奥斯瓦尔德（Lee Harvey Oswald）的生活改编的小说，我们时而讨论小说情节，时而讨论文体风格，时而抱怨家庭教育的糟糕和最近政府新冠肺炎疫情管控的不力。当谈话节奏慢下来时，杰克建议我们拿上饮料，出去散散步。我们在空旷的街道中间分散开来，踱着步，谈论德里罗的写作风格，诗歌般的节奏，以及塑造人物的方式——然后花了五分钟的时间斥责本关于"独具匠心的组织经验"的说法，这是他最喜欢的措辞。最后，我们偷偷溜到铁轨上，在一辆巨大的货运列车隆隆驶过时，我们举着啤酒，脸上闪着光，对着镜头做鬼脸——一群已至中年的"青少年们"的放纵之夜。是的，我们都喝醉了，还有点嗨，但我们一直在喝酒，一晚上都在嗨，试图减轻痛苦，但远程做这些事的感觉从来没有像现在这样好。那天晚上最令人陶醉的是我们的对话。对话自由地进行，有时发人深思，有时空洞无物——新冠肺炎疫情剥夺了我们真正面对面交谈的机会，而现在是几个月以来我们第一次能够自由地沉浸在交谈中。

由于数字对话工具的发展以及它们给工作、家庭和社会环境带来的变化，真正的模拟对话的地位在新冠肺炎疫情之前就已经岌岌可危了。我们用 Slack 与邻桌的同事交流，召开虚拟会议，而不是线下会议。因为"忙着"回复邮件，我们都"没时间"吃午餐；当我们出去吃午饭时，每个人聊天的精力都被手机上的聊天对话框分散。我们去教堂和俱乐部的次数都减少了，离开时也不会逗留和聊天，我们只是拿起手机，上车驶向下一个目的地。平克说："以前我们低估了这种对话。"并且举了邻居隔着后院围栏开玩笑的例子。"但事实上，现在我们意识到了这对我们的精神正常和心理健康有多重要。这些对话对我们的影响是显而易见的。"平克说，人类都需要对话才能生存，就像水、食物、空气和住所是我们生存的必需品一样。对我这样外向的人来说的确如此，但对内向者来说也是一样的，他们需要的对话比我们大多数人略少，就像有些人需要的热量更少一样。但每个人都或多或少需要一些对话和交流。

模拟对话减少的后果就是孤独感的传播，几十年来，由于汽车、电视、手机和互联网以及他们创造的社交模式（开车还是走路，网上购物还是实体店购物）使我们的社交越发孤立，模拟对话的数量一直在下降。在发达国家以及越来越多的发展中国家，孤独感的增加已成为本世纪最紧迫的健康问题之一。与几十年前相比，现在人们与他人相处的时间更少了，朋友更少了（亲密的朋友也更少了），面对面对话的次数也更少了。孤独感是一种可怕的感觉，但当它变成慢性病时，就会成为寿命缩短的元凶，如压力增加、心脏病、酗酒、吸毒、焦虑、抑郁和自杀。每年都有研究表明，孤独感和社交孤立给国民健康带来的代价越来越大。根据美国疾病控制与预防中心的数据，社交孤立与吸烟、肥胖和缺乏体育活动一样，是导致早逝的风险因素。多项研究表明，无论是自然死亡，如心脏病或癌症，还是意外死亡或故意杀害，孤独感和社交孤立会增加死亡的风险。现在，无数的人因为缺少对话交流而濒临死亡。

几十年来，医疗保健和社会服务专业人员通过症状来应对孤独流行病，把焦虑、抑郁、体重增加和心脏病视为独立的健康问题，而不是社交孤立的后果。但随着越来越多的证据表明增加面对面对话的好处，这种情况开始发生变化。一项研究表明，有较强社会联系的群体（如教堂团体或篮球联盟）在新冠肺炎疫情的早期阶段表现得更好，死亡和感染人数比独自一人的群体人数要少。正如这项研究的作者、人口学家莱曼·斯通（Lyman Stone）告诉我的那样，对话帮助这些群体建立了"抵御新冠病毒的能力"。

在 2020 年的头几个月里，每次这些群体中的人讨论新冠肺炎时，他们都会交换重要信息，这改变了群体和个人的行为。冰球比赛前，你在更衣室遇见了你的朋友，看到他们戴着口罩，就问他们为什么；他们解释说病毒是通过空气传播的，然后你就开始戴口罩。这些日常对话是大多数人获取生活新闻的方式，在美国，社交生活较多的州，新冠肺炎的超额死亡率降低了 20%。"社交生活的全部'积极'影响是让人们进行广泛的对话。"斯通说道，"是人们相遇并交换信息和经验。这种关系改变了信息的可信度，把人们变成了解决问题的人。'对话'帮助人们建立自我教育的渠道。"

平克预言，对话的未来是它与新兴的工业和制度设计领域的融合，这直接将对话基础设施与人类和经济健康联系起来。这意味着在公园和学校地面上更贴心地放置长凳和桌子，在医院和图书馆里设计更好的公共区域鼓励互动，类似于李素珍在首尔创建的公共咖啡馆和阅读角，还有一些城市计划增加更多的特色项目，比如更宽的人行道，鼓励人们进行日常的闲聊，简·雅各布斯（Jane Jacobs）在半个世纪前曾称赞这种闲聊是强大的社会群体的黏合剂。最近在波兰克拉科夫的一个试点项目见证了"快乐聊天"讨论椅的首次亮相，这一想法起源于威尔士加的夫，那里会邀请任何对谈话感兴趣的人坐下来，以此作为一个积极方法来对抗孤独感。其他人则是致力于推广对话的好处，将其作为更广泛的公共健康教育活动的一部分，其策略与我们教导人们饮食和锻炼的重要性的策略相同。来聊聊天。它可以挽救你的生命。

用对话来解决孤独感，对此最有可能的方法之一是社交疗法，它在 20 世纪 80 年代末出现在英国各地，并在过去十年中发展成为英国国民医疗服务体系（NHS）的关键组成部分。社交疗法最初是为了应对英国医生在日常工作中观察到的一个问题。在医生诊治的患者中，多达五分之一出现了非医疗问题，从经济压力问题到在乘坐公共交通工具时感到困惑的问题。因为他们的问题不属于医学范畴，所以这些人通常都没有受到卫生系统的重视，他们的问题也没有严重到需要社会机构来解决。每次这些人去看医生，都要花 NHS 的钱，但大多数患者真正需要的是和别人交谈。社交疗法起源于社区诊所的工作方式，医生和护士将病人转介给社会工作者和社区团体，他们会安排一对一的访问和集体活动，比如园艺、足球比赛和读书会。在这些活动中的随意互动将帮助患者建立真正的联系，最终通过减少他们的孤独感来改善健康状况，增加幸福感。

伦敦北部城镇沃特福德的家庭医生玛丽·安妮·埃萨姆是英国社交疗法最积极的倡导者之一。"医学既是一门科学，也是一门艺术。它涉及理解模式、片段和视角，以及实施解决方案。"埃萨姆医生说。在她的职业生涯中，社交疗法是她在以病人为中心的医学中见证过的最具革命性的举措，而该疗法都是基于对话。埃萨姆医生给我讲了"约翰"的故事，他是她用社交疗法治疗的第一个病人。约翰在六十多岁的时候活得十分痛苦，他看起来比实际年龄老很多，还饱受一系列慢性健康问题的折磨。不同的医生给约翰开了很多药，但他甚至不让埃萨姆医生检查他和他的药。他做任何事都是在对抗。无奈之下，埃萨姆医生把约翰介绍给她诊所一位名叫卡罗尔的新社交疗法的医生。

卡罗尔去约翰家拜访了他，马上就意识到了问题的严重性。约翰的住所十分脏乱不堪。他有囤积癖，公寓的地板都被垃圾盖住了。他找不到房东的电话号码，这意味着从来没有人来修理他公寓里堵塞的管道，所以约翰把粪便从窗户扔到花园。他的邻居讨厌他，他的亲姐姐甚至不和他说话。"这个人非常孤僻。"埃萨姆医生说，"没人认为值得在他身上花时间。"

卡罗尔找到了房东的电话号码，安排了一个水管工，然后带约翰到当地的一家咖啡馆喝茶。她和他面对面地交谈，像正常人一样交流，约翰没有像他经常对医生、邻居和任何他必须接触到的人那样生着闷气、无视卡罗尔，而是开始回应她，进行简短的交谈。卡罗尔定期来看他，不久约翰就可以独自去咖啡馆喝茶了。"人是会变的！"一天，约翰激动地告诉卡罗尔，"他们真的叫了我的名字！邻居们也开始和我聊天了。有一个邻居刚生了孩子，他们甚至让我捏了捏那个小婴儿！"约翰的姐姐重新跟他联系，还邀请他去过圣诞节。几个月后，当约翰再次来到埃萨姆医生的办公室时，已经判若两人。他看着埃萨姆医生的眼睛，和她交谈起来，还让她给他检查。埃萨姆修改了他的处方，使他的健康状况有了显著改善。从那时起，埃萨姆医生通过社交疗法帮助了无数患者——失业的年轻人、有创伤的阿富汗退伍军人、被孤立的难民妇女、被遗弃的老人和顽固的退休人员——她逐渐发现，谈话聊天是他们所有人转变的关键因素。埃萨姆医生说：

> 这些重复的对话使人们能够找到自己的动力、恢复力、解决问题的能力、机会和愿景。关键在于希望。当人们已经失去希望……那你不能把它写在处方上。当失去希望、远见和未来……人就会死亡。他们的心灵生病了，病得很严重。我不知道有什么药可以解决这个问题。在谈话开始的那一刻，尽可能地接近对方的空间是很重要的。要足够近，近到让他们意识到这一刻真的有人在认真听我说话，我真的很重要。我们之间的每一分钟都温暖着我的心，让我敢去相信这将是一次我会很庆幸参与的对话。这不是自上而下的对话。不是那种质疑我"你到底怎么了？"式的对话，而是"你想做什么呢？"式的对话。

同理心是必不可少的。病人需要有"终于有人站在我这边"的感觉。

新冠肺炎疫情暴发一年之后，埃萨姆医生已经清楚地意识到，在紧要关头，与患者在线对话可能会奏效，但是经由数字技术做媒介进行的对话会失去大部分效果。病人缺少可靠的网络和电脑设备，安排在线会议也很复杂。在诊所里，医师或护士可以在见到病人时就把他们带到可进行社交处方治疗的人面前，并立即开始他们的第一次谈话。然而在网上，这两个人必须远程联系，而这对病人来说往往是一个巨大的难关，因为他根本就不会回复消息。非语言的线索对于埃萨姆医生判断病人的需求、与之建立信任方面非常重要——眼神交流、肢体语言、患者呼吸的速度和深度——这些线索在网上都看不到。"社交处方是关于认可某人，注意到他们在周围人中所处的位置。"她强调了社交处方对话发生的物理环境的重要性。

虚拟对话会破坏语言环境。它丢掉了人们可以为之闲聊的东西……"天气不错吧？"咖啡馆里发生着各种各样的事情，坐在里面你不会感到受到威胁或过分关注，那么你就有了可以对话的空间，并且允许自己放松下来，可以多谈谈你的感受和正在发生的事情。接收到的所有其他信号……微笑，孩子们抚摸着狗……人类周围的点点滴滴，能让一个孤独的人感到自己是社区集体的一部分。一位同事将社交疗法描述为"让社区围绕在一个人身边"。我们的对话发生在社区背景下，并基于你在这个社区中有一个角色的基础之上。虚拟对话是枯燥的。

这就是伦敦北部 52 岁老人达伦·威斯特的经历，他的生活因埃萨姆医生诊所实行的社交疗法而改变。2012 年的时候，威斯特处境艰难。他的父母不久前去世了，他刚刚丢掉了干了 15 年的工作，并且太太还在跟他闹离婚。"我当时真的跌到了谷底，"威斯特说，"我下不了床。我一直都有焦虑症和抑郁症，那段时间尤其严重，但后来我独自生活，就需要走出家门，和其他人交谈。"威斯特最后来到了健康小组，组里十来个人每周在社区诊所聊上两个小时。那里没有心理医生，没有社会工作者，也没有人在旁记录。在那里，大多数人几乎没有共同点，威斯特记得第一次见面时他问自己："我是怎么来到这里的？"

起初，威斯特很少在这些见面会上发言，并且他几乎从不和见面会以外的人说话。然而，几周、几个月、几年之后，威斯特慢慢地从他的孤岛走了出来。这些谈话使他从一个抑郁、孤立、极度不快乐和身体不适的人转变成了一个有工作、有朋友、有爱人，以及有社区活动可以积极参与的人。"它给了我从床上爬起来的理由，让我有所期待，让我知道，当情况非常糟糕的时候，我所要做的就是起床去社区和我的组员在一起。"威斯特说。这些对话是他的救生索。

这是为什么呢？见面会上说了什么改变了他？说实话，威斯特也说不清。这个小组不是治疗小组，大部分对话都很无聊。大多数情况下，他们谈论的话题都是威斯特毫不关心的，比如体育或名人文化，但他最终看到了这种毫无意义的话题的价值。这些肤浅的话题能让人们敞开心扉，彼此交流，因此，当有人想冒险谈论私人话题时，他们相信别人会接受自己。当诊所因新冠肺炎疫情原因关闭时，威斯特加入了另一个在 Zoom 上举行见面会的小组，但仅仅一次会议后他就失去了兴趣。他的几个小组成员开始在 WhatsApp 上聊天，但聊天很快就变成了重复使用励志名言和愚蠢的表情包。"对话突然变得非常非常不受重视，就好像这几乎不算什么大事。"威斯特说道，"这不像是对话，而像是一系列的声明。"

2021 年夏天，在我与威斯特交谈的一周前，他刚参加了新冠肺炎疫情开始以来健康小组的第一次线下会议。虽然他担心因新冠肺炎疫情分开的时间可能会让他们的对话变得更加困难，但每个人都从之前中断的地方接续上了。"我们信任彼此。"威斯特告诉我，"每个人都很乐观，这几乎无须言语表达。我们可以坐在那里两个小时不说话，这也没关系。这很奇怪。"他为什么会这么想呢？"是时间的原因。"他笑着说道。"你要么在现场，要么不在。这不像是电子邮件或 WhatsApp 帖子。你就在那里。这是实际的时间和空间。不像我们现在共享的数字世界。我不知道它是如何运行的。我只知道它在某种程度上是有用的。"

新冠肺炎疫情迫使我们与家人利用 Zoom 聊天，加入群聊，与世界各地的朋友进行视频通话，但最重要的是，它迅速增加了我们对社交媒体的使用度，使我们在社交媒体的花花世界中度过的时间大大增加。我们求助于社交媒体来获取信息和知识，因为我们试图解读哪些新闻值得信任，哪些是与我们的需求相关的。我们使用社交媒体是为了联系那些失去联系的人，也是为了找到那些和我们有相似兴趣的人。我们观看直播和照片。我们发信息、评论，表情包如雨点般发出去，并毫无限制地投入其中。我们待在家里，感到形单影只、孤立无援，因此渴望信息、渴望联系、渴望娱乐，这时社交媒体开口邀请我们了："来吧，来聊天吧，这里有你所需的一切！"

多年来，我一直在有意识地远离社交媒体——删除手机上的应用程序，在电脑上安装软件，把每天花在电脑上的时间限制在几分钟之内。但当新冠肺炎疫情开始时，我迅速忽略了这些规定，一部分原因是为了尽可能获得关于病毒的最新信息，另一部分则是出于无聊。我开始在推特上关注流行病学家和公共卫生人士，但我也在七年后第一次重新开始玩 Instagram（图片分享应用），每当我觉得无聊的时候（我经常觉得无聊），就会翻看长板冲浪者和面包店的账号，以品尝那些无须思考的多巴胺（冲浪！羊角面包！）的美味。我努力向那些在脸书上认识的人发送生日信息（一条真正的关于生日快乐的信息，而不是像神经病一样发送"猪生快"）。我拼命推销我的新书，回复推特，在领英网上发帖子。我加入了我们的街道和多伦多冲浪者的脸书群。我给别人点赞，点击不同的应用程序，分享有意思的东西，翻看别人的状态，刷新动态。我不断地刷新，一次又一次，一次又一次，直到感到头疼，心跳加速，胸口发紧。但我坚持了下来，心甘情愿地把自己投入数字地狱的烈火中，因为我说服自己，我真的需要它的温暖。

人们从未觉得我们如今所知的社交媒体是如此强大、无处不在和具有破坏力。在互联网诞生之初，它是一种组织和收集网上各种对话的方法，并利用这些对话建立不受地理和时间限制的真实社区。早期的公告栏和论坛将 20 世纪 60 年代乌托邦社区理念与真正的全球对话的未来主义概念融合在一起，在很大程度上实现了他们的承诺——创造安全、平等的空间，让人们可以聚集和交谈。帕梅拉·麦考达克（Pamela McCorduck）就是其中之一。麦考达克作为人工智能领域的先驱作家和阿帕网络（五角大楼的互联网前身）的早期平民用户，早在我们大多数人听说调制解调器的十多年前，就开始发送信息和电子邮件了。1989 年，她受邀加入 The WELL（全球电子链路），这是互联网最早的社交网络之一。

"这跟与随机的人就随机的话题进行随机的对话是不同的。"她说道，将之与定义早期互联网论坛的公告板进行了比较。

> 我登上 The WELL，这些数字对话首先给我留下的深刻印象是——这是我成年后第一次没有男人插话打断我。我可以说我想说的话，然后说完我想说的话！对大多数女性来说，你只是习惯了开会时男人从你身边走过并打断你，但你无法让他们闭嘴。如果数字对话会改变这一现象，那我完全支持！因为我可以联系我无法接触到的人。我们或多或少都在认真讨论这些话题。我真的认为这将是进行对话的一种很好的新方式。

突然之间，不管你住在哪里，性格如何，或者长相如何，你所要做的就是上网寻找你的对话对象。想谈谈 19 世纪邓肯·菲夫的家具修复？这边请！想要探讨后现代巴拉圭政治经济学中错综复杂的马克思主义观点？您请看这边！你觉得有必要把辛普森家第四季的杰作《犁先生》一帧一帧地拆开挑刺，同时用上你所能想出的所有双关语？那犁王您这边请！这些对话既自由又随意。你几乎不了解那头的人。在互联网上，没人在乎你的身份。重要的是对话和交流。正如 Metafilter 社区博客早期成员杰赛明·威斯特所说的那样，那些纯真的日子基本上就是人们在说："让我们去网上和一群书呆子讨论书呆子喜欢的东西吧。"当然，也有侮辱和"口水战"，但大部分都是善意的玩笑。

然后，到了 21 世纪，随之而来的是社交媒体的现代时代。交友网站（Friendster）是第一个广泛应用的社交网络，紧随其后的是虚拟现实先驱《第二人生》（网络虚拟游戏）和 MySpace（社交网站），但到 2005 年，当脸书上线后，这些东西迅速退居幕后，一年后推特也出现了。突然之间，每个人都在网上聊天——你的兄弟、母亲、室友、邻居，甚至还有祖父母。人们争先恐后地创建账号，加入重大话题的讨论中来，包括公众人物、政府部门和企业公司。其中许多对话都集中在特定小范围内或高度专门化层面上。2007 年，我正在写我的第一本书《拯救熟食店》，我创建了一个脸书页面。在那里，犹太熟食爱好者可以聚集在一起，讨论咸牛肉三明治和其他伤感的话题。世界被连接在一个巨大的对话中，实时展开，就像乌托邦式的数字未来主义者所预测的那样。但这个社交媒体时代与之前的聊天板和聊天社区有很大不同，随着时间的推移，这种转变的成本，以及它背后的架构，变得越来越明显。

将脸书、推特、Instagram、Discord 和其他社交媒体时代的新平台与早期社区如 Meta filter 和 The WELL 区分开来的，不仅是它们的规模、功能或主题，而且是支撑他们的商业模式，它是经济和意识形态自由主义的强化版，将对话视为一种自然资源，可以用来获取商业利益。

学者兼作家肖沙娜·朱伯夫在她 2019 年开创性的著作《监视资本主义时代》中彻底剖析了监视资本主义不可抑制的崛起对个人和更广泛社会的影响。"纯真的场所和交谈被嵌入了一个行为工程项目中，这个项目规模宏伟、雄心勃勃。"朱伯夫写道，"一切都取决于给算法喂食，让算法能有效而精确地咬住他或她，并且不松口。所有这些天才和金钱的投入都是为了将用户，特别是年轻用户，像风挡玻璃上的虫子一样粘在社交镜子上。"社交媒体公司用世界上最复杂的算法和行为科学操纵控制我们的对话，使它们更吸引人，更能激怒他人，也让人更容易上瘾。他们监视我们的互动和亲密行为，玩弄我们的语言和情感，利用我们的人性，只是为了从广告中赚钱，他们将那些广告投送给我们，就像喂给在畜栏的泥浆中打滚的牲畜一样。

在社交媒体上，你说的或输入的每一个字都在为机器提供信息，它的主要目标不是对话的自然流畅，而是旨在对话的最大潜在经济产出。亚当·奥尔特（Adam Alter）是《无法抗拒：上瘾技术的兴起和让我们上瘾的商业》（*Irresistible: The Rise of Addictive Technology and the Business of Keeping Us Hooked*）的作者，像他这样的学者记录过社交媒体公司是如何使用与造酒公司和赌场一样的伎俩，通过设计复杂的反馈循环——每次你获得关注时释放少量的多巴胺——让你尽可能长时间保持状态，让你依赖于点击、点赞和分享。我们现在才开始考虑这些后果，就像 60 年前我们第一次考虑抽烟的后果一样。

在他那本受众颇广的书《删除社交媒体的十大理由》（*Ten Arguments for Deleting Your Social Media Accounts Right Now*）中，网络卫道士、后来成为评论家的杰伦·拉尼尔（Jaron Lanier）说得最好，他认为社交媒体把人们变成了人渣。并不是把所有人在所有时候都变成了人渣，而是把大多数人在很多时候变成了人渣。原因很简单：负面情绪更吸引人。人渣们在社交媒体上发了财，让社交媒体公司赚了更多钱。愤怒比善意获得的点击率更高。"出于上瘾和操纵的目的而使用负面情绪相对容易，这使得达到不体面的结果相对容易。"拉尼尔写道，"生物学和数学的不幸结合造成了人类世界的退化。"在网上做个人渣十分容易。我曾经这样做过，讽刺嘲笑新闻上的陌生人或我从未见过的公众人物，因为我知道他们会有反应。我曾见过只要给予善良的人正确的提示和合适的主题，他们就会变成邪恶的喷子，我也为自己用不合时宜的嘲讽回复信息或帖子感到羞愧，因为我使用的是面对面跟人交谈时永远都不敢用的词语。"电子产品十分擅长传达坏情绪。"当我们通过 Skype 交谈时，奥尔特告诉我，"我在看电子产品时感受到的强烈愤怒，就像你在路上抢我的车道一样。但你永远不会在电子产品里感受到现实生活中的欢欣雀跃。"社交媒体将对话变成了攻击人的武器。它将对话中显示的人性抹掉，让其他人更加抽象，然后引诱人们明知不可为而为之地做一些错事。

我所目睹的最令人沮丧的事情之一是多年来，在《拯救熟食店》的脸书页面上，话题讨论程度稳步下降。讨论区一开始气氛非常融洽，一团和气。但随着时间的推移，它变成了一小部分直言不讳的用户之间谩骂、指责和讽刺的战场。我不得不任命小组里的不同成员担任版主，这片法律覆盖不到的地方总有年长的犹太男人（哦，总是男人）在最愚蠢的琐事上互相较劲，版主就像讨论区的治安官副手。去哪里吃牛肉卷，费城谁的舌头三明治最好吃，或者是否只有合乎犹太教教规和礼仪的熟食店才算真正的犹太熟食店，这些问题很快就演变成了评论、侮辱、威胁和反威胁的攻击战。我过去常常介入其中，试图平息这些冲突，开始的时候我会提醒大家要有礼貌，然后就会上传梅尔·布鲁克斯的《太空球》中我最喜欢的片段，由里克·莫拉尼斯饰演的黑暗头盔大喊"这艘船上到底有多少混蛋？"——但几年前，我再也不能忍受他们的争论了。我告诉版主们要对评论区严加控制，但不要把我扯进来，他们每周都要与一群在博卡拉顿和长岛的退休人员进行争论、警告、说服、禁言，这些人的行为就像傻瓜一样。

让我说明一点：我不反对意见或言论自由。我是作家、记者、职业演说家，一个从不掩饰自己对某件事想法的人，尤其是食物方面的事。如果你走进任意一家犹太熟食店，你会对那里的一切充满各种想法和判断，就像《犹太法典》的圣言一样公正。就在前几天，我和本（读书俱乐部的名人）一起吃百吉饼，我们讨论了多伦多两家竞争面包房里哪一家的百吉饼更好。就像只有中年犹太男人对百吉饼能做的那样，我们争论不休、批评不断、越说声音越大。但我们从来没有失礼于对方，而且作为朋友，我们从来没有想过这样做。但在社交媒体上进行的完全相同的对话最终会吵到不可开交。

如果争吵只出现在寻常的话题中就好了，比如 kishke（犹太香肠）的正确发音，但事实显然不是。当网上对话开始传播，社交媒体开始发展时，人们希望它能成为人类统一未来的论坛，在这里，全世界的公民终于可以自由、平等地交谈，而不考虑忠诚、财富，也不考虑传统媒体（报纸、广播、书籍等）的看门人想要什么。从这些更广泛、更迅速、更自由的对话中，将不可避免地产生共鸣、理解与和平的三合一效果。

这是多么美好的愿景。

一个关于这个希望时代的小场景：那是 2009 年 1 月，我在时代广场 MTV 总部的一间会议室里，和其他二十多名媒体专业人士在一起，这些专业人士包括作家、导演、新闻记者、戏剧制作人、摄影师以及广告和营销主管。我们是受一个共同的朋友邀请来见一个叫亚历克·罗斯的人，他刚刚参与了奥巴马的成功竞选，并为此制订了总统科技创新计划。现在，罗斯在国务院工作，为美国的全球外交带来了社交媒体知识，他想听听我们对它的看法。那次简短的会谈没有产生任何具体的成果，但我感觉罗斯（他后来写了一本名为《未来工业》的书）希望用他把奥巴马送上总统宝座时使用的同样工具（即脸书和推特）来帮助把美国人的爱好、理想以及民主传播到世界各地。他称之为 21 世纪的治国之道。

相反，我们看到社交媒体所做的一切与罗斯和其他相信其民主化潜力的人所希望的背道而驰。是的，社交媒体让年轻的阿拉伯民主人士在开罗、的黎波里和其他地方组织抗议和愤怒地呐喊，但这也帮助那些独裁政权追踪、囚禁、折磨和处决他们，并使传播错误信息变得更加容易。社交媒体让 ISIS 恐怖集团从伊拉克和叙利亚的小规模种族叛乱组织迅速演变为强大的全球恐怖主义力量，在世界各地夸大了其负面或危险信息。社交媒体帮助一些民主改革者赢得了选举，推翻了独裁者，但它也让法西斯民粹主义者、反民主煽动家、独裁主义者、专制君主和其他彻头彻尾的独裁者比以往任何时候都更容易扭曲真相、传播错误信息、宣传手段现代化、压迫他们的公民、在国内外窃取选举成果。社交媒体传播了有关新冠肺炎疫情的重要信息，但它也助长了错误信息和谎言的泛滥，这些错误信息和谎言源于反对疫苗接种的倡导者及其无知的支持者，导致世界各地无数不必要的感染和死亡案例，延长了每个人的痛苦。

社交媒体是煽动跨大陆种族间仇恨的直接原因，它导致了暴动、大屠杀和残酷的种族灭绝，比如在脸书及其姊妹社区

WhatsApp 上组织和宣传的那场摧毁缅甸罗兴亚社区的恐怖事件。这一切并非偶然。它受到了社交媒体经济结构的推波助澜——那些同样以人渣为中心的算法，最终走向了合乎其逻辑的悲惨结局。根据《纽约时报》公布的秘密文件记载，2019 年脸书的一名内部研究人员曾暗中操作印度喀拉拉邦一个随机账号三个星期，并做了相关记录，他这样操作只是为了看看它会透露出什么样的网络信息。研究人员遵循一个简单的规则：遵循脸书算法生成的所有推荐。结果令人感到震惊。报道指出，测试用户的动态消息几乎一直充斥着两极分化的民族主义内容、错误信息、暴力和血腥。脸书的研究人员在这三周内看到的尸体图片比他们一生中看到的还要多。这件事是在脸书调整了同样的算法，将"引发留言和有意义的互动的帖子按优先级排列"之后发生的。

哦，天哪，理想总是美好的。

这自然让我们想到了唐纳德·特朗普。特朗普既不是政治大师也不是邪恶天才。他的想法简单、矛盾、自私。但毫无疑问，他是社交媒体方面的奇才，也擅长使用社交媒体将对话曲解成对他的赞美之词，为他所用。他是一个极端的愤怒煽动者，一个超级混蛋，他在一天中的任意时间都能发出全部使用大写字母的信件——目标是助手、敌人、盟友、世界领导人、名人，甚至是死去的士兵——因为他知道每一次点击都意味着更多的关注。在未来，我们还能否向那些没有经历过特朗普时代的人解释那个时代的无脑膜拜呢？当你打开推特，看着这个世界上最强大的国家沦为充满恶意的社交媒体时，每天的焦虑和疯狂会使我们兴奋不已吗？这个退化的速度令人震惊，就像一场卑鄙的闪电战，你还没来得及处理上一个电击，下一个就像新鲜粪便一样从上面掉下来。你想看到对话的数字化未来？瞧瞧特朗普，在马桶座上就能给北约峰会搞破坏！但他的支持者因此爱戴他。因为他"不惧战斗"，像他们一样在社交媒体上毫无顾忌地分享自己的想法。

著名政治学家、《历史的终结》和《最后的人》等书的作者弗朗西斯·福山说："民主真的是一场人们讨论、表达观点并达成共识的对话吗？数字技术削弱了我们进行公开对话的能力，因为它削弱了塑造这种对话机构的权威性"——新闻媒体，出版商，政党，大学——"取而代之的是不民主的声音，是虚无主义的声音。任何人都可以在网上说几乎任何事情，但你无法筛选这些信息，也无法判断哪些是真的，哪些是假的。有一种关于民主的天真信念认为，参与度越多，就可以拆除越多的障碍，这将导致秩序自发产生，但有太多的例子表明，访问量越多，透明度越高，世界就越糟糕。"

然而，透明度是社交媒体公司及其神一般的创始人的核心价值观，每当马克·扎克伯格和杰克·多尔西的创意导致现实世界一片混乱、充斥暴力和社会侵蚀时，他们就把自己包裹在言论自由和开放获取的旗帜下进行自我开脱。福山说："我认为透明度在很多方面都被高估了。"他指出，完全开放的对话，不受社会规范、规则或文明社会的约束，最终会对一个健康的民主进程产生相反的效果。"当它太开放的时候，你就无法深思熟虑。你必须承担风险，提出一个可能是错误的建议，但你必须把它讨论清楚。你必须扮演恶鬼的代言人。如果透明度每时每刻都是最高，那么没有人会冒任何风险。"隐私在对话中的地位非常重要。它允许人们以完全合法的理由，对特定的观众说一些事情，而不对其他人说。它可以使对话自然地进行，提高信任度和同理心。社交媒体如果完全透明，那么信任度就会下降，同理心就会迅速萎缩。"如果不尊重对话的隐私，对话效果就不会很好。"福山说道。

我想让你试着回忆一些你与朋友和家人在线下关于政治的对话，以及一些你在网上关于政治的对话。毫无疑问，线下对话变得很激烈。线下对话的风险是真实的，事关生死，每个人给他们带来的激情也是真的。但无论分歧有多深，谈话有多少争议，那些线下的对话很少会退化到我们现在在网上看到的样子。我在美国各地旅行时，经常和许多美国人谈起特朗普，有瞧不起他的左翼积极分子，也有把他的照片挂在墙上的福音派教徒农民。作为一个完全不同意他所主张的一切的犹太自由派加拿大人，我已经表明了我的立场，但从来没有人侮辱过我或威胁要把我关进毒气室，而我朋友在推特上遇到这种事的次数多得都数不清了。

"当人们使用数字媒体作为他们的主要交流方式时，我们和现实世界之间会有一个缓冲，"得克萨斯大学奥斯汀分校研究宣传、民主和互联网的塞缪尔·伍利说道，他也是《现实游戏：下一波科技浪潮将如何打破真相》一书的作者，"网上有一个脱敏过程，在那里我们不把人当人看。我们认为出现分歧的时候是不需要以礼相待的。当我们可以匿名时，我们会毫无疑问地变得更加好斗和暴力。"伍利告诉我，与社交媒体愤怒类似的是"路怒症"。"当你在车里的时候，你和现实世界之间有一个金属和玻璃的缓冲器。这让你比走在街上更有可能变得有攻击性、愤怒、按喇叭、对人发脾气。汽车内部的保护媒介助长了一种心理变态行为。它使你摒弃了人性和同理心。"我们手中像玻璃和金属笼子一样的手机也是如此。你可以按喇叭，大喊大叫，启动你的旋转引擎，然后连接到网络的另一个角落，看不见承接你愤怒的人的反应，情况就不会更糟糕。

美国大选后的那个晚上，乔·拜登的胜利还没有确定下来，我们读书俱乐部的人在托比家的后院碰面。托比是俱乐部里的两个美国人之一。他曾在德国和阿富汗担任美军军官，之后为联邦政府工作，后来他爱上了我嫂子的好朋友，就搬到了加拿大定居。托比在纽约州北部的一个小镇上长大，这次选举让他十分担忧。他讨厌特朗普，但他也有很多支持他的亲戚朋友，因此他挑选的每一个传奇故事都代表了他个人的感受。他选择的书是普利策奖得主伊莎贝尔·威尔克森的作品《种姓：我们不满的起源》，该书观点辛辣而尖锐，书中按照种姓制度重新划分了美国社会中所谓的种族划分，并将之与特朗普的名声大噪和他在社交媒体上煽动的仇恨联系起来。

那天晚上我们的谈话并不轻松。我们七个都是出身优越的白人，虽然都喜欢这本书，但我们对威尔克森提出的每个观点肯定不是完全一致的。白人特权的界定标准是什么？如果种族之分是人为创造出来的，是人种之间不公正现象的基础，那我们所认同的"种族"又说明了什么呢？仅仅因为我们不公平地享受了"占主导地位的种姓"（如威尔克森所说的那样）所带来的好处，就会使我们一生中取得的一切成就作废吗？我们建立的事业呢？我们购买的住所呢？都作废了吗？我们对"黑人的命也是命"的真实看法到底如何？为了纠正奴隶制的历史错误，社会应该做到什么程度？什么程度才算太过？那天晚上我们讨论了这些问题，还讨论了特朗普，直接谈到了问题的核心。但我们从没有大声争论。也从没指责过对方。我们像朋友一样交谈，互相尊重，到晚上结束的时候，我们吃着托比做的堪称人间美味的红薯派，喝着热棕榈酒取暖，在场的每个人都觉得，过去4年的混乱带来的创伤终于开始愈合。从表面上看，那晚我们的谈话和其他谈话没什么不同。但八个月以来，这么多这样重要的对话都被迫在网上进行，面对面的交流讨论显得如此罕见，如此文明，如此美妙。

尽管极端分子、纳粹分子、无政府主义者、反接种疫苗者和特朗普死亡信徒们的数量惊人，但在各个政治派别中，似乎都有一种相当普遍的愿望，那就是控制这些渣滓。所有这些努力的关键之一则是面对面模拟对话在其中所扮演的角色。美国《纽约时报》专栏作家大卫·布鲁克斯在2018年创立了阿斯彭研究所的"编织（Weave）"项目，负责该项目的弗雷德里克·莱利表示："我们正在努力重建我国的社会信任。"该项目的基本理念是与美国各地的团体、个人和社区合作，修复被政治破坏的社会结构。尽管布鲁克斯后来退出了这个项目（部分原因是脸书对其资金的利益冲突），但项目仍在继续。"当社会信任度高的时候，人们创新能力会很强，人们会纳税，人们会投票。但社会信任度低的时候，你就能看到 1 月 6 日发生的事。我们知道，当地人在当地社区可以建立社会信任。这些人就是'编织者'，我们支持这些社区的'编织者'把工作做得更好。""编织者"包括宗教领袖和教会，非营利组织和社区中心，以及其他个人和团体。简单来说，"编织"项目让美国人面对面地聚在一起。剩下的工作由他们之间的对话完成。

莱利说："对话会建立人际联系，而人际联系又会促成我们的工作。"

没有对话就没有联系，这个顺序不能改变。对话让我相信了你，这进一步加深了我们之间的联系。通过对话，我们不仅仅把对方看作屏幕上的一个人或一个职位。它让我把你看成一个活生生的人，而不是一个冰冷的电子邮件地址。对话能使联系更深入。每当开始交谈时，我告诉人们我在哪里长大时，就褪去了（情感上的）桎梏，这立即成为一种人文建设的行为。人们会说，"哦，我丈夫来自密歇根州的萨吉诺"，或者"我认识那里的人。"这种对话有一种人性化的效果，因为一旦你了解了一个人的故事，你就很难真正讨厌他了。

对话使人与人之间自然而然地产生同理心。在过去的几十年里，同理心已经成了一个时髦词汇，商家用同理心来判断一个潜在客户想买哪种类型的手机。但归根结底，同理心是一种至关重要的人类能力，能够感知另一个人具有同等价值。同理心是理解的基石，但是人们在网上几乎无法建立同理心。当你和某人面对面交谈时，你会听到他们面临的挑战、他们的喜好、观点和过去，你会真正了解他们。当一个社会的同理心下降时，就会出现分裂、冲突和暴力。在我们读书俱乐部线下聚会之前的那个周末，莱利（他是一个黑人）去圣地亚哥看望他的哥哥。一天吃晚饭的时候，莱利哥哥的白人岳父和莱利聊了聊最近美国各地发生的种族正义抗议活动，起因是备受关注的乔治·弗洛伊德（George Floyd）死于明尼阿波利斯警方之手。

"所有'黑人的命也是命'之类的东西都是废话，"他哥哥的岳父说，"所有人的命都是命！"

莱利没有生气，没有为自己辩解，也没有走掉，而是尽力让这个人从自己的角度看问题，并与他产生共鸣。

"我说，'让我带你回顾一下黑人在这个国家所经历的一切，以及这个系统是如何运作的。'"莱利把奴隶制、种族隔离和制度歧视的后遗症与他自己关于警察、学校、雇主和其他人的种族主义的故事联系起来。

　　过了一会儿，哥哥的岳父回答说，"我从来不知道那些事情……这是真的吗？"莱利接着问他是否想知道更多，他给了肯定的答复。"所以我就跟他说了更多。"

　　晚餐结束时，他哥哥的岳父对莱利说，如果他听到的都是真的，他可能就不会说刚才那样的话了。他的确把莱利的话听进去了。他把莱利看作一个人，现在更加理解了他作为一个生活在当今美国的黑人的经历，以及这种经历是如何影响他看待世界的方式的。那次谈话改变了他对一个相当有争议性的话题的看法。即使是面对面对话，会发生这种可以转变观念的可能性也很小，但在社交媒体上，这种对话发生的概率为零。事实上，恰恰相反的情况更有可能发生。在网上，你现有的观点更有可能变得愈加根深蒂固，不会发生改变。

　　"我们大多数人对于核心问题都没有异议。"莱利说，并指出每个人都想要干净的水资源、教育资源优秀的学校、更安全的社区和更健康的家庭。"通过对话，我们可以帮助彼此认识到我们在很多事情上的共识比想象的要多。"尽管"编织"项目在新冠肺炎疫情期间能够继续以视频聊天和其他在线形式开展大量工作，但事实证明，数字对话在加强社会结构方面效果远不如线下对话。莱利说，社交网络可以使人们保持联系，但它们是互不信任的主要驱动因素，网上到处都是霸凌者和"信任破坏者"。建立信任需要通过一次次的对话、邻里结对，这个过程通常需要几年的时间。

　　史蒂夫（化名）就是一个例子。他在密苏里州一个非常保守的基督教家庭里长大，他父亲赞同所有关于世界末日的阴谋论，从千禧危机和戒严令到太阳耀斑和彗星撞击。他们一家搬到了一个农场，储存食物，储备枪支，用各种末日情景测试史蒂夫和他的兄弟姐妹。关于末日的认识都来自边缘书籍、杂志和保守的 AM 广播，但史蒂夫的父亲一旦有了智能手机，就真正陷入了深渊。他父亲最终成了特朗普的激进支持者，并参加了 1 月 6 日在华盛顿特区举行的臭名昭著的"停止偷窃"集会，但当国会大厦被攻占时，他已经返回酒店午睡了。

史蒂夫自己的观点在大学期间开始改变。他在北爱尔兰参加教会旅行，在贝尔法斯特与共和党天主教徒和新教统一党接触，他们向史蒂夫表明，尽管看似顽固的团体之间存在激烈冲突，但他们之间的对话可以建立持久的和平。"如果你想走出你的幻想，就去看看人们是如何生活的吧。"史蒂夫在芝加哥的家中对我说。旅行结束后，他转学到一所世俗大学，突然被迫与他从未遇到过的更广泛的社会群体学习、生活、打交道，这些群体是来自不同性别、文化、政治和宗教背景的个体。

"我认为在那些与其他同龄人包括同学、朋友、女朋友的对话中，有很多需要沟通的地方。"史蒂夫说。"我从小就被告知这些人是罪人，但现在我却和这些人成了朋友，还和有女权主义教育背景的强大女性进行了有意义的对话。我还认识了更多的同性恋者，这让我认识到人就是人这个事实。"他以开放的心态对待每一次会面，就好像他还在参加教会旅行一样。但这些对话并不都是有趣的。不断挑战他的现实感让他筋疲力尽。尽管如此，史蒂夫告诉我："你必须愿意保持开放的心态，与人交谈，并反复进行一些相同的对话。看着别人的眼睛，和他们一起吃点儿东西，喝上一杯，一起冒个险，更切实地看到别人的日常生活，而不是在文本框里或在推特上用 140 字符看到别人的日常，我真的不觉得有什么能代替这些。"

史蒂夫说，你可以在网上看到别人的近况，但你很少能直接从他们的嘴里听到消息，即使听到了，你所了解的他们的真实身份也是最片面的。相较于寻找一个移民并认真倾听他们的故事，你在网上评论说移民是一个问题会让你获得更多的多巴胺。上网比在现实生活中能更容易即刻找到完全同意你观点的人，但上网并不能让你真正感受到他人的真实为人。你对他们的生活没有更深入的了解。你对他们的处境毫无同情心。你几乎交不到真正的朋友。

事实是，数字对话根本就不是真正意义上的对话。它是沟通，是人与人之间的联通。它可以是有用且高效的，是跨越物理距离的一个很好的选择，但将一种交流形式等同于另一种是完全错误的。数字通信是分享和传递信息的一种极好的手段。而对话是发生在两个同处一个空间的人之间，在一个空间里面，两个人的信息和情感会在不知不觉中混合在一起。真正的对话是模拟的。

网络社区 Metafilter 的资深会员杰萨姆·韦斯特比较了自己在线上和线下的对话，说："这就像冲澡和泡澡的区别。"这种差异在新冠肺炎疫情期间变得明显起来，住在佛蒙特州一个小镇上的韦斯特想和周围的人交谈，比如她 90 岁的女房东。"我们看到的是，你的地址确实很重要，尽管我们被承诺可以成为罐子里的大脑，去任何我们想去的地方。但是模拟对话提醒我们，人类地理学不仅是指我们的个人生活如何运作，还包括我们的社会生活如何运作。我们从这些对话中获得的额外深度，证明了模拟对话是人类生活中非常重要的一部分。"韦斯特说。"它们形成我们对家的感觉，塑造我们投票支持的人，控制着我们的情绪。你可以找一份数字工作，你可以在生活中不和那么多的人打交道，你可以有不同的侧重点。但我认为我们的生活已经敲响了真正的警钟，对大多数人来说，模拟对话交流实际上比我们想象的更重要。"她说。"你知道自己是个活生生的人，部分原因就是通过这些模拟对话。"

韦斯特仍然喜欢 Metafilter 社区，每周会花很多时间上网，参与人们的讨论，这些讨论是人们在家里进行的，涉及世界各地的各类话题。Metafilter 与推特或 Discord 等平台的区别之一是，它的许多虚拟社区定期在现实生活中见面，并继续当面进行网上的对话，这让她颇为满意和欣慰。他们把线上的对话延续到线下的生活中，巩固关系，这使他们的数字对话更好，更文明，更真实，因为这些在网上交流的人们知道彼此是真实的人。

著名电台主持人、性治疗师、大屠杀幸存者露丝·韦斯特海默博士说："如果说新冠肺炎疫情期间我学到了一件跟未来有关的事，那就是我多年来一直在说的那件事：友谊和与他人的互动是多么重要啊。"她没时间理会关于数字对话和远程社交是未来沟通方式的预言。当我们所有的感知聚集在一起，把模拟对话带入生活，那时候就没有东西可以替代它。人类总是需要触摸彼此、大声欢笑和注视彼此的眼睛。"我们都会回到过去的生活方式。"露丝博士预言，"我们仍然会使用电脑和 Zoom，但我认为这些过去会对未来产生持久的影响。人们会在派对上相聚，他们会跟别人调情，会约会……那就是人类生存的必要条件。糟糕的经历将成为非常重要的背景。"她说，"那样很好。从糟糕的经历中吸取教训，但不要沉湎其中。"

最令人兴奋的对话并不是发生在社交媒体或虚拟现实中，尽管社交媒体和虚拟现实技术可以使我们打扮成一只会飞的章鱼或其他东西，并且承诺会增强我们线上自我形象的复杂性，让我们可以与他人进行更丰富的互动和更深层次的交流。真正有价值的对话就在你的面前，一如既往地进行着。在新冠肺炎疫情期间，正是那些在公园、校园、后院、人行道、徒步小径和露台进行的面对面对话，让我感觉到身在现实之中。在病毒和学校停课的乱糟糟的日子里，在疯狂的美国大选及其引发的一片混乱中，在那些如过山车一般起起落落的疯狂岁月里，我要做的就是找到另一个人——一个朋友，一个邻居，一个心甘情愿的收银员——让我们彼此对视，哪怕只有一分钟，只为了能知道在这个混乱的世界上，我们并不完全是孤身一人。

数字技术向我们承诺了一个高效对话的未来，但我们意识到，当高效沟通成为我们仅有的东西时，就不够了。新冠肺炎疫情期间我们最想念的是真正的对话。我们想念与同事的对话，因为他们让我们工作更容易，让我们在办公室有一种归属感。我们想念与老师和同学的谈话交流，这些对话有助于我们积累真正的知识。我们想念与店主和服务员的对话，在公共汽车站与邻居和陌生人的对话，在音乐会场馆外面与朋友的对话，或在我们每月的读书俱乐部聚会上的对话。我们想念那些深刻、有意义、重要、触及我们深层智慧和情感的对话，也想念那些能让我们一整天都有点振奋的无聊的对话。

许多人仍然预测，未来会有越来越多的对话是数字化的。推销沉浸式虚拟现实场景对话的公司都在谈论能根据需求提供的同理心。那些销售数字语音助手的公司，如 Alexa 或 Siri，把这些智能软件语音想象成我们家庭的一部分。世界各地已经有养老院部署了机器人和电子宠物，它可以用安抚的语言和手势来回应人，比如点头、喵喵叫，自动说"我听到了"，这样可以缓解老年人的孤独感，但正如技术评论家雪莉·特克曾经写的那样，与智能机器人相比，人类应该拥有一种更具有同理心的关爱标准，智能机器人的关爱呜呜声只是一种编程的哑剧而已。

"别忘了拥抱！"这是玛丽·安妮·埃萨姆博士在我问她对对话的未来有何看法时给出的答案。"我觉得拥抱很重要，即使只是触摸手臂。以前有患者会特意找我要一个拥抱，这对他们产生的疗效比任何药物都要强。患者会说'见到你以后，我感觉好多了'。

你如何量化这些东西？我们不能变成虚拟的人。"她说道。指出社交处方在应对孤独方面取得的所有进展都可能会因转移到网上而付诸东流，因为英国政府中的许多人都在争论成本以及一些模糊的现代化呼吁问题。"你们必须肩并肩，互相看着对方！"这能够让你觉得你是社区的一部分，而不是自我感觉孤单且无人关心。

在我们聊天的最后，埃萨姆博士指出，网上和面对面的对话之间的一个关键区别是它们对我们记忆的影响。你还记得几个月前在推特上发的一条帖子或在脸书上的某次交流吗？更不用说几年前了。你还记得 2014 年和大学朋友们的搞笑短信吗？你能回忆起两个星期前和同事们开的 Zoom 会议吗？答案可能是否定的。因为它们都发生在相同的背景下，发生在相同的屏幕、软件和设备上，这让它们瞬间就能被我们遗忘。数字对话是短暂的。他们消失在虚空中。我回想起我们在 Zoom 上举办的一个读书俱乐部活动，虽然我还能记得我在沙发上的坐姿，但无论如何也记不起关于那次活动的其他任何事情。我不记得肖恩和杰克穿什么衣服，也不记得本屏幕上的背景。我敢肯定托比和克里斯对故事情节有一些有趣的看法，或者布莱克用他一贯沉着机智的观察把这一切联系在一起，但说实话，我现在什么也回想不起来。在那几个星期里，每天都被接二连三的视频电话填满，读书俱乐部的视频会议逐渐消失在喧嚣的背景中。

9 个月后，我们在我家后院相聚。当时是一月中旬，气温在零摄氏度附近徘徊，但对于加拿大的冬天来说，这种天气还算暖和。

我选择的书是记者比尔·布福德写的《肮脏》，这是一本极具娱乐性的法国美食颂歌。布福德曾在里昂狭窄、简陋的厨房里做过几年菜。两个月前，当我打开这本书的第一页时就开始计划这个聚餐了，我花了几天时间准备一个主题盛宴。餐桌上有从附近一家法国面包店买来的新鲜法棍面包，开胃菜是黑布丁配生菜沙拉和煎苹果，这是对布福德在书中描绘的给猪内脏放血场景的致敬。我做了酒焖仔鸡作为主菜，因为我觉得这道菜在室外不容易凉。另外，我买了一些发臭的萨伏伊奶酪和无花果蛋挞作为甜点。

我在雪地里铲出一条长长的小路，从邻居那里借了一个火盆和一盏取暖灯，在两张长桌上摆上了白色的桌布和我的婚礼瓷器。我在雪里冰镇了白葡萄酒，打开了最好的红葡萄酒，当我们穿着双层皮大衣和雪裤坐下来享用盛宴时，作为小惊喜，我用笔记本电脑给身在纽约家中的布福德发去了视频电话（我曾经和布福德一起参加过一个小组讨论，至今仍保留着他的电子邮件地址）。我们向布福德抛出了一大堆有关书中我们最喜欢的人物和经历的问题，对他赞不绝口，举杯向他致敬（遗憾的是，他是一个人在喝酒）。然后布福德退出了视频通话，我们的饭局开始了。我们用手掰开温热的法棍面包，涂上厚厚的咸黄油，分享我们对这本书的看法。我在烧烤架上烤着苹果，然后我们一起吃血香肠，克里斯这时正在读布福德的书，书中正好描述了拿着桶接住从猪体内流出的温热的血液，用前臂搅拌以免凝结的情节。

我们又喝了些酒，出于慎重考虑各自点上了一根烟，围到炉火旁取暖。杰克和肖恩在前两次读书俱乐部讨论过之后，宣布他们要一起开一家广告公司，我们为他们的成功干杯。美国人托比和布莱克还在为几周前美国国会大厦的袭击事件感到震惊，而克里斯则详细地向我们讲述了他每天所经历的地狱般的生活：一边在线教特殊教育的小学生，一边让两个年幼的儿子集中精力上网课。我把酒焖仔鸡端上桌，用勺子舀到碗里，倒了一杯浓波尔多葡萄酒。我们谈到了布福德的沉浸式新闻报道、里昂厨房里无耻的性别歧视、法国烹饪灵魂的理论，以及为什么食物能让阅读变得如此美味。我们热烈地讨论我们最喜欢的部分，但也毫不掩饰我们的批评，并举杯向书中倒下的英雄——帅气的面包师鲍勃致敬。我们又喝了不少酒，互相称呼对方为臭狗屎，就像书中所有的厨师称呼彼此一样。我们笑到哭，吃到撑，喝光了我家里的最后一滴酒。

那天晚上，当我洗碗到凌晨一点时，我在脑海中反复回忆着这些对话，为自己在朋友们的陪伴下度过的近期（天知道有多久）最愉快的夜晚感到高兴。就像我在读书俱乐部经历的每一个夜晚一样，我们聚在一起，进行只有面对面才能发生的对话，那样的夜晚我永远不会忘记。

第七章

拥抱模拟化未来

第七天是休息日。睡个懒觉，享用一顿悠闲的早餐，品尝一个牛角包，再喝一杯咖啡，直到智能手表发出提示音，提醒你休息不等于懒惰。个人健身应用软件需要你完成每日指标。是时候出出汗了。你可以系好鞋带出去慢跑，但外面很冷。幸好你还有其他选择：联网的跑步机和自行车，它们的智能传感器可以捕捉到每一个脚步和旋转，并与纽约工作室教练的鼓励叫声相连。

"一,二,三！坚持下去！多伦多的大卫!"

那几个月非常疯狂，充满了不间断的、前所未有的挑战，你内心深处迫切需要精神指导。你的教堂半小时后要举行仪式，但开车有点远，而且你已经宅在家里好久不见人了。不管怎样，去参加不是更好吗？那里会有很多人，但是……嗯……你真的想和他们说话吗？此外，你还得忍受至少一个小时的祈祷、单调乏味的颂歌和登山的冗长故事。

为什么不直接收听仪式呢？这个仪式如今也有线上直播，还有数千来自各个教派、信仰的人。你可以在虚拟现实中参加婚礼和葬礼，还可以与来自 8 个不同国家的参与者参加唱诗班。你订阅的支持人工智能功能的冥想应用程序会在你需要的时候发出提示，与其他健康应用程序、智能闹钟相辅相成，还有脑电波感应正念发带，可以保持身体和灵魂的平衡。点击，收听，找到你感兴趣的节目……然后精神焕发、心平气和地回到工作，准备好迎接一切可能。

现在，让我再给你描述另一个画面：现在是 12 月中旬，气温有零下好几摄氏度，但体感好像更冷。我裸着上半身坐在旅行车敞开的后备厢里，挣扎着钻进潜水服，每小时 80 公里的大风吹来的冰粒飞掠过我裸露的皮肤。最后，我穿上了潜水服，拉上兜帽的拉链，沿着结冰的小路走下去，跨过一条雨水排水管，排水管里恶臭的水流入一个蓄水池，然后绕过一个拐角，来到了布拉夫海滩，这是安大略湖上的一个小海湾，嵌在灰色的砂岩峭壁下。风吹来一阵阵的水滴和冰粒刺痛了我的眼睛，我不得不眯着眼睛看外面的湖。正当此时，我看到了它们——波浪，杂乱的、易碎的、冰冷的淡水波浪，伴随着一声巨响破碎开来。

海浪从起点出发，经过数千公里，在遥远的海滩上破碎成光滑的玻璃状，而湖浪是由风驱动的，最壮观的湖浪只有在最恶劣的天气里才会出现。湖上冲浪是最剧烈最多变的冲浪运动，在让人失望的平静湖面和嘈杂的、无法驾驭的白浪之间保持微妙的平衡。雨、雨夹雪和雪都是必备条件。阳光是少有的恩赐。恰逢好时机，湖浪可能会持续一两个小时，然后风向会改变。有时我开车穿过城市来到湖边，却发现自己错过了时机。有时，我在湖上搏斗了两个小时，一次起乘都没有完成就沮丧地离开了。湖水有时非常脏。我曾从冲浪板上扯下废弃的安全套和卫生棉条，躲避水里漂来漂去的汽车轮胎和插着生锈钉子的胶合板，跨过海滩上发胀的浣熊尸体，把脸埋进闻起来像粪便的水里。最近，当我向一位住在加州的朋友描述这里的冲浪时，他告诉我："这听起来糟糕透顶。"

有时候我不得不说服自己出发去湖边。半夜的雨打在窗户上，我一起床腰就疼。当天气预报不确定，而且需要开车一个小时的时候，我会想我是否应该待在家里，做一些对社会有贡献的事情。但我又想起来，我有整整一个星期的时间可以坐在电脑前，而出现湖浪的可能性小之又小。我会把装备装上车，在运动裤里面套上泳裤，泡上一壶热茶，然后穿过城市，大声唱着诺沃斯·拜诺斯的巴西桑巴精神，透过风挡玻璃看着雨变成雨夹雪。我把车停好，费力穿上潜水服，抓住冲浪板，然后下水。

水打在我的脸上（这是我身上唯一裸露的皮肤），宛如一个冰冷的巴掌。我就在水里，直面冰冷的现实和挑战。一个波浪从一百多公里远的地方掀起来，我急忙把冲浪板转过来，急切地朝悬崖划去，因为我感到浪花卷起了板尾。浪花推着我向前冲，然后向下冲，板头掉进水里，我被吸了进去。冰冷的水穿透我脸上的皮肤，把我的头盖骨捏得粉碎。我浮出水面，吸进空气，在另一个湖浪把我吞没之前划出去。然后我漂浮在水面上，耐心等待着下一个机会。

这次就走运了。我转过身，用力划了几下水，感觉浪花举起了我的冲浪板，接着我就摇摇晃晃地站了起来。眼前的湖面就像一座移动的小山，呈现出如混凝土般的灰色，表面如玻璃般光滑，推动着我向前，我把冲浪板滑向浪底，这 12 秒的滑行时间长得就像一年那么久。"耶！！！！"我在浪声中大喊，朝海滩直奔而去。三个小时后，我打开房子的后门直奔厨房，手指擦伤了，身上散发着汗臭味儿、潜水服的橡胶味儿和污水味儿。我的发梢上还挂着几个小冰疙瘩，但当我的头部渐渐暖和过来时，我感到前额有一种微微的抽痛，我伸手一摸，摸到了黏糊糊的东西。

"哦，"我告诉我太太，"我流血了。"

"你说什么？"她问道，非常震惊，"这到底是怎么回事？"

"我在离悬崖很近的地方遇到了一个海浪，一块石头打到了我的头。"我告诉她，"但情况本可能更糟。"

她用同情的目光看着我，不是因为心疼我的头在流血，而是同情她自己，因为她不得不和我这个浑身散发着腐臭味却依然傻笑的白痴待在一起。

"好吧，我希望这是值得的。"她摇着头说。

"亲爱的，"在我拖着冻得僵硬的屁股去洗热水澡之前，我会告诉她，"这一年里，我第一次感觉到我在真真正正地活着。"

数字未来给我们带来了很多东西：便利、金钱、力量、轻松和娱乐等。数字未来会使我们的生活更加美好，这是它最具乌托邦思想和理想主义的承诺。一个完全平衡的生活。在这样的世界中，你有更多的时间去做重要的事情，更容易享受你喜欢的生活，你会与丰富了你生活的人们和社区联系更加密切。你会对你的身体和它的需求有更准确的了解，你会更健康，你会经历更多有意义的事，你的灵魂将得到滋养。"我们会更有趣，我们会在音乐方面做得更好，我们会变得更性感，我们在人类身上所看重的所有东西会被放大，"技术奇点的首席传道者雷·库兹韦尔预言道，技术奇点是人类和数字技术合二为一的未来转折点，它将灵魂和科技和谐地融为了一体，"最终，它会影响一切。我们将能够满足所有人类的生理需求。我们将开拓我们的思维，把我们珍视的艺术品质展现出来。"

但在居家隔离的第一周快结束的时候，我每天晚上躺在床上，尝试用深呼吸来缓解我胸中的郁气，所有这些承诺都变成了徒劳。在过去的 6 天里，我把数字技术当作了救生筏。我跟无数朋友用 Zoom 和 FaceTime 视频聊天。我尝试了我的瑜伽班新系列视频中的几套动作。我下载了至少三个冥想应用程序，躺在那里听着舒缓的音乐。我尽量用网飞和其他服务提供的内容分散自己的注意力。然而我并没有感觉到生活因此而平衡和滋润。相反，我觉得自己被困住了。

但在隔离的第七天，一个星期五，我决定烤一种传统的犹太安息日面包——查拉。我已经很多年没有烤过查拉了，但我们在乡下，当地的面包比我们通常吃的面包更白。我想做查拉对我孩子来说会是一件有意义的事，而且，谁不喜欢新鲜的面包呢？我找出我岳母那本破旧的《第二份帮助》（*Second Helpings*，一本 20 世纪 60 年代蒙特利尔犹太社区食谱，这本书就如同我们的第二本《圣经》），把面粉、水、油、鸡蛋、盐、糖，和我们唯一的一包酵母混合在一起，醒发面团，然后开始揉。一开始我紧张地做着，慢慢地从柜台上剥下黏糊糊的面团，小心翼翼地叠好，再把它压实。但随着动作的继续，我的手找回了揉面的感觉，节奏逐渐稳定：叠、按、转、翻、揉，叠、按、转、翻、揉，叠、按、转、翻、揉！十分钟后，面团变得光滑、有光泽、有弹性。我把面放置一旁醒一小时，然后把它按下去，再次揉面，接着把面团分成三个球，把它们揉成长条，再把它们编在一起。然后打开烤箱预热，在面团上刷上一些打散的鸡蛋液，撒上芝麻，再醒发一个小时，然后开始烤制。

40 分钟后，查拉烤好了。随着查拉的香气弥漫了整个厨房，我们兴奋地围着刚烤好的白面包，家里的气氛一下子过渡到了安息日。我们热了鸡汤和我太太做的无酵饼球。我们关掉了所有的电子设备：笔记本电脑、手机、平板电脑和电视，并确保吃饭前先给父母和太太的兄弟姐妹们打完电话，祝他们安息日平安。当一切准备就绪后，我们念了 3 个祷告词来迎接安息日：祝福蜡烛、美酒，以及面包。我切了第一块面包，撕成五片，分给每个人一片。面包热腾腾的，柔软又香甜，近乎完美。那一刻我意识到，自从我们一周前隔离在家无法出门以来，这是我第一次感到如此开心。

这种开心的感觉一直持续到周六，我重新开始了一个我已经练习了十多年的安息日仪式：无科技的安息日。我在周五晚上关掉了手机、电脑和其他电子设备，直到周六太阳落山后才重新打开。第二天早上，当我们把剩下的一半白面包做成法式吐司时，我太太问道："我们要做点什么呢？""咱们去徒步远足吧！"当然，外面正下着冰冷的雨，地上几乎快结冰了，但法律不允许我们做别的事，并且我们谁也不想在屋里再多待一分钟。我们给每个人都穿上层层叠叠的雨具，开车来到河边的一条小路上。我们在泥泞和冰碴中走了一个半小时，一步一滑，把石头扔进湍急的水中。我们的手又湿又麻，但当我找到一根能承受我们体重的藤蔓时，我们像人猿泰山一样荡秋千，肆无忌惮地大笑起来。晚饭我们享用了炖牛肉和巧克力布朗尼蛋糕。那天晚上，我给孩子们读了《纳尼亚传奇》的前几章作为睡前故事。

在接下来的一年半里，每个星期六，我们都重复着这个例行公事：烤查拉、关掉电子设备、吃查拉。出去做点什么（远足、散步、骑自行车、游泳）。然后回家，什么也不做，好好休息。对于科技，我们都不是激进派。我是唯一一个每周五晚上都不上网的人。孩子们整个上午都可以尽情地看动画片，晚上我们经常一起看电影。但是安息日的仪式是正确的选择：烤面包，关掉电子设备，到外面去。我烤了各种各样的查拉：辫状的、圆的、小的和巨型的。我们在旱地和湿地上徒步，在下雪和晴天时徒步，在有标识的小路上徒步，当小路不通时，我们就在我哥哥发现的秘密小道上徒步。我们总是把孩子们拖出去，即使他们提出抗议，我们也总能想到办法解决。新冠肺炎疫情拖得越久，我就越期待周五晚上关掉手机的那一刻。这是每周马拉松般生活的终点线，如果我能坚持到那里，到达我从烤箱里拿出面包的那一秒，我就知道下一周我可以继续坚持前进。那一周无论网上发生了什么，是好是坏，都无关紧要……毫无疑问，这个时刻是最重要的：面包、葡萄酒、家庭、美食、新鲜空气、真正的放松。

在参加了和我一样的犹太静修活动后，加州伯克利的作家和电影制作人蒂芙尼·斯兰恩开始了自己版本的"无科技安息日"，并把这段经历写在了她的精彩著作《24/6：每周一天不上网的力量》中。当封锁来临时，她保留了自己的传统。当我问她过去几个月不碰电子设备的安息日仪式感觉有什么不同时，她说："这仍然能让这一天变得特别。就像我孩子说的，这是感觉不到疏远的一天。"在新冠肺炎疫情之前，斯兰恩的家庭生活是模糊不清的旅行、活动、承诺，以及行程中擦肩而过的陌生人。她说："后来，新冠肺炎疫情发生了，时间似乎停止了，但生活变得十分单调乏味，让人感到仿佛患上了幽闭恐惧症。但是，我们过安息日的仪式感突然让人觉得开朗和放松。"如今不使用电子设备让人感觉很不一样，因为当工作、学习、社交、娱乐、文化活动和对话都在网上进行时，它们给那六天带来的疲劳是如此的剧烈。斯兰恩发现，关掉那些电子设备，让自己听从24小时的节奏，时间真的变长了。"事情是这样的，"斯兰恩说，"安息日那天你永远不会碰壁。我都是在 Zoom 上碰壁。但安息日那天我从没有过。"

电子技术才是我们都会碰的壁。这是一堵由视频会议、Slack消息、短信和电子邮件组成的墙。一堵由网飞、迪士尼+、脸书、TikTok、Instagram 和无休止的紧急推特消息构筑的墙。它是我们手里、桌上、枕头旁的墙，我们向这面墙寻求救赎，却不停地撞向它，还纳闷为什么我们的身体在一天结束的时候会如此疲惫。这堵墙是数字未来不加掩饰的现实，因为它完全吞噬了我们的生活。

一开始，我们试图通过其他数字消遣来解决这个问题：观看纪录片、直播音乐会、刷剧、油管冲浪视频，玩《罗布乐思》和《堡垒之夜》以及其他沉浸式电子游戏，与朋友闲聊，在线即兴表演、参加 Zoom 鸡尾酒会、享受虚拟欢乐时光——但这些都让我们感到更疲惫。我们筋疲力尽。我们眼睛通红、干涩，头也疼。直到几个星期以来，我们第一次把手伸出墙外，放下手机，抓住了一个模拟替代品。我们抓起手边的东西：书架上的一本平装小说，橱柜后面的一块旧拼图，还有一袋如今价值连城的面粉。我们用乐高建造城市，学习木工，修理自行车，在花园里闲逛，毛手毛脚地摆弄吉他和音响。我们开始做酸面包，开始是因为所有的酵母都卖光了，后来是因为我们痴迷于最原始的、发酵的快乐。一个周六，我画了一幅鲍伯·鲁斯（Bob Ross）风的水彩风景画，然后花了三个小时做巧克力泡芙。我们远离了数字技术，转而从我们可以用身体触摸、全身心感受和感知的东西中寻求慰藉。

当然，人们买了漂亮的 Peloton（美国互动健身平台）联网自行车和其他家庭锻炼器材，但更重要的是，我们去了户外。我们一直走一直走，走到腿疼，一整天都在不断走。自行车、越野滑雪板、雪鞋、冲浪板、网球拍、任何与露营有关的东西，只要能让你出去，你想玩什么都可以。湖泊和河流里满是划船的人。到处都是玩走绳和迷你排球的人。公园、海滩和营地都因受到了人们的突然关注而变得人满为患，因为如果我们想要撑过新冠肺炎疫情，就必须走出屏幕寻找乐子。我们去徒步的小路感觉就像交通高峰期时的市中心人行道。我们的身体迫切地想要出去看看。

理查德·卢夫在谈到新冠肺炎疫情期间户外娱乐活动的突然兴起时说："我想，他们记住的不仅仅是走出家门的事实。我想他们会记得他们终于走出家门时的感受。"卢夫是一位著名的自然教育家，著有《林中最后的孩子》等书。他住在南加州的偏远山区，每天至少步行5英里。他经常晨起就心情不好，这通常是由读到的新闻引起的，然而当他爬上第二座山，在雪中发现美洲狮的足迹时，心情就会变好一些。这是他对新冠肺炎疫情后遗症的希望……全世界数十亿人都有过类似的经历，他们曾过度沉迷于卢夫所说的室内电子设备营造出的舒适的"迷你人生"，然后重新发现了我们在户外所感受到的美丽的"不舒适"。"我想他们会记得与家人建立的这些关系，"卢夫说道，"他们会发现这和在网飞上看剧的感觉不一样。一开始人们看电视，但现在又有多少人看电视呢？"也许没有很多人，卢夫猜想。最能打动人们的总是那些远离屏幕到大自然中去的户外体验：在母亲节意外的暴风雪中徒步远足；在那个疯狂的12月的某天冲浪时遇到的第一个干净的海浪；和孩子们从码头跳入格鲁吉亚湾的冷水中。"没有人记得看电视时最开心的一天。"

卢夫认为自己是一个热衷于户外的未来主义者。"我不反对高科技。"他说道，"我只是觉得我们的生活越高科技，我们就越需要大自然。这就像是一个等式。这是有关时间和金钱的预算。"也就是说，今后不仅要留出户外活动的时间，还要优先考虑保护自然的同时能让人们接触到自然。这意味着要建设更多的公园和自然步道，保护森林和海岸线。最紧迫的是，我们应对威胁自然界的气候危机，因为只有健康、不受污染的自然环境才能让一切成为可能。这意味着对于人类健康而言，建造一个有着绿树蓝天的大自然要比开发任何数字技术更有价值。卢夫在《林中最后的孩子》一书中写道："我们骨子里需要起伏的山峦、芳香的灌木丛、沙沙作响的松树以及野性的释放。我们需要大自然来保持心理健康和增强心理韧性。未来的孩子，无论流行什么娱乐或运动，都将比我们更加需要大自然。"我们一直都知道接触大自然使我们受益无穷。即使是一个小公园，也能提高社区居民的健康水平，扩大经济发展前景，为人类的繁荣带来其他的契机。我们在附近的自然空间中随意寻找避难所，感受自然带给我们的身体和灵魂的瞬间改变，而新冠肺炎疫情只是让这一点变得更加明显。

当我问在第二章中出现的神经科学家玛丽·海伦·伊莫迪诺-扬关于自然在我们心理健康中的作用时，她说："我们所知道的是，大脑的发育取决于我们如何利用大自然。"我们的大脑有两种处理状态：积极参与和非结构化思考。数字技术带来的持续不断的刺激激活的都是积极参与的状态，但这实际上阻碍了非结构化思考所必需的非线性大脑活动。每一个传入的信息提示音就像一个网球朝我们的大脑飞来。回复这些消息需要大脑一直保持警惕状态，这阻碍了我们努力构建创造性的想法，这些想法来自非线性大脑活动，比如白日梦。为了恢复两种思维状态之间的平衡，我们需要换换脑子，而最好的方法就是走出去，到大自然中去。

"这样做对大脑是有益的。"伊莫迪诺-扬说道，"让自己换一种环境，就像在一个偏僻的地方徒步旅行，你只是在享受那里的风景，但是大自然有助于人类恢复元气，你已经远离了数字技术可能带来的干扰。现在，你只需要活在当下。"她说，引用了已故反主流文化大师拉姆·达斯的箴言。"活在当下"听起来像是嬉皮士营销的一个巧妙策略，但从神经学的角度来看，你的存在是一个真实的物理现实，是我们的大脑构建一个更大的元物理世界所必需的默认设置。伊莫迪诺-扬解释说，这是我们的想象世界，它使人类能够处理复杂的知识概念，并在大脑神经网络之间建立新的通路。

我们的想象力，即我们的大脑为我们的生活构建的故事，对于我们的生存来说和调节饮食、睡眠和其他身体功能的生理调节一样重要。伊莫迪诺-扬说生命的本质应该从达尔文主义的角度上进行探究，而不是从精神层面上。在她看来，生命的本质是与他人一起生存和管理自己的生存方式。"我们基本的生命赋予功能和建立主观精神生活的平台是一样的。"她说，我们需要定期给这些功能充电，让自己走出家门、远离电子设备，沉浸在真实的自然中。"当我们给自己空间来重新焕发（思想）活力时，也就给了我们空间来重新焕发我们自身的有机本性。"

新冠肺炎疫情期间我们的第一个假期出游是在 2020 年 8 月的第一个星期与另一个家庭在马萨索加省立公园进行的独木舟旅行。该公园位于多伦多以北两小时的车程。当时是一个月来最冷、风最大的时候，我们一直在看天气预报，看接下来的四天是否会像预报的那样阴雨绵绵。经过一个小时的拖拽、争论和最后一刻的重新整理，我们把行李都安放在独木舟上，系好救生衣，离开了码头。我们滑过农舍，在长满红松的大悬崖下漂流，很快就到了码头，在那里卸下行李，带着所有的装备，穿过一小段陡峭的小路，朝蜘蛛湖走去。孩子们不停地吵嘴，被行李压弯了腰，好在格兰诺拉燕麦棒堵住了他们发出哀号的嘴，然后我们继续出发，划着水来到公园的中心。这里没有摩托艇，没有汽车，没有电，也没有建筑物。只有湖水、岩石和树林。这些风景没法像行李一样打包装进独木舟，除非亲自前往，否则无法见识到这些美景。最重要的是，这里没有电话信号。这就是我们选择这里的原因。四天的时间，眼前尽是美丽的风景，没有数字墙的约束。

我们支起帐篷，生起火，吃了一顿极其让人满意的西班牙美食，在为儿子的生日准备的用米香棒排成的巨大方形蛋糕上点燃了象征 4 岁的烟花棒。在接下来的四天里，我们烤棉花糖，迎着风缩成一团，在营地周围探险，钓鱼（但什么也没钓到），听潜鸟的叫声，雕刻树枝，捡拾木柴。我们为关于如何挂防水布争论不休。我们在湖水里灌篮，湖水的温度比外面要高不少，吃了我的朋友凡妮莎准备的美味佳肴（泡菜牛排炒饭、手工制作的糖豆和脱水鲜奶酱、浸泡在枫糖浆中的野蓝莓煎饼）。我们沿着海岸线划着小舟，或者只是凝视着外面那完全静止的湖面，湖面像镜子一样映照出了参差不齐的松树、枫树和桦树的倒影。这次旅程中期的某天晚上，我躺在一块岩石上，仰望着星星，突然意识到我现在待的地方正是我应该待的地方。就在这里，就是现在。

软件也给我们带来了无限的变化，但即使是最沉浸式的数字环境，如游戏《我的世界》《罗布乐思》或《堡垒之夜》，也有严格的限制。你的行为和视野受到别人代码的控制，无法做更多的尝试。你总是会碰到一些无法逾越的墙。"当你真正依赖别人为你设计的世界时（这也是所有数字技术的意义所在），你就得到了一套规则、一个平台和一种参与其中的方式。"伊莫迪诺-扬说道，"但是自然界是开放的。它拥有无穷无尽的魅力。你可以观察一粒沙，也可以欣赏一处风景，你可以看到事物是如何存在的，所有这些都比任何数字化的东西提供的自由度更大，数字技术是为了向你呈现一些东西，让你以一种特定的方式做出反应。让自己从数字系统和策划好的数字环境中脱离出来，你就获得了自由。然后你就可以重塑自我，这样做感觉棒极了。"我们都需要空间来思考——真实的物质空间。

"我相信大自然是伟大的治疗师，一部分原因是它宁静祥和，"哈佛大学专门研究电子技术对儿童心理健康影响的迈克尔·里奇说道，"你可以看看一片森林，一棵树，看看树皮，甚至是在树皮上钻洞的昆虫。"大自然给了我们无限的视角。因为大自然是不断变化的，同时也是动态的、刺激的。"你可以不断远眺近瞧，这个尺度由你自己把握。你和我可以并肩走在树林里，却会看到完全不同的东西，因为我们的思想和生活阅历不同，自然界也充斥着无穷无尽的变化。"我看到一棵树，会看到沉静的美，但我的孩子们看到的却是他们可以爬上爬下的攀爬方格架。

里奇告诉我，对于极度沉溺于数字媒体技术的儿童来说，意志矫正疗法远比精神疗法或药物更有效。"我们让这些孩子的感官动起来，让他们去感受世界，并从中收集来自大自然的信息和数据。"里奇说。他描述了一个孩子在撑着独木舟划过湖面时被迫与风打交道，用身体感知和解读风传递的真实信号。里奇说："有了数字媒体，他们的注意力不断分散，从而把自己从恐惧和焦虑中解脱出来。"但大自然迫使我们面对恐惧，这对他们的健康很有好处。睡在帐篷里，在完全漆黑的环境中，每只飞奔的花栗鼠都听起来像灰熊，你必须说服自己那就是一只花栗鼠，否则就会害怕地哭着睡去。这不是一种简单或舒适的过夜方式，但它无疑是真实的，这种面对现实的经历，无论如何都是一种完全治愈的体验。

里奇将他围绕数字媒体健康所做的工作比作营养学家推广健康饮食。通过禁止垃圾食品来推广健康饮食只能到此为止，数字技术也是如此。我们必须为数字技术提供更好的模拟替代品，而不是禁止使用数字技术。我们经常习惯性地让孩子玩电子产品以分散他们的注意力，比如在长途开车时，吃完晚饭后上床睡觉前，或者当我们需要休息时。里奇建议，与其默认使用 iPad 或手机来分散孩子的注意力，不如用有益的线下活动来填补这些时间，最好是户外活动。他告诉许多家庭把他们的一天想象成一个空杯子。"你用数小时的睡觉、上学和吃饭时间装满杯子，"他说。"然后把剩下的时间花在你真正重视的事情上。"让我们对这些事情充满期待，比如，在车道上打篮球、骑自行车、搭树堡、散步买冰激凌、一起读《哈利·波特》、在操场上见朋友或者在客厅开舞会。只要模拟活动比数字活动占据更多的时间，你就能达到一种健康的平衡。

即使孩子们抗议，他们还是想待在外面。他们想去棒球场，去海滩，或去山上滑雪橇。毫无疑问，这场新冠肺炎疫情最令人痛苦的景象是几个月来多伦多每个操场周围都贴满了黄色警戒胶带，而最甜蜜的一幕是六月的一天，警戒线撤了下来，我儿子冲向滑梯，带着最纯粹的快乐，扯着嗓子尖叫着。那个时候，已经很少有孩子还在庆祝整天刷网飞的剧有多棒了。在上网课的最后一天，我女儿"砰"的一声关上笔记本电脑，对我说："我只想把这个东西砸碎。"然后她跑到街上和小狗阿奇玩起来了。

　　如果你对电子设备产生了质疑，那就起身远离。你永远不会后悔这样做的。我就从没后悔过。即使为了远离电子设备在刺骨的雨中漫步；或是在一月份最冷的时候强迫孩子们到山谷里走两个小时，而他们前半个小时里一直在怨声载道；甚至当我开车穿过城市去冲浪，却发现水面平坦，于是我就去海滩上散步；在学校线上上课那暗无天日的几个月里，即使我每天要经历三次孩子们出发前长达二十分钟的叫嚷、踢踹和装哭，也要把他们拖去家门口拐角处的公园。有时候，和孩子们斗智斗勇让我感到动摇和疲惫，但我总能坚持出门，因为如果不出门，就得待在家里，屈服于电子设备的干扰，这要糟糕得多。一到公园，孩子们就会停止抱怨，跑到挂在树上的秋千上。我女儿会做五个侧手翻，我儿子会做七个忍者跳跃，我们会扔会儿飞盘，接着他们会看到一个朋友，喊出他们的名字，几分钟内，我们就会恢复精力。

　　困在家里在设备之间来回切换的时候，我们每个人都在某个时刻举起双手，大喊："够了！"然后穿上鞋子，出去散步。我们快步走着，摆动着双腿，对这个世界充满了愤怒。我们走在城市的街道和乡村的道路上，发现这个世界中我们不曾察觉的东西就藏在我们的眼皮子底下。我们走得比想象中要远。我们一直走，直到感觉心情舒畅一些，才焕然一新地回到家。每一天，在接到第四个Zoom电话或经过一节特别恼人的线上教学之后，当那种幽闭恐惧的感觉再次出现时，我们就穿上鞋子，走出家门。《为行而生》的作者丹·鲁宾斯坦在谈到散步对健康的益处时说："散步对我来说是必不可少的。"（快速总结：散步在各方面对你的身体都有好处。无论是身体上，还是精神上，散步都能改善一切。）在日复一日的重复性日子里，散步给人一种时间推进、季节变化的感觉，让人觉得每一刻都是独一无二的。丽贝卡·索尔尼特写道，散步的速度和思考的速度是一致的，都是大约每小时 5 公里，这也是你在散步时思维最敏捷的另一个原因。走得足够久，你就会进入法国哲学家弗雷德里克·格罗斯所说的身体和灵魂对话的状态。散步能让人对事物有更全面的认识。

"我认为一天的时间会在混混沌沌中飞逝。"鲁宾斯坦说，"你可能 8 点坐在电脑前，突然就到了 5 点，但其实要做的只是收发几封邮件而已。如果你出去散步，和人们进行某种形式的互动，那么这种互动所含的信息极为丰富……视觉、声音、气味和身体信息。那些东西真的会让时间慢下来，还会占据你的记忆空间，一个小时的散步会让你感觉像过了好几天。这是一种将时间拉长到最大值的方法，"但不是通过追求效率最高实现的，"当我们花时间走出数字时代的数据流，散步是一种更人性化的节奏。"只要我们再往前走一步，一切都可能会好起来。

新冠肺炎疫情给人带来的压力如此之大是因为它抹杀了我们的时间感。一方面，世界似乎失去了控制。我们打开电视新闻或查看手机，信息就像瀑布一样从我们身边流过，速度越来越快，越来越暴力，给我们带来了可怕的后果。跟上这些信息的速度是不可能的。因为总是有另一封邮件要回复。每一次刷新都带来了更多需要消化和回应的糟糕消息，Slack 消息不会结束，但你的身体却是静止不动的。你已经三天没出门了，身上这件破衣服已经穿了很久，你都忘了自己还有其他衣服。你这周洗澡了吗？今天是周几？其中有多少是由隔离在家阻绝病毒的独特环境造成的，又有多少仅仅是上网时间增加的副产品？

"新冠肺炎疫情所做的其中一件事是迫使整个世界以缓慢的节奏开一个全球研讨会，同时迫使我们进行更多的数字化工作。"畅销书《慢生活主义》的作者卡尔·奥诺雷说道，他提倡以人为本的生活节奏。"它重点强调了在数字和模拟之间找到真正平衡的实验。"他说，"甚至在新冠肺炎疫情之前，整个硅谷乌托邦主义就已经走到了尽头，人们曾说数字技术在某些方面是有用的，但我们不想良莠不分地全盘否定。人们说：'是的，我希望我的宽带连接更快，但我仍然想和我的家人吃晚餐。'"

几十年来，奥诺雷目睹世界沦为无摩擦化数字未来这一虚假承诺的牺牲品，一种从未实现的优化暴政，每个活动（工作、对话、吃饭）都必须在最短的时间内实现最大产出，就像亨利·福特要求加快流水线作业一样。"然而人类生活中大多数有趣的事情都需要摩擦。"奥诺雷解释说，人们也会从缓慢的方式中受益：慢烹细调、迟来的创意、深思熟虑的工作、意味深长的对话、持久的人际关系。"数字优化只会导致一种肤浅的生活方式……对无摩擦生活的崇拜……抹杀了细微差别、质感、深度、坚固度，以及所有我们作为人类所需要的东西。"数字技术一向偏爱速度。

硅谷的关键指标就是加速。多年来，我们一直相信要追求高速，甚至为了我们的健康投资健身追踪器和联网跑步机、正念应用程序和睡眠分析面罩。直到突然间，我们独自在家，身体和灵魂都在呼唤我们放慢速度。这一次，我们真的听进去了。我们停下手头的事，出去散步。我们吃了酸面包，花了好几天拼完三百片的瀑布拼图。我们腌制东西，做木工活，写信，真正享受着时光的流逝，这些东西一直都在，但我们太专注于生计而从没有真正欣赏过。

"危急时刻让我们意识到真正重要的是什么。"奥诺雷指出，工业革命导致人们对于工艺美术运动、亨利·大卫·梭罗和约翰·缪尔的自然主义理想、国家公园、带薪假期和周末所带来的兴奋感的反应愈加迟缓。未来世界必然要比过去的世界更为高速地运转，这是个错误的看法。他说："如果你想要速度，那么慢节奏总是会带来阻力。你越努力地向人们推销速度、数字技术和虚拟技术，人们就越难以抗拒缓慢、模拟、可靠的实体产品。"奥诺雷之所以如此乐观，一部分原因是新冠肺炎疫情持续的时间太长了。我们慢节奏生活的时间越长，就越有可能长期坚持下去，比如奥诺雷在第一次隔离期间开始绕伦敦走 11 公里，这个习惯一直持续到今天。

放慢速度不等于什么都不做。Instagram 上有一张照片，性感瑜伽女孩在码头上进行莲花坐，凝视着高山湖泊，上面用珊瑚粉字体写着一句精练的话（"静止的精髓是呼吸"），这是"慢节奏"

的高营销版本。各种各样的应用程序和设备都承诺优化速度，比如一款花哨的闹钟配有专门的音乐，能让你起床时就神清气爽，以及其他消费主义的废话。事实是，你可以既高效又慢速。你可以平衡数字需求，用缓慢的时光滋养你的身体。你可以既注重高速的宽带又享受家庭晚餐。"慢"只是对我们所经历的同一个世界的不同看法——它开创了时间新理念，改变了我们的视角，如果我们幸运的话，还能引导我们在身体和灵魂之间进行更平衡的对话。

我不是一个特别有宗教信仰的人，尽管我曾经是一个真正的圣花寺唱诗班男孩，每周五的晚上去唱《祝你平安》，直到青春期带走了我美妙的高音。我每年都会和家人去几次犹太教堂，并特别注意每周五晚上为蜡烛、酒和面包祈福。但我相信上帝吗？可能并不。在犹太教堂里，你通常会发现我在座位上坐立不安，不停地看表。我是不是特别有宗教精神？也不。我曾尝试通过各种瑜伽练习来学习冥想，但困难重重，收效甚微。我不是你所说的那种高尚之人。然而，我知道当我的灵魂丰盈时是什么样子，而当它枯萎的时候，我也能意识到。在新冠肺炎疫情最初的几个月里，这一点变得非常明显。每当我上网，盯着屏幕，和电脑互动的时候，我都觉得自己的灵魂被掏空。当我沉浸在模拟世界中烤面包、给孩子们读书、散步、徒步旅行、冲浪、观赏树木时，我真的能感觉到我的灵魂变得活力充沛。

心理治疗师、前修道士托马斯·摩尔在他的著作《灵魂的关怀》中解释了灵魂与精神的区别。当我们想到有组织的宗教、神、宇宙和我们祈祷的神圣事物时，我们想到的是精神。摩尔写道："灵魂更私密、更深刻、更具体。"你通过照看你的房子、身体、家庭和社区来照看你的灵魂。"灵魂不是一种东西，而是体验生活和自我的一种品质或维度。它与深度、价值、关联性、心灵和个人实质有关。当我们说某人或某物有灵魂，我们知道自己想表达的意思，但很难把这种意思说清楚。"这本书写于 1992 年互联网诞生之初，书中摩尔对技术及其与灵魂的关系提出了有趣的批评。当他看到邻居家后院的卫星天线越来越多时，他说："我们有一种精神上的渴望，渴望社区群体和人际交流，渴望拥有宇宙视野，但我们追求它们用的是硬件，这个硬件指的就是字面上的硬件，而不是内心的感受。"我们不与自然交流，却试图在网上模拟自然。我们用科技把自己和他人隔离开来，却不去拉近彼此的距离。我们用科技增强和制造现实，却不去直面现实。我们建造了数字墙，但这样做的同时，我们却将真正滋养灵魂的东西拒之门外。

直到第一次封锁的一个月后，我才真正明白这一点，当时我们用一个虚拟的逾越节家宴庆祝犹太节日逾越节，这是一种仪式家宴，犹太人吃着干的尢酵饼和多汁的牛腩，重述《出埃及记》的故事。在所有犹太家庭中，逾越节都是一年中最重要的节日。节日前的几周充满了压力：做饭、大扫除、重新摆放家具和上演家庭闹剧。吃饭时间很长，很消磨耐心，餐中常有传统主义者和"我们现在能吃饭了吗？"代表人之间的冲突，前者主要指那些想要像迈蒙尼德那样辩论每一段文字的人，而后者则是由孩子和永远饥饿的男人组成，比如我的表弟埃里克。逾越节家宴让人筋疲力尽。清理的时间和组织的时间一样长，并且出于一些愚蠢的原因，以色列以外的犹太人会连续两晚举行这种家宴。

所以我们要举办一个虚拟的逾越节家宴，只有我的直系亲属和岳母？太棒了！我们做了牛腩和土耳其布丁，和我母亲互相交换食物，她从门口递给我们她煲的鸡汤。我们约好时间在网上见面，摆好桌子，坐下来，在两台电脑上启动 Zoom（一台联系一家），向屏幕里的所有阿姨、叔叔、兄弟姐妹、父母和表兄妹挥手。我们简短地朗读和祈祷后，试着唱了几首歌，但没有成功，然后各自去吃饭。这很容易。牛腩很嫩，餐后清理也很容易，但这同样让人觉得无关紧要。第二天晚上，当我的姐夫提议举行第二次家宴时，所有人都迅速拒绝了。我们已经办了一个虚拟逾越节家宴……何必再麻烦一次？

随着时间的推移，我在每一次数字生命周期事件中都体验到了同样乏味的感觉。我嫂子在医院的停车场生了一个女孩，我们围坐在电视机前观看孩子的命名仪式。我的好朋友耶鲁的父亲沃尔特在饱受疾病折磨后去世了，我在后院接听了 Zoom 电话，表达了我的敬意。我们朋友的孩子们庆祝成人礼，我们穿上稍微好看一点儿的衣服，在沙发上看了一个小时的视频，大喊"太棒了"来短暂地打破沉默。我表姐在纽约结婚了，给我们发了一段他们俩在市政厅外的一个短视频。我给朋友克里斯打 Zoom 电话说

"kaddish"，这是犹太教传统的哀悼祈祷文，他儿子几个月前在事故中丧生，我看着克里斯在屏幕上独自哭泣，没有人搂住他的肩膀或给他一个拥抱。

多年来，每种信仰都在努力将其宗教仪式数字化。这么做是因为他们想要"创新"，想要变得更有价值，想通过网络手段给年轻人带来信仰。几年前，在"任何人都可以创造一个应用程序"的热潮达到顶峰时，我认识的一些人开始谈论一款守灵（Shiva）应用程序。守灵是指犹太人在家人去世后的强制性哀悼期。从墓地回家后开始算起，本质上是一个为期八天的开放参观日，在此期间，哀悼者坐在自己的家里，并接受社区访问，社区用安慰的话语、大量的熏鱼和烘焙食品来表达他们的敬意。Shiva 应用程序创业宣传的核心内容是说现在的人都很忙，在家里坐上整整 8 天，这些时间足够完成新技术革新了。如果他们能将 Shiva 的重要部分数字化会怎样呢？在视频会议、社交网络和大众支持材料的帮助下，你伸伸手就可以获得 Shiva 的好处，不需要经历所有的不便……比如要一直坐着。

"好吧，"我想，"那兰姆糕怎么办？"

说真的，兰姆糕怎么办？这些 Shiva 设计者怎么想的？大概需要用某种方式体现在 Shiva 应用程序上？要么是白痴的兰姆糕表情，要么是快递员送来真正的兰姆糕，让失去亲人的人独自享用？一个兰姆糕在虚拟 Shiva 里面孤零零地待着，没人吃掉它，光想想就让人觉得可悲，它自己都可以举办一场自己的 Shiva 了。

然后事情就那样发生了。耶鲁的父亲去世了，我们送了一份兰姆糕和一些熏鱼到他家中。我的姨父欧文去世了，我们在七月的阳光下站在墓地里，戴着口罩和橡胶手套，不能拥抱我的表妹史黛丝，我姨父唯一的女儿，我们承诺为她的 Shiva 送一个兰姆糕，因为我们都无法到场参加。我在网上订购兰姆糕送到澳大利亚、波士顿和加利福尼亚的朋友手中，庆祝新生、哀悼逝者。有人告诉我，虽然人们都会享用这些兰姆糕，但当我知道我的朋友们是孤零零一个人吃掉兰姆糕时，我就感到很难过。

在新冠肺炎疫情后第一个九月的一天夜晚（赎罪日的前一天晚上，犹太历中最神圣的日子），我和太太坐在沙发上，观看由大学组织"希勒尔和重启"上演的"超嗨假期"仪式，这是我加入的一个富有创造力的犹太非营利组织。"超嗨假期"节目的特色是一系列的讲话，这些讲话陈述了犹太人的经历，从伊拉克的领唱人、LGBTQ 拉比（犹太教对有学识的人的尊称）到一部有关"黑人的命也是命"的短片。节目很震撼，很有意义，而且只是那天晚上我们可以收看的数百种在线服务中的一种。刚开始看节目时，我受益匪浅，娱乐的同时还时不时备受感动。这就是犹太教在所有制作精良的荣誉中所承诺的数字未来。我记得我坐在沙发上，心里想着，"我可以习惯这一切。"但节目开始一个小时后，我的热情开始消退，我本能地拿起遥控器，好像我可以切换到另一个更有意义的服务，比如网飞上的某个节目。

我到底错过了什么？

几个月后，我向肯德尔·平克尼提出了这个问题，她是一个戏剧作家和拉比学生，是"超嗨假期"项目的创建者之一。平克尼在达拉斯长大，是他家族黑人新教会浸礼会的积极参与者，在浸礼会上，需要人们大声祷告，全身心投入。他的信仰是发自内心的。正因如此，他很欣赏不同宗教信仰的人与他们信仰的教堂之间的实体关系，尤其是在他大学时皈依犹太教之后。他说："犹太人的仪式感里有舞蹈艺术。即使你年复一年地重复同样的祈祷和习俗，同样的事情让一代又一代希伯来学校的学生感到厌烦，但其实每次都不一样。因为你是不同的。"每一篇祷文都像一个剧本，但朗诵将这些话语赋予了生命。平克尼说，"在朗诵祷文那一刻确实发生了一些事情，带来了某种不同的现实。"他在戏剧的背景下解释了祈祷。没有观众，没有其他演员，剧本的意义就没有了。只有另一杯酒来祝福时，举杯祈祷才有意义。否则，它就只是文字，与灵魂分离的文字。

在旧金山的伊曼纽尔神庙，犹太学者（也称拉比）悉尼·明茨花了一年的时间在 Zoom 上给孩子取名、主持婚礼，帮助家庭在虚拟 Shiva 中哀悼，用 iPad 联系病人，安慰他们。会众组织了远程施粥所，从远处分享了数百顿饭，并在网上聚在一起唱歌、学习和祈祷。明茨说："在许多方面，这种精神变得更加强大。"与犹太历史上的屠杀、迫害和流亡相比，新冠肺炎疫情在艰苦程度上就像是"无酵饼鸡蛋沙拉"，几乎不能算是跟《圣经》内容有可比性的苦难。尽管如此，明茨还是担心她的会众长期保持虚拟状态的后果。"这会让我们从共同责任中解脱出来，"明茨在解释"法定人数"的核心意义时说，"法定人数"是一个不可改变的要求，即任何犹太仪式都需要至少十个人到场。"法定人数是一项戒规，要求教徒必须出席仪式，"她说道，"让我在 Zoom 上看别人吃查拉？那样我们吃的就是不同的餐食，但我们需要吃同一份餐食，一起分享同一个查拉。"新冠肺炎疫情开始后的半年里，每当她第一次见到某人的时候，明茨就会引用《创世记》中的一句话，当雅各和他的哥哥分开多年后重逢时说的话："看见你的脸就像看见上帝的脸。"

拉比、神父、牧师、古鲁（印度教或锡克教的宗教导师或领袖）、伊玛目（清真寺内率领穆斯林做礼拜的人）和其他宗教领袖在新冠肺炎疫情期间表现出了极大的创造力和适应力。他们更有创新精神，技术能力更强，对未来诠释传统的新方式持开放态度。一些教会甚至增加了网上参与度，并吸收了新成员。打破了长久以来人们对建筑、空间、什么构成神圣时刻、什么不构成神圣时刻的固有观念，这是很有趣的，而且明茨觉得自己光着脚主持仪式的感觉特别好。但一天下来，"你不会想看到查拉的照片，"她说道，"你会想尝一口真正的查拉，冒着热气的查拉。这跟你在屏幕上看别人吃查拉时，感觉是不一样的。"犹太教是一个以物质性为基础的宗教，尤其是律法圣书《妥拉》，如今也是将律法用手费力地抄写在羊皮纸上，羊皮纸是用合乎犹太教规定的动物的皮做成的，然后再将羊皮纸缝制成圣经卷轴。犹太人在庆祝《妥拉》时，会伴着它跳舞，在仪式上亲切地触摸和亲吻这些巨大的圣书。仅仅能够用手托住一本《妥拉》就是一种荣誉，而最高的荣誉是朗读《妥拉》（就是成人礼上的仪式）。当一本犹太圣书被烧毁或损坏时，教徒会为它举行葬礼。"在我看来，这是一个人所共知的真理，"明茨说，"读着、拿着、闻着《妥拉》，知道每一个字母都是人类写的……我认为当我们被迫远程参与的时候，那种真实感就被抹杀了。你可以说它是模拟的，我也可以说它是原始的，"她说，"但我认为，如果我们不能坚持我们部落文化中的动物天性，我们就会失去一点自我，也会忘记一部分我们的历史。"

明茨的朋友瓦内萨·拉什·萨瑟恩牧师告诉我，她在旧金山"第一一神主义协会"主持直播教堂仪式的一年中学到了两件重要的事。第一个是在教堂形成的关系具有向心性。"人们会因为各种各样的原因来到这里，"她说道——在唱诗班唱歌，做志愿者和社会正义工作，仪式后交谈——"但他们之所以留下来是为了建立和巩固强大的关系网，不是在别的地方，而是在一个充满追求和意义的教堂里，这些追求和意义都以同样的方式根植于这个世界。"当现场服务恢复时，即使人员有限制，但拉什·萨瑟恩惊喜地看到，最渴望参加现场服务的居然是三十多岁和四十多岁的年轻信徒们，因为他们还在和教会建立联系。

当礼拜恢复后拉什·萨瑟恩观察到的另一件事是，教会的物质性。"'数字教堂'是一次可怕的模仿，它唯一的作用是让你想起丰富的、有质感的、温暖的且与经验相关的东西。"她说，当你十分想吃一顿家常菜时，直播仪式就像是吃从超市里购买的包装食品。"对我来说，这个复制品中有些东西是宗教生活和社区的真实写照。是的，当你上网时，你会看到乔氏超市版本的社区。但这是拙劣的仿制品。这就是区别所在。"她怀念歌声在圣所里萦绕的感觉；她怀念在布道时看着人们的眼睛，她不想看着屏幕；她想和人类的灵魂交流。关于线上信仰，她说："不论是情感上还是精神上，线上信仰都更廉价。你付出多少就会收获多少。"

基督教像所有的信仰一样，根植于身体，拉什·萨瑟恩解释道。

> 我们都是上帝身体的一部分，是一个社区的一部分，这是我们探讨的事实。我们说自己就像雨滴坠落在地，滚落如雷。这是集体力量的感觉。当你们去圣所的时候，你们就会知道的！就在那里。你环顾四周，看到所有你认识的勇敢又聪慧的人，每周当你看到那两百或一千个人时，你就能感受到那种集体的力量。要知道，如果你不给世界提供创造力，它自然也就不会对你有所回馈。我们说在伤痛和欢乐面前，我们不是孤身一人，而是相互联系的，当你和人们待在圣所时，你就会明白这一点。当笑声充斥整个房间时，当人们泪流满面时，你会明白这一点。你能理解身为人类必须经历的人生种种，因为你本身就是人。

拉什·萨瑟恩的话让我想起了 2018 年 11 月 3 日（星期六）的早晨。一周前，一名在网上激进的白人至上主义者在匹兹堡的生命之树犹太教堂枪杀了 11 名礼拜者。这是美国本土最严重的反犹太袭击，但不幸的是，这种袭击事件越来越普遍，尤其是在特朗普当选美国总统之后。居住在多伦多的犹太学者爱丽丝·戈德斯坦号召各个家庭团结一致出席安息日仪式，我们照做了。我们的教会规模较小，相对较新，所以我们通常在多伦多市中心的一个教堂举行仪式。我记得那天早上走进停车场，看到一群手拉着手的人包围着大楼。这是一个"和平之环"，一个由人组成的提供物质支持和保护的长链队伍，令人遗憾的是，近年来，随着针对少数民族信仰宗教的暴力事件在北美不断增长，这种情况逐渐变得司空见惯。在清真寺或锡克教寺庙发生枪击事件后，从新闻中读到这些是一回事，但当我看到这些穆斯林、基督徒、佛教徒和锡克教的邻居们手牵着手，对着我和我的家人微笑时则是另一回事，我强忍着不让自己的眼泪掉下来。这不是我在案发数小时后在社交媒体上看到的那种抽象的支持。这种支持带来的威胁是真实的，但远没有社区对它的反应那么真实。当他们让我们进入大楼时，一种强烈的爱与恐惧交织在一起的感觉涌上我的心头。我对仪式其余部分的记忆很模糊——只记得一屋子的人，人挤人地站在一起。我从来没有像那天早上那样大声地唱歌或祈祷过。当眼泪流下来的时候，它们好似和站在那里的每一个人的眼泪一起汇成了一条浩瀚的河流。

"这场新冠肺炎疫情表明，身体和灵魂不仅交织在一起，而且是一体的。"硅谷中心西门教堂的牧师、《模拟教堂》一书的作者杰伊·金说。"为了滋养灵魂，我们需要身体的接触，就像我们需要食物来喂饱身体一样。这就是为什么我们在这个时期如此需要自然、追求自然。我们需要具象的存在感。"在过去的十年里，金已经成为主恩堂社区的一个不同的声音，这个社区一直鼓吹数字化及其影响深远的潜力，他们救世主般的热情好似企业品牌做广告一样。教会和牧师被鼓励进行流媒体服务，创建应用程序，上传布道，并在网上建立大型社区。顾问们建议效仿脸书或亚马逊建立虚拟教堂。但随着集会变得越来越数字化，金看到了人与人之间的障碍最终导致社区间的联系越来越少。他说："数字技术在信息交流方面做得很好，但在人的转变方面做得很糟糕。"教堂不是亚马逊，也不是追求最佳业绩的企业。这是一群人聚集在一起的实体社区。礼拜仪式不只是构成每周礼拜的祈祷和歌曲，毕竟任何人都可以在书上或网上找到这些东西。它是从车里走到圣所门口的那一段路，是仪式之后的咖啡和谈话，是那一刻所发生的一切，所有的声音、气味和景象使得它与一周中的其他时间和地点相比，截然不同又神圣无比。他说："这是我们与他人相处的每一个时刻，是我们相信人类生活是有意义且真实的每一个时刻。"

当然，也有像彼得·蒂尔和雷·库兹韦尔这样的数字技术预言家，他们宣扬的未来是我们把灵魂上传到云端，把肉体转移到某个虚拟的宇宙中像神一样统治。但对我们大多数人来说，互联网是一个没有灵魂的地方。生活中最有意义的时刻几乎总是需要我们身在现场。当我们和别人在一起时，或者当我们在自然界中独自一人时，就会发生有意义的事。写有关技术和神学方面作品的作家迈克尔·萨卡萨斯表示："我认为身体受限并不是一件令人讨厌的事情。从根本上来说，模拟是指身体以一种令人满意的方式参与进来。"萨卡萨斯是一名虔诚的基督徒，他每个星期天都带着家人去佛罗里达州他家附近的教堂，尽管他们在新冠肺炎疫情期间选择了虚拟教堂。当反思为什么那些虚拟服务如此令人不满意时，萨卡萨斯回到了我们实体存在的真相，以及我们如何不断用数字技术挑战我们的生理极限。

"现代生活的结构会破坏边界感。"他说道，"你可以在任何地方做任何事！工作和家庭之间没有界限。你可以在凌晨两点的厕所里买东西。这是一场消费的狂欢！他们允诺你自由，却让你变成了一个永久型消费者。有关时间的体验完全是扭曲的，太阳的升起和落下与我们如何安排生活没有任何关系。我们遵循的日历是贺曼日历的某种版本。"有组织的宗教，其模拟空间和仪式，对虚拟服务起到了反作用。"事实上，有时间感和空间感的礼仪秩序，为休息、独处，或者更人性化的生活节奏提供了条件，把我们的注意力吸引到更高层次的事物上，我认为这真的很有价值。"萨卡萨斯说，"去参加礼拜仪式，充分尊重安息日……有一种修行的方法可能会让人变得非常压抑，但最好的情况是一种奇怪的解脱。我今天不用上班，不需要考虑买东西。"今天我会关掉我的手机，我要烤面包，我要去户外。我会向这个世界屈服，向我的身体和灵魂茁壮成长所需的东西屈服。

我们可以用技术做不被身体允许的各种事情，但这些并不一定会改善我们的生活。萨卡萨斯说："一定的限制是好的。"

人类不该打破这些限制，因为它们是我们作为人类蓬勃发展的条件。我们必须确定这些限制是什么，并认识到为了我们自己，为了环境和社区，生活在这些限制之内，从根本上来说就是赋予一种生命力。我们为这个世界而生。人类进行发明创造固然好，但把自己封闭在几乎完全是人造的环境中，失去了更多的自然节奏，这也许不是好事。我们已经在一个特定的环境中进化了数百万年，如果把这一切都抛弃，那是不会有好结果的。

这又一次把我的记忆带回了冰冷的湖面，以及我在深冬冲浪的那些日子。在家里的时候，我一直在挣扎。每天，我都在与那些把我困住的人造围栏作斗争。处理电话、采访、播客录音、电子邮件和大量信息，同时在屏幕之间穿梭——孩子们的学校设备，我的手机和笔记本电脑，我太太的手机和笔记本电脑，一台播放卡通片的电视。吃完早饭我的状态还不错，但到午饭时我就准备打破这个数字技术壁垒，走出去。然后冲浪预报就会显示可能会有海浪，我就会把装备装上车出发。我一下水，一切都瞬间改变了。我感到风的刺痛，尝到了湖水的金属味。每次摔倒，我都感受到头骨受到刺骨湖水的挤压。我忘记了我的挣扎。除了下一个湖浪，我什么都不关心。我的灵魂得到了充实，这种充实与宗教无关。

阿姜·纯陀是泰国森林传统的小乘佛教僧人，住在华盛顿州农村的一座寺庙里（他是明茨的哥哥），他完全理解为什么我从冲浪中获得了这么多感触。"实际上你正在经历苦难和忍耐。"他说，这与数字技术允诺给我带来的一切——娱乐和消遣，轻松和便利以及从压力和不安中解脱出来——形成了鲜明的对比。他注意到僧侣们经常吟诵的一个咒语："永远寻求新鲜的快乐，时而此地，时而彼处。"在书中，佛陀告诫人类不要不断追求更好、更快、更吸引人的体验，我们称之为 FOMO（害怕错过）。"如果你在寻找新的乐趣，你就会感到不满，"阿姜·纯陀说，"随着数字技术的发展，人们的不满情绪一个接一个。网飞的这部电影还不错，但下一部会是什么呢？"

阿姜·纯陀并不提倡禁止使用数字技术。他正在用手机和我通话，他的很多订单服务都可以在网上获得。但他将佛家的"中庸之道"的概念作为今后的指导方针——一种屈服于奴役我们的感官欲望和一种纯粹的、单一的禁欲主义之间的妥协。"中庸之道"提倡深思熟虑地使用数字技术，并以评估其对我们身心健康的影响为指导。使用谷歌地图开车到徒步旅行路线的起点是健康的，但是在徒步旅行的时候最好把手机放在车里（或者至少开启飞行模式），真正的徒步比在森林里看手机更健康，因为它保留了那段经历的神圣性。上网查看冲浪预报是有益健康的，因为它能让你找到下水的恰当时机。每天给你爱的人打电话是对的，无论是语音电话还是视频电话，但花几个小时刷社交媒体不太利于身心健康。"数字化的东西越多，我们与自己相处的能力就越弱，"他说，"（数字化的）趋势是，我们越来越不了解自己作为一个人的日常体验是什么。人类是自然的一部分，有生、老、病、死整个过程。我们正在切断与现实世界的联系。我们没有神圣感，也没有仪式感，我们丝毫感受不到世界的广博深邃之处。"

数字技术和它所承诺的一切已经成为我们的集体依赖，比许多药物的作用更强大、更致命。它渗透到我们生活的方方面面，影响了我们对现实的判断和理解。这就是为什么新冠肺炎疫情对我们大多数人来说是个冲击。安妮塔·阿姆斯图兹是新墨西哥州的一名门诺派牧师，养蜂人，也是《灵魂看护》的作者，她说："我们必须开始直面我们的成瘾问题。我们对掌控一切上瘾，对购物上瘾，对基本已经崩溃的经济体系上瘾，对社会认可上瘾。"新冠肺炎疫情开始时，阿姆斯图兹被迫切断了与朋友和家人的联系，几乎所有的事情都不得不在线上进行。她意识到解决办法是强迫自己多花时间在户外，把灵魂的能量扩展到自然世界。

"这个相互关联的世界里，天地万物自然孕育而生，是我们需要的实体世界。"她说道，"当我们进入大自然时，我们就与这种关系密切相连。自然是神圣的启示。"看着 Instagram 上美丽的日落照片，你会觉得"真美"。日落时分，用你的双眼看着太阳渐渐西沉，感受它照在你脸上的光芒，你会感觉到某种更伟大的东西——你在这个宇宙中的位置。"我是说，我们怎么能让这一切就这么过去了？"阿姆斯图兹难以置信地问我，"为什么每一天，我们都没有清醒、没有意识到、没有跪下来感谢这一切？那是让我们活下去的东西，这个世界给了我们所需要的一切。当我们认为这一切都是理所当然的时候，我们就变得狂妄自大。"

生活中只有数字技术这一现实对我们有着深远的影响。在新冠肺炎疫情最初的几个月里，我们尝到了这种滋味。对我们大多数人来说，我们很快意识到这种未来的局限性。"当你问人们什么是最有意义的事情时，通常是那些与自然、人、精神有关的经历。"著有《意义的力量》的治疗师、作家和临床心理学家艾米丽·埃斯法哈尼·史密斯说，"没有那些经历，你就只有这些表面的数字体验，这些体验无法穿透灵魂，带给人们更深刻的感触。人们会为此受苦。我们需要这些经历来让自己感觉更健康、更完整。没有它们，人们会感到更加焦虑和抑郁。生活一旦没有意义，人们就会感到痛苦，而且人们从屏幕上获得的人生意义是充满局限性的。"

艾米丽·埃斯法哈尼·史密斯在一个充满灵性和神秘主义的环境中成长，她的父母在蒙特利尔的家中经营着一个苏菲派伊斯兰会客室。她目睹了新冠肺炎疫情在她的病人身上引发的心理健康问题，尤其是青少年。在一切活动都转移到网上之后，她苦苦探究，终于有了自己的发现。她说："我认为，当我们一直生活在数字世界中时，我们就处在一个非常二维的现实中，这令人不满。还有更深层次的第三维度，如果我们不离开电子设备，我们就无法真正进入第三维度。神秘主义者认为超然体验比现实本身更真实。在模拟世界中，你会有这样的感觉。你会接触到一个比屏幕上的现实更真实的现实，那才是真真正正的现实。"贾马尔·拉赫曼是西雅图城外的一位苏菲派穆斯林跨宗教牧师，他在总结这一现实时提到宇宙是由无数个不断振动的原子组成的。我们的身体是振动，我们的语言是振动，我们的运动是振动，壮丽的大自然就是一场伟大的宇宙振动之舞。但当我们通过数字技术过滤我们的接触时，就切断了这些振动。我们看到照片，听到声音，但我们的目光只停留在表面。在新冠肺炎疫情期间，尽管我们不知道为什么，但我们仍深切地感受到了这种损失。

任何有价值的心灵体验都必须是你亲身经历才能获得的。这就是马丁·布伯所说的"真正的生活就是相遇"。我们是一个推崇客观实体和真实地理空间的民族。虔诚的信徒会翻山越岭，对着一堵墙进行最深切的祈祷，这是我们的习俗和信仰。作为人类，我们是一个部落，当我们聚在一起时，我们的部落最强大：坐在祈祷大厅里，在唱诗班唱歌，或在给一个刚刚失去父母的朋友送一个兰姆糕时拥抱他们。数字未来向我们保证我们其实不需要这些。它承诺会让我们之间的沟通更加快捷，不需要付出任何代价，过程一点也不无聊，不会感到尴尬，无懈可击。但最终，它只会让我们得寸进尺地渴望得到更多，比如由零食和代餐奶昔组成的餐食，但实际上我们真正想要的只是一片美味的查拉和一碗鸡汤。

"你想说的词是参与度。"蒙大拿州的哲学家艾伯特·博格曼说，他写了几十年有关现代数字技术对人类灵魂影响的文章，描述了我在模拟世界中寻找的缺失元素。模拟体验与数字体验截然不同，后者承诺在任何时间、任何地点都能提供更有参与度的体验。全身心的参与需要技巧和努力。它需要你亲历其中，并需要你付出一些代价：时间、金钱、精力和你的自尊。它使你警觉。这就像在客厅里站起来无精打采地跟着唱礼拜仪式和在满是朋友、亲戚和陌生人的房间里唱礼拜仪式的区别。模拟参与需要弱点，甚至是勇气。就像在冬天冲浪一样，它会带来身体上的风险。但它能带给你什么回报呢？"一个如此丰富多彩的环境，没有任何数字版本可以模仿、模拟和复制它！"博格曼说道。

感悟能力、欢乐、敬畏、归属感、平和、深切的感情。当我们在家里无精打采，在屏幕之间来回切换的时候，会突然极度渴望这些东西。我们想要做一些事情，一些有意义的事情。一个面团、一幅拼图、新鲜空气和树木、河水和雪花、与他人共享的身体接触的时刻。我们想要的是哲学家爱德华·S.里德所说的初级体验：与世界的直接接触。一些未经媒介和过滤的东西，完全被我们的身体吸收，这些东西丝毫不受计算程序左右。里德在《经验的必要性》一书中写道："我们所有的知识和情感最终都寄托在与事物、地点、事件和人的直接接触上。"模拟体验才是真正的体验，它是源代码，是衡量每一种二手体验和数字体验的参照点。越远离这一点，就会越优先考虑处理过的信息和可预测的数字体验，那么我们在现实世界中的生活体验就会变得越糟糕。每次我们选择 Zoom 会议而不是真正的会议、选择 Peloton 自行车而不是外出骑行时，我们就选择了快餐式的生活：更快、更容易、更方便，但最终都无法使我们的身体和灵魂得到满足。"作为个体，我们能否恢复足够的勇气去寻求真实的、鲜活的、危险性的体验呢？"里德问道。"活着就是要享受风险，从错误中学习……我们能否一起重新认识人类生活的基本真理，即生活体验对我们的幸福至关重要这一点呢？"

我希望如此。

在赎罪日的早晨，按照传统，我不能坐到电视机前在禁食的时候观看"超嗨假期"仪式的下半场。虽然前一天晚上的节目很好看，但因为是 9 月的某一个晴天，我想要拥有超越屏幕的体验。我的邻居乔丹告诉我，他要去附近公园参加一个户外活动。他说，这个教会比我以往参加的更有宗教色彩，但欢迎任何人加入。我跑进房里，掸去衬衫和休闲裤上的灰尘，拿起一块吉帕包在头上，和乔丹一起向公园走去。50 个人坐在一个野餐亭周围间距适中的塑料椅子上，这个野餐亭位于一个凹陷的峡谷中，该峡谷因 1933 年纳粹支持者和犹太移民之间发生殴斗而闻名。每个人都戴着口罩，仪式完全用希伯来语进行，我根本听不懂。我几乎跟不上他们的仪式，在椅子上坐立不安，做着白日梦，就像我在任何仪式中都会做的那样，在每次祈祷结束时参与进去，过分热情地说了声"阿门"。灿烂的阳光照耀下来，我们站起来高唱一千五百年来祈求宽恕的祈祷文"Avinu Malkeinu"，这首歌成为我们今天为过去一年的罪恶赎罪的支柱，人们的声音在他们的口罩后面产生有节奏的振动，整齐划一，这感觉是如此震撼，我用尽全力大声唱出来。半年以来，我第一次体验到了一些真实的、人性的、发自内心的、无法数字化的东西。这不是未来主义。事实上，这几乎是一个永恒的时刻。

礼拜结束后，我在公园里待了好几个小时，和乔丹以及我认识的其他邻居聊天，或者只是躺在阳光下，抬头看看云。当我终于回到家时，我发现劳伦正在客厅里用笔记本电脑播放另一个节目。

"玩得怎么样？"她心不在焉地问道。

"很棒。"我说。

"你感觉怎么样？"她问，因为我在赎罪日禁食时总是头疼。

"活着，"我带着疲倦的微笑说，"我觉得自己还活着。"

结　语

2021 年 11 月 8 日，星期一：暖洋洋的阳光照进了百叶窗，孩子们的脚步声如雷贯耳，他们穿过客厅飞快地跑到我们的床上，钻进被窝。我们依偎在一起休息了几分钟，接着便开始了一个小时的忙碌：上卫生间、刷牙，喝咖啡、吃燕麦，准备午餐和背包，还不时聊上几句。我们四人走出家门，在人行道上走的走、跑的跑，还有的慢吞吞地拖着步子。我们朝邻居招手示意、摸摸路边的小狗，一边不停地讨论今后的遛娃计划。我们戴上口罩，走进学校，不时停下脚步，同碰到的好友和家长谈天。孩子们和各自的同班同学列成队，等着进校门。他们手拉着手，悄声谈论着万圣节讨到了多少糖果或是魅力手镯的事情。我儿子很走运，今年又是 C 老师和 M 老师教他们。两位老师轻声笑着告诉我们：我儿子邀请了幼儿园全班同学还有他们的两位老师这个周末来我家过夜。铃声响了，所有学生排队入校。他们将手举过双肩高高挥舞，准备迎接新一天的学校生活。这样的一天再寻常不过，但对于在场的所有人来说，它又是如此的难得，妙不可言。

我们在回家的路上，看到朋友们在街边的咖啡店晒太阳，小杂货店正在码放苹果箱，餐馆将人行道露台冲洗干净准备迎接宾客。我计划在这天上午开始写作本书的结语部分，然后穿过镇子去和尼尔共进午餐。我曾受尼尔的广告公司之邀，在一次会议上发表演讲，由此与他相识并结为好友。我们一边吃饭，一边聊起各自的生活和我写作的进展。尼尔兴奋地谈到，下星期他要去加利福尼亚同他最重要的一名客户见面，他们将在一起办公两天，再到奥兰治县去冲浪。

无比和煦的阳光和惬意的天气，让人觉得把这么美好的一天浪费在工作上简直就是在犯罪。午饭结束，我没有按计划回家做本书的扫尾工作，而是开车去了安大略湖边，和我的朋友乔什玩了一会桨板冲浪。这是 5 月之前，我们最后一次没穿潜水衣划桨板。我们从樱桃海滩出发，冒着狂风穿过一个小海湾，来到一片被鸬鹚和海鸥包围的鸟类保护区，在此稍作休息。遥遥望去，市中区一栋栋办公大楼的剪影清晰可见，没有一丝云彩遮蔽。这些楼里面大部分仍空无一人。

我从水里起身上岸时，接到我父母的电话，他们说想见见孩子，于是我们说好一起去接他们放学。回家的路上天色尚好，我们便来到一家墨西哥餐厅，在他们人行道的露台上吃晚餐。孩子们表现不错，大部分的炸玉米饼都进了他们的肚子。大家都表示，在快要入冬时还能享受一次街头美食简直太棒了。我父亲还给孩子们买了意式冰激凌。这一年半以来，我们都只能以远程通话和飞吻相互问候，彼此忽略了太多的关爱和亲情（以及各种各样的甜点）。回到爸妈的车里后，我和他们紧紧拥抱，一遍又一遍地告诉他们我爱他们。

紧接着我们回到家，开始了乱作一团的入睡时间——我们先是被女儿的数学作业搞得溃不成军，然后同儿子进行了一番关于要尊重老师的"促膝长谈"，最后便是例行公事地刷牙、上卫生间、换上睡衣。我给儿子读了绘本《神探狗狗》。每次听到拉肚子（diarrhea）这个词时，他都笑个不停。我女儿开始读哈利·波特系列小说——这已经是今年的第三遍了。我们关掉灯，紧靠着彼此在他们的床上躺下。孩子们让我们再多待一会儿，但我们拒绝了这个请求，离开房间。我妻子埋头看起了《树语》，我则打开电脑，继续我的写作。

这是美好而又平凡不过的一天。它可能在五年前发生过，五年之后——甚至就在下个星期——也许还会继续。让这一天变得美妙的都是能够超越时间的东西：充满力量的社区和学校、朋友和阳光、辽阔的海面和香甜的炸玉米饼、一家几代人的相亲相爱、拥抱，还有冰激凌。我们谈到未来时，总会去预测那些遥远的地平线上将要发生的事。而事实上，未来往往是从我们眼前缓缓铺开，随着眼下的生活逐渐向前发展，其前进的方式虽出人意料，但也并非不可捉摸。你的未来就在前方等待，也许是一个小时后、今天晚上，也可能是明天或一星期之后。未来可能会带来种种天翻地覆的变化，足以改变我们的生活，但它也可能只是旧瓶装新酒，和以前并无多大不同。

新冠肺炎疫情是一个让我们措手不及的未来。有人因此失去健康、失去所爱之人；还有人陷入经济危机，或者压力过大精神陷入崩溃；另外，也有人因新冠肺炎疫情坐收渔利，赚得盆满钵满。新冠肺炎疫情之下，我们大多数人都在不确定、担惊受怕、百无聊赖、欣喜若狂和万念俱灰等各种情绪之间来回游走。它让我们看到了世界上那些我们永远无法忘记的事情：身体健康和社会秩序的不堪一击、信用机构的重要性，以及人性的价值。

一开始，我们听闻曾经熟悉的生活已经远去，无法重来。我们清醒地意识到世界卫生、气候变化和供应链等方面的诸多危机已不容忽视。但最重要的是，新冠肺炎疫情告诉我们，期待已久的数字化未来终于来到——而且从现在开始，我们将一直在这种状态中生活下去。这便是所谓的新常态。电脑、电话、互联网和它们连接起来的一切，成了我们的救世主。工作、学校、文化、商业、社区、对话、锻炼和意义——这些都能通过网络继续开展，几乎没有中断过便异常迅速而轻松地完成了过渡。前一天，我们还在外面的世界和成千上万的其他人一起自由呼吸着新鲜空气；第二天，我们便待在家里，点击、滑动鼠标，依靠一大堆 1 和 0 来完成一切。在一开始的几个星期、几个月里，信奉未来属于数字技术的信徒、宣扬者和发明者们几十年来鼓吹的理论在事实中得到了充分印证。未来是数字化的。

　　但我们也看到了一个事实，即数字化未来的承诺远远没能兑现。没错，技术确实起到了作用，但人类也为此付出了巨大的代价。我们可以在电脑上完成任务，但同时，我们疲惫不堪，需求得不到满足。我们对数字未来一路演练试验，体会到了模拟现实的价值。电脑是我们生活中必不可少的工具。它为我们的工作和学习助一臂之力，让我们与同事和亲人建立联系，还可以给我们提供通知、音乐乃至欢笑。但电脑能做的仅此而已。它不可能对我们付出真正的关心或爱，因为计算机是机器，不是人。电脑的性能可能达到指数级的增长，但这并不表示数字计算的未来也如此势不可当。并非所有进步都来自新技术；同样，并非所有的技术都意味着进步。数字化有时让我们的生活更美好，但它也可能会让生活变得更糟。新冠肺炎疫情像是一项实验，向我们展示了在数字化的未来里，我们生活的各个方面会是什么样子。这项实验不仅仅是一些笼统的预测。我们实实在在地开启了数字模式，坐进驾驶室、系好安全带，严格按照数字化未来的步调，展开了完全数字化的生活实践。我们认为，有必要记住我们从这次经历中学到的一切，并从中提出一些犀利的问题，比如，与硅谷一直鼓吹的未来相比，我们自己到底想要什么样的未来？

　　在我写本书的两个星期之前，马克·扎克伯格就脸书因不当使用用户数据导致政治暴力和错误信息等问题接受了调查，并出席了国会听证会。其间，扎克伯格透露脸书将由 Facebook 公司更名为 Meta，专注于将虚拟现实一直以来所承诺的未来落到实处。在漂浮的岛屿和与扎克伯格本人的木讷表情有几分相似的卡通头像构成的充满田园气息的动画背景下，脸书的创始人、大老板（太阳之王）——扎克伯格谈到他们要创建一个"具身化的互联网"，这是一种先进的软硬件融合体，将提供一个数字化未来和模拟未来无缝集成的世界。"我觉得最棒的是，我们是在帮助人们实现并体验更为强烈的在场感（presence）——这种感觉可能是关于他们所在乎的人、共事的人，也可能是他们想去的地方，"扎克伯格告诉科技记者凯西·牛顿，"这会让我们的互动更加丰富，而且感觉更为真实。将来我们打电话时，你将能够以全息图的方式坐在我的沙发上，或者我将能够以全息图的方式坐在你的沙发上……虽然实际上我们可能身在不同的州或相距数百英里，但感觉就完全像是我们真的在一起。我认为这真的很了不起。"

认为元宇宙是人类应该共同追求的未来，是一种极度傲慢而天真的想法。这种观念对我们在过去两年中所经历的、学到的一切完全视而不见。在新冠肺炎疫情之下，我们不得不求助于网络，这是一种糟糕的、反社会的体验。而追求元宇宙的观点则使这种体验更加的糟糕，似乎我们现在的孤立隔绝、快快不乐和空虚不满，只需要一副更高级的 VR 眼镜，让我们用它看到更多的飞马、飞屋，或是扎克伯格宣扬的某种活灵活现的废话，就能全部解决。

元宇宙承诺我们将能有更多的时间在家里对着屏幕度过，这是一个懦弱无比、毫无前途的未来。在这种未来里，我们没有机会去直面现实、正视真实世界里从气候变化到政治动荡等各种紧迫的后果。它只是为我们提供了新的方式来躲避现实生活。永远待在家中并不是数字技术的胜利，而是想象力的溃败。从本质上来讲，任何一种以此为蓝图的未来都是极其不人道的。我们需要真实的共享空间，而不是日益复杂的虚拟共享空间。我们不需要像扎克伯格承诺的那样，只是"感觉真实"的未来。我们需要的是面对现实，而不是躲在一些交互式动画里，畏缩不前。

全球声望最高的计算机科学家之一温顿·瑟夫说："我相信，所有人都已经认识到完全数字化的生活非常糟糕。"瑟夫作为设计 IP 协议和电子邮件的"互联网之父"享有盛誉，除此之外，亦有多种创新成就。2021 年年中，我在瑟夫于帕洛阿尔托的家中与他见面时，他说："我错过的那些东西非常重要。"当时，他身穿定制的西装三件套——这是他标志性的着装造型。"我们（通过网络）对世界的了解有限。你们不能住在同一个房间里，没有机会获得同时的体验。难道这就够了吗？"对于我们跨越数千英里的视频聊天，瑟夫提出了这样的问题，"不够。这不一样。你们没有沉浸在同一件事里面。你沉浸在你的房间里，我沉浸在我的房间里。哪怕我们可以假装这些在线体验以某种方式实现了共享，但我们仍然缺少丰富的共享体验。"瑟夫说，实际上，虚拟现实和人工现实用处很大。瑟夫曾担任阿波罗计划的火箭设计师，近来他也协助工程师使用 VR 软件探测火箭发动机工作部件的内部状况。"但如果我们试图让它们替代模拟性质的物理互动，那就错了，"他说，"试图重新创造现实的行为简直愚蠢至极。"

元宇宙只是最新形式的数字乌托邦，它以同样的理想主义承诺，不断地向我们鼓吹：在未来，计算机将解决我们所有的问题，并将我们从现实的枷锁中解放出来。如果我们让类似扎克伯格的数字预言家继续主宰我们的未来，那么虚拟世界必将是人类的归宿。我们的选择很简单：接受这个未来、成为线上虚拟狂欢的一员；或者相反：加入卢德派，将数字化未来拒之门外，我们自己也被他们所排挤。总之，要么接受、要么远离。但这种选择永远是错误的，因为没有哪种未来是简单的二元选择：这样或是那样，线上或是线下，虚拟或是真实。我们或者做出接受或拒绝最新技术的最终选择，或者一锤定音地宣布我们是在家工作还是去办公室工作，从而决定我们的未来。每一天，我们都面临着无数条通往未来的道路。有些通向数字化的未来，有些则去往模拟的未来，而大多数的道路是二者的杂合，与他们所处的现实世界一样不完美，却充满活力。

模拟的未来，不表示我们要回到在新冠肺炎疫情或是数字化出现之前的某种生活方式。它指的是要亲自建设我们想要的未来，将我们在屏幕前度过那些艰难岁月时吸取的所有惨痛教训都融入其中。如果我们在某件事上选择使用数字技术，并不会有什么问题。我们只是不能简单地将数字化作为默认的选项。这是因为，某些事情可以用计算机来完成，但并不意味着那就是最好的方法。模拟未来并不是拒绝进步，它是以我们自己的方式、在经过深思熟虑之后，选择我们想要前行的方式。如果我们希望将人类的需求放在比数字技术的创造者和投资者更重要的位置，就必须优先考虑模拟化。我们需要为模拟提供空间，并投入相应的时间和资源，允许它在我们生活中需要真实人类体验的所有领域能正常存在及发展。为了建设一个更人性化的未来，我们需要在现下热门但杂乱无章的模拟现实领域加大投入。

　　我希望看到这样的一个未来：工作不仅仅是坐在（无论在哪里的）办公桌前，不断执行优化一系列可量化的任务以更好地理解复杂难懂的生产力概念。我希望未来是模拟的，我们所做工作的社会属性能真正被重视，采用面对面的人际互动来促进创新和人文关怀，这对于从事工作的人来说赋予了工作更多的意义。就像那些从事手艺活的人一样，他们工作的最大价值在于独特的天赋和才能，而不是追求越来越多的自动化。我祈祷在未来：孩子和学生，只在最严格限制的情况下，才进行远程学习。虚拟学校的虚假承诺被丢进历史的垃圾箱，我们可以尽全力在教师与学生、学生与学生、学校与社区之间建立信任，强化学习的互动性和关联性的核心地位，因为这才是促进所有优质教育的关键所在。学校的未来应致力于培养学生的求知欲，使他们乐于探索新奇世界，一生对知识充满热爱；同时要求学生使用头脑思考、双眼观察或者电脑辅助，在学校里、在野外、在公园里和在职场中经历各种不同的学习体验，帮助他们更好地适应这个复杂且不断变化的世界；同时也指导他们利用身体、双手和心灵更好地了解他们所处的现实世界，而不仅是为了考试得高分就将一堆知识一股脑儿不加思考地塞进大脑里。

在未来，我希望生活在一个商店、餐馆和本地企业等更为多样化的社区，它们既支持到店采购也支持网上下单，而且仍然是稳定、公平的商业经济的命脉。先进的技术应该始终不断改善其所在的模拟世界，而不是取而代之。我希望看到有更多数字工具被用于巩固实体商业，而不是同它们竞争乃至成为市场主导，目的仅仅是给一些远离本地的投资者增加资产负债表上的利润数字。我想继续在这座城市生活，它总是能不断产生创新理念、创造性的解决方案和美妙的惊喜，让我在这里的生活变得更有意义，因为在未来胜出的将是优质的理念。这表示，城市可能需要更好的市民服务网站，人们能以更简单的方式在手机上租自行车。但我希望，这也意味着将有更多的户外餐桌、更好的公园和图书馆对公众开放，供人们闲逛或是同邻里谈天的休闲空间也不断扩大。我希望我们的政府能在给这座城市和所有其他城市创造最高价值的东西上投资，无论其创意是来自一砖一瓦、一草一木，还是用代码写成，都能得到一视同仁的对待。

在未来，我仍然想坐在沙发上，看电视上通过网络播放的电影。希望那时的文化一如既往的丰富、振奋人心、复杂多样而且趣味十足，因为我和以前一样，需要出门、大笑、用最大的嗓门唱歌，我要去看真人演出、真人舞蹈，欣赏钢琴发出的每一个音符，感受舞池里人们汗水的味道。我想观看现场直播的音乐会、戏剧和颁奖典礼，它们诱惑着我回到剧院去体验那些真实的感觉，而不是电子方式的替代品。我想继续站在一屋子的陌生人面前，同内心里想要逃离舞台的想法做抗争，以一种更有活力的方式同周围的人们建立起联系。我希望在我们的未来，现场体验仍然是文化最高层次的体验，不可复制、独一无二。我也希望这些活动的举办场所能降低门槛，让每个人都有机会拥有那些美妙的体验。

在马克·扎克伯格所承诺的未来，我坐在沙发上开心地和全息图聊天、在 Zoom 上举办鸡尾酒会和任何虚拟社交方式，这些未来必须依靠那些电子技术才能实现。但是，在未来，我则打算采取原有的传统方式同周围的人进行对话交流——在同一个物理空间内的面对面访谈。这样，我就能够继续感受人际对话的丰富内涵、产生同理心，而且非常有益于身体健康——这是几个月以来我最怀念的事情。我想与真正的朋友互动——不经筛选，也无须中介的面对面交流。两天前的晚上，我们的朋友戴夫、盖比和他们的幼女扎迪从曼谷和东帝汶——盖比的故乡来到多伦多，这是两年多来他们第一次来到这座城市。当天晚上，我们邀请了他们还有另外六个人到我家做客。大家在一起度过了七个小时——自新冠肺炎疫情让生活方式发生变化以来，我们还是第一次这样在室内玩乐。我们和扎迪玩捉迷藏，吃了很多的黎巴嫩美食，还小酌了一些红酒和威士忌，找回了一些真实生活的乐趣。我们憧憬着学校复课、公司复工的美好日子，谈起我们中一些人在职业和父母健康等方面正面临的挑战，以及如今重新燃起火苗的一些梦想。但大多数时候，我们都在讲笑话、嘻嘻哈哈，谈论过去和闲散地聊天，喝到酩酊大醉，尽情体会人生的快乐。与我们所爱的人进行深入的对话可能很困难，而且往往没有任何回报，但与陌生人随性交谈，则能建立富有意义的关系，让我们的生活更有价值。这里有一个新创意理念：如果想要建立更多的社会联系，我们应该对那些能把人们聚集在一起的活动加大投入，而非那些让他们各自待在家里的小工具。我们要把钱花在共享空间上，而不是每个人各自的电子屏幕上。我们要建立更多的读书俱乐部。

在未来，我的目标是让自己的每一天都更加充满活力。所以，我会花更多的时间在户外、森林、海上，或者只是在有阳光的人行道上走路，用我拥有的每种感官去体验这个世界所有真实的存在。我想去感受更大的东西。这个"更大的东西"，可不是指一些用人工编程实现的真实世界模拟版本——我每个月花 9.99 美元才能用上它。我指的是在我身体之外、灵魂之内的浩瀚宇宙，它是人类存在的无形奥秘，让我日复一日地栖居在这个古老、疯狂旋转的星球上，并且扎根于此。我期望能与群体建立更深层次的联系，这种联系可以帮助我们探索人生的奥秘——采取的具体方式是：对我从混乱的生活现实中所学的知识发起挑战，而非为我提供一些应用程序将其提炼成易于消化的生活课程。我想要一个不断促使我质疑自己存在的世界，同时它还能帮助我直面过去几年里我热切盼望的模拟现实。

在我理想的未来，我作为人的需求、欲望和体验被放在最核心的位置。这个未来将以人为中心，它的默认设置是我们人类自然趋向的实体模拟现实，而且根据这一标准来衡量任何新发明或数字技术的承诺：它是否真的会让我更快乐？它是否有助于我感到与地球和其他人的更多联系？它会支持还是减少我根本的人性需求？

未来是模拟的，因为我们是模拟的。这是新冠肺炎疫情教给我的。人类不是数字化的物种，我们不是受软件驱动的硬件，我们的命运也没有经过预先安排，注定只能以某种指数曲线发展，我们无法将思想上传到云端并超越这个世界。我们是有血有肉的生物，生物学及其所有异常现象都作用于我们，我们经历着生命的丰盈、风险、美丽和痛苦。而当我们试图用数字化世界代替现实世界时，我们便迷失了方向。

回想一下新冠肺炎疫情期间最糟糕的时刻，你感觉到压力、孤独和悲伤的那些时刻。现在，再回想一下你最快乐的时光。你想忘记的时刻，很可能是你完全屈服于数字未来的时刻：独自一人，身处其中，在一个或另一个屏幕前苦苦煎熬，渴望轻松时光。你感觉最好的又是哪些时刻？它们很可能模拟性极为鲜明：在室外置身于大自然里，独自一人或同他人一起，体验世界所有伸手可触的、充满感情的美好，以及任何以程序写就的未来都难以匹敌的丰富多彩的生活。今天上午校园里的欢声笑语；今天下午我漂浮在湖面上时阳光照在我的脊背上传来的暖意；今天晚上当我母亲在晚餐时拥抱我女儿时，我看向她的复杂表情；我们抬起头，带着几分惊喜看着粉色的新月在路的尽头升起；我们走在回家的路上，融化的冰激凌滴落在我们的手上，那一瞬间如此美好而真实，我甚至希望时间永远停留在那一刻。

致　谢

我本无计划写作本书，但与我长期合作的编辑本杰明·亚当斯就此事和我通了一次电话并发了一封简短的电子邮件后，我们很快达成一致，决定马上动笔。我非常感谢亚当斯在我创作过程中给予的指导、奇思妙想和对于我率性想法自始至终的信心。我与美国公共事务出版社已多次合作出书。感谢有此机会同该出版社及其优秀的团队再次联手，团队成员包括：克莱夫·普里德尔、林赛·弗拉德科夫、杰米·莱弗、梅兰妮·弗里德曼、梅丽莎·维罗内西和身着超酷高领毛衣的米格尔·塞万提斯。感谢珍·凯兰德出色的文案编辑工作，感谢凯利·罗威和多伦多的曼达团队开展本书的运送工作。在此，我还要感谢所有在安博·胡佛和她的全球代理网络的努力下将本书引入世界各国的其他人，尤其要感谢首尔的姜泰容以及 Across Publishing 团队，你们让首尔成为全球的模拟之都。很荣幸得到了吉姆·莱文和整个 LGR Literary 团

313

队的支持，谢谢你们提供意见和建议，而且成功完成了传统债务追收工作。作为一名演讲者，过去两年里我的职业生涯遭遇了极大的挑战。在这里，我衷心感谢大卫·拉文和 Lavin Agency 团队的其他成员（查尔斯、伊安、伊冯、肯、凯希、鲁温博、黎贝卡等），谢谢你们在最艰难的时期坚持不懈地努力，让所有模拟（和数字）对话得以保留下来。感谢珍妮 – 德斯蒙德·哈里斯在《纽约时报》社论对页（OP-ED）专栏工作期间发表的文章，本书正是由此而问世。

本书的采访准备工作花了数月的时间，我有幸与近 200 人会面交谈。对于他们每个人为此付出的时间、发表的见解和热忱合作，我深表谢意。其中很多人的名字在书中有所提及，但还有更多的人虽然提供了背景信息，但他们的名字并未在书中出现，而他们的信息对我们将这些关于未来的不同想法整合起来至关重要。

衷心感谢那些帮助我以合理而理智的方式度过新冠肺炎疫情时期，并为本书提供材料的个人和团体："坏家伙"（达拉斯、马洛里、汉娜、尼可和叮咚），我在读书俱乐部的朋友们（肖恩、本、杰克、托比、克里斯和布莱克），还有我在五大湖的冲浪伙伴杰克和乔什，以及我的《电脑奇兵》（Reboot）剧友们。 Charles G. Fraser 公立小学的社区在我心目中始终占有特殊的一席之地：艾迪塔、安娜和索尼亚、米罗西亚、凯瑟琳、克莱尔、米兰妮、卡兹和柯瑞，还有所有的孩子和愿意参加 Zoom 上的 PTA 会议、讨论病毒空气传播科学理论的各位朋友，谢谢你们。

　　最后要感谢的是我的家人们，我和他们在一起的时间总是太多或者根本不够。亲爱的妈妈、爸爸、丹尼尔、萨布丽娜、埃文、艾丽莎和弗兰……我爱你们。我们一起徒步旅行，一起开怀大笑，一起吃饭。我们在停车场见证宝宝们的出世，在公园里庆祝生日，我们一起安装百叶窗。共同的经历，让我们日渐强大。诺亚和以斯拉，我的宝贝们，是你们让我对每一天都充满了期待，哪怕是最黑暗的日子也不例外。我非常非常爱你们，但我还是不希望你们继续在家上学。亲爱的劳伦：不管在哪方面，你都是我的最佳伴侣。我们的爱毫无疑问是模拟的，它本该如此。